经典电介质科学丛书
Classic Dielectric Science Book Series
丛书主编 姚 熹（Yao Xi, Series Editor）

金属氧化物中的缺陷化学

The Defect Chemistry of Metal Oxides

〔美〕史密斯（D. M. Smyth）著

赵 鸣 译

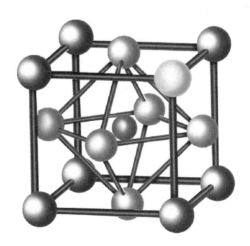

西安交通大学出版社
XI'AN JIAOTONG UNIVERSITY PRESS

内容提要

本书是由国际知名学者、美国里海大学保罗·B.莱因霍尔德材料科学与工程和化学荣休教授史密斯(D. M. Smyth)所著的唯一一本介绍固体无机化合物尤其是金属氧化物化学平衡的著作。对没有多少缺陷化学背景的学生而言,本书解释了如何应用基本原理以及如何解释材料的相关行为。本书讨论的主题包括晶格和电子缺陷、掺杂效应、非化学计量性以及质量与电荷的输运,并特别强调了成分元素的一般化学性能与它们的化合物的缺陷化学和输运性能之间的关系。本书覆盖了缺陷形成种类、掺杂效应、化学计量的偏离程度和方向、受主和施主浓度以及其他主题。最后一章对二氧化钛、氧化钴和氧化镍以及钛酸钡这三个体系作了最新的介绍和详细的分析。

本书是同类出版物中唯一一本为学生设计了习题的教材。它可满足材料科学与工程、化学和地球化学等学科中不同课程的需要,同时也可以作为研究人员和教师的有益的参考书。

The Defect Chemistry of Metal Oxides was originally published in English in 2000. This translation is published by arrangement with Oxford University Press. Xi'an Jiaotong University Press is solely responsible for this translation from the original work and Oxford University Press shall have no liability for any errors, omissions or inaccuracies or ambiguities in such translation or for any losses caused by reliance thereon.

陕西省版权局著作权合同登记号:25-2020-091

图书在版编目(CIP)数据

金属氧化物中的缺陷化学 /(美)史密斯(D. M. Smyth)著;赵鸣译.--西安:西安交通大学出版社,2021.11
(经典电介质科学丛书/姚熹主编)
书名原文:The Defect Chemistry of Metal Oxides
ISBN 978-7-5693-2042-8

Ⅰ.①金… Ⅱ.①史… ②赵… Ⅲ.①金属元素-无机氧化物-化学平衡-研究 Ⅳ.①O614

中国版本图书馆 CIP 数据核字(2021)第 230741 号

书　　名	金属氧化物中的缺陷化学　Jinshu Yanghuawu Zhong de Quexian Huaxue
著　者	〔美〕史密斯(D. M. Smyth)　译　者　赵　鸣
策划编辑	贺峰涛　　　　　　　　　　　责任编辑　邓　瑞
责任校对	王　娜　　　　　　　　　　　装帧设计　伍　胜
出版发行	西安交通大学出版社
地　　址	西安市兴庆南路1号(邮编:710048)
网　　址	http://www.xjtupress.com
电　　话	(029)82668357　82667874(市场营销中心) (029)82668315(总编办)
传　　真	(029)82668280
印　　刷	西安日报社印务中心
开　　本	720 mm×1000 mm　1/16　印张 19.375　字数 380千字
版次印次	2021年11月第1版　2021年11月第1次印刷
书　　号	ISBN 978-7-5693-2042-8
定　　价	78.00元

版权所有　侵权必究

丛书主编简介
ABOUT THE SERIES EDITOR

姚熹,1935年生于中国江苏苏州。1957年毕业于交通大学电机系,1982年获美国宾夕法尼亚州立大学固态科学博士学位。1957年至今在西安交通大学任教,现任西安交通大学教授。1989年当选国际陶瓷科学院首批院士。1991年当选中国科学院院士。2002年当选美国陶瓷学会会士。2007年因其在电子陶瓷科学和工程创新方面作出的杰出贡献当选美国国家工程院外籍院士。

Yao Xi was born in 1935 in Suzhou, Jiangsu, China. He graduated from the department of electrical engineering, Jiaotong University in 1957, and received his Ph. D. of solid state science from the Pennsylvania State University in 1982. He has been a professor of Xi'an Jiaotong University since 1984. Dr. Yao was elected as an Academician in the first election of the World Academy of Ceramics in 1989. He was also elected as a Member of the Chinese Academy of Sciences in 1991 and a Fellow of the American Ceramic Society in 2002. In 2007, Prof. Yao was elected to be Foreign Associate of the US National Academy of Engineering for his contributions to the science and engineering innovations for electroceramics.

作者简介
ABOUT THE AUTHOR

D. M. 史密斯,生于1930年,现为美国里海大学保罗·B.莱因霍尔德材料科学与工程和化学荣休教授。研究方向为电子陶瓷中的固态化学和缺陷化学。1990年当选美国陶瓷学会会士。1996年因其在电子陶瓷元件中的固态化学方面所作出的杰出贡献当选美国国家工程院院士。

D. M. Smyth was born in 1930. He is Paul B. Reinhold Professor Emeritus of materials science and engineering and of chemistry, Lehigh University, USA. His research interests are focused on the solid state chemistry and defect chemistry of electronic ceramics. He was elected as a Fellow of the American Ceramic Society in 1990. In recognition of his excellent contribution to the solid state chemistry of electronic components based on ceramic materials, he was elected as a Member of the US National Academy of Engineering in 1996.

译者简介
ABOUT THE TRANSLATOR

赵鸣,男,汉族,1973年7月生,博士,内蒙古科技大学教授,硕士生导师,包头市5512工程技术带头人。长期从事功能陶瓷及矿冶固体废弃物玻璃陶瓷化高值利用研究。以第一作者发表论文近50篇,半数以上被SCI/EI收录;合作发表论文近百篇。文章被引420余次。获发明专利4项。2014年8月在科学出版社出版《科技论文写作基础》。内蒙古自治区科学技术进步一等奖(2012)和教育厅优秀研究成果二等奖(2017)获得者。国内外知名期刊审稿人。

丛书序

五十年前,我坐在位于中国上海的交通大学的一间教室里,学习一门名为"电介质物理"的课程。课程的讲授者是已故陈季丹教授。我仅为当时选修该课程的三十余名同学中的一员。那是电介质课程在中国大学中的首次引入。自那时起,电介质研究就成为中国科学技术界在发展其电子和电气工程过程中的热点之一。五十年过去了,中国已经有成千上万的本科生、研究生、教授、科学家和技术人员致力于电介质的研究与应用。在过去的五十年中,西安交通大学、上海交通大学、电子科技大学、山东大学、中山大学、四川大学、南京大学、同济大学、中国科学院上海硅酸盐研究所和中国科学院物理研究所等单位也纷纷致力于电介质研究,并为中国电介质研究的进步作出了不同的贡献。目前,中国已经在电介质研究领域成为可以比肩前苏联和英国的重要一员。已故陈季丹教授是中国电介质物理研究领域的先驱者与奠基人。他在学术上的沉稳、踏实与严谨是中国电介质学界的宝贵财富。借此机会,我向陈教授致以我最诚挚的敬意!

然而,作为固态科学的一个分支,电介质科学领域所取得的进步还远未及预期。除经典电磁理论之外,我们在对实际电介质中电物理过程的理解方面还很薄弱。例如,实际电介质中的带电复合体怎样响应外界的电场激励,它们之间如何交流并相互作用等问题仍有待进一步探索;对实际电介质中的局域场、缺陷、非均匀现象和空间电荷的理解也有待增强;对实际电介质材料结构与性能关系的相关研究也有待深入;在碱-卤晶体、水和其他高介电常数材料介电常数计算方面,也需要突破重重困难。总而言之,相较于金属、半导体、磁性材料等其他领域,电介质很可能是固态科学中被了解最不透彻的一个领域。电介质科学的现状也远未及预期。为了在 21 世纪跟上现代科学与技术的发展,电介质学界仍需为此付出不懈的努力。

中国目前很可能是世界上拥有最多电介质研究人员的国家。在过去的几十年中,许多老一代学者已经为电介质研究奉献了他们的整个学术生涯。目前,新一代的电介质研究者正日益成熟与强大。相较于他们的前辈,新一代电介质研究者受到了更好的训练,也拥有了更好的工作条件。因此,中国电介质学界理应为世界电介质科学的进步作出更大的贡献。然而,电介质科学在目前仍未成为固态科学的主流。该领域内的许多重要成果均以英语发表于20~60年前。其中的第一本专著——德拜的《极性分子》,就出版于1928年。当今的青年学子想要获取上述经典著作绝非易事。为进一步推动电介质研究在中国的发展,西安交通大学电子材料研究所倡议在获得原版权单位授权后、从国外引进并在中国影印出版"经典电介质科学丛书"(Classical Dielectric Science Book Series,CDSBS)。该出版倡议得到了西安交通大学出版社的热情支持。对此,我倍感欣慰!基于对相关领域的最佳了解,我们竭尽所能在确保"经典电介质科学丛书"包含所有重要和实用著作的同时,能够仍然保持丛书的简明性。尽管如此,由于学识有限,我们在选取和确定丛书书目过程中难免有所遗漏。我们诚挚地欢迎本丛书的读者推荐新的书目或提出任何建议。

我想借此机会感谢本系列丛书的中方出版和发行者——西安交通大学出版社的热情支持及其在推动学术精进方面的远见卓识!与此同时,我还要感谢牛津大学出版社等丛书所选著作的原出版社对中国影印版的慷慨授权!此外,我还要对丛书的原著者致以我最真挚的感谢!我可能不能亲自为他们分别奉上我的谢意,但我真挚地祝愿他们快乐与健康!我还要感谢魏晓勇博士、徐卓博士,以及丛书的编辑赵丽平女士和贺峰涛先生!正是他们的诚挚热情与辛劳付出最终使本丛书的出版计划得以付诸实施。

姚 熹
2006 年 4 月
于西安交通大学电子材料研究所

附:姚熹院士为本丛书影印版所作的英文版序

Preface to the Classic Dielectric Science Book Series

Fifty years ago, I was sitting in a class at Jiaotong University in Shanghai, China taking a course called "DIELECTRIC PHYSICS" lectured by the late Professor Chen Jidan. I was one of the thirty students sitting in his class taking the course. This was the first time DIELECTRIC study was introduced to Chinese Universities. Since then, dielectric study became one of the major concerns of the science and technology community of China in developing its electrical and electronic engineering. Fifty years past, thousands of students, graduate students, professors, scientists and engineers have been engaged in the studies and applications of dielectrics in this country. In the past fifty years, the Xi'an Jiaotong University, Shanghai Jiaotong University, Electronic Science and Technological University, Shandong University, Zhongshan University, Sichuan University, Nanjing University, Tongji University and the Shanghai Institute of Ceramics, the Beijing Institute of Physics of the Chinese Academy of Sciences were heavily involved in dielectric studies and gave their various contributions to the development of dielectric study in China. Now, China is probably one of the most important countries in dielectric studies among the list of the ex Soviet Union and the United Kingdom. Late Professor Chen was the pioneer and founder of DIELECTRIC studies in China. The staidness, sureness and solemnness of his academic attitude are the invaluable treasure of the Chinese dielectric community. I would like to take the chance of writing this preface to pay my sincere respect to the late Professor Chen.

However, as a branch of solid state science, the advancement of dielectric science is not well satisfied as widely expected. Our basic understanding on the electro-physical process within real dielectrics beyond the classical electro-magnetic theory is still rather poor. For example, the way how the charge assemblies respond to the external stimuli of electric field and the way of the communication and interaction among charge assemblies in real dielectrics are yet to be explored. Our understanding on local field, defects, inhomogeneous, space charges in real dielectric materials is to be profounded. As to the structure-property relationship of dielectric materials is still rather superficial. We are still struggling on how to calculate the dielectric constants of alkali-halogen crystals, water and other high dielectric constant materials. In contrast with other fields of solid state science such as metal, semiconductor and magnetics, dielectrics are probably the worst understood arena of solid state materials. The current status of dielectric science is not satisfied at all. Big efforts should be taken to catch up with the development of modern science and technology in this 21st century.

China is probably the country having the largest community of dielectric study in the world. Many of the old generation have devoted their career life focused on dielectrics in the past several decades. Next generation of dielectric study is now getting more mature and stronger. They have got better training and better working condition than their old generation. The Chinese dielectric community should be able to render more contribution to the advancement of dielectric science. However, dielectric science is now not yet in the main stream of solid state science. Many of the important publications were published twenty to sixty years ago in English. The first published book by P. Debye, Polar Molecules, was published in 1928. These important classics are not easily available to young scholars nowadays. To promote the dielectric studies in China, Electronic Materials Research Laboratory at Xi'an Jiaotong University proposed a publication project to introduce the most important classical publications on dielectrics from abroad and publish them in China, subjected to the consent of their original publishers. I am very pleased that the Xi'an Jiaotong University Press (XJTU Press) kindly agrees to support the publication project of Classical Dielectric Science Book Series (CDSBS). We will carefully select the subjects and topics based on our best knowledge and judgment to keep the CDSBS including all the important and useful publications, while still keeping it concise. Needless to say, due to the restriction of our knowledge and information, there might be pretermissions in searching and collection. Any suggestion and recommendation from the reader of the series would be highly appreciated.

I would like to take the chance to thank the Chinese publisher, the Xi'an Jiaotong University Press, for their kind support of the project and their far sighted vision in promoting academic excellence, as well as the original publishers, such as the Oxford University Press and etc. for their generous consideration to permit the publication of their books in China. Highest esteem will be dedicated to the authors of the books. We may not be able to give our thanks to them individually. We gratitude them and hope them happy and healthy. I would also acknowledge Dr. Wei Xiaoyong and Dr. Xu Zhuo as well as the editors of the book series Ms Zhao Liping and Mr. He Fengtao for their enthusiastic and hard works to promote the CDSBS project being realized.

Yao Xi

Electronic Materials Research Laboratory,
Xi'an Jiaotong University
April 20, 2006

中文影印版序言

非常高兴获悉我的缺陷化学著作已在中国影印出版，并即将与那里的科研人员和学生见面。缺陷化学是一个重要而又常常受到忽视的学科领域。向更多读者介绍缺陷化学是我的一个执念与追求。在过去的日子里，我曾与来自中国的许多优秀学生、博士后及学者有过合作。因此，中国地区的读者将会有更多的机会接触到这本书也让我倍感欣慰。我也知悉拙作本次是作为"经典电介质科学丛书"中的一册来影印出版。"经典电介质科学丛书"是由姚熹院士和他的同事们倡议出版。对此，我谨致以我最诚挚的祝贺！

缺陷化学在过去的一些文献中常常被误用。我曾为多家科技期刊审阅稿件。在此过程中，我发现，那些未曾深入学习缺陷化学的作者很少能在其研究中正确应用缺陷化学理论。该问题的原因之一很可能是缺陷化学概念虽然简单，但具有一定欺骗性。我课上的学生也常常发现：每个阶段的教学内容在表面上简单且具有逻辑性；但是，将所有讲授内容汇总成为一个条理清晰的整体却并非易事。在大多数大学中，缺陷化学教学往往仅限于扩散、电学性质或常规物理特性等相关课程教学中的若干讲座。这种做法并不合适，会（让学生）在对缺陷化学理解方面形成错觉。基于此，本书旨在构建一个循序渐进的缺陷化学理论体系：在开始部分介绍简单概念或准则；以此为基础，再进一步论述复杂缺陷。本书内容并非难以理解，但确实包含了许多需要推敲的细节知识。它们背后的几个基础理论相对简单，那就是质量、电荷和晶体结构的守恒。

我对中国的几次访问以及与那里学者或学生的交流强烈地影响了我的职业生涯及世界观。许多出类拔萃的学者在那里投身于科学研究，并为此付出了卓绝的努力。中国在科学领域的信心与贡献也随之增强。我对此印象深刻，同时也希望我的书能够为此贡献一分绵薄之力。

D.M.史密斯
2006年5月26日
于美国宾西法尼亚州贝斯勒海姆

附：D. M. 史密斯教授为本书影印版所作的序言原文

Preface to the Chinese Printing

I am delighted that my book on defect chemistry is being reprinted in China and will now be more accessible to students and scientists there. I have a missionary's enthusiasm for spreading the truth about this important, but often neglected subject. Improving the book's availability in China is especially gratifying to me because of the many excellent students, postdoctoral associates, and scientists from China with whom I have collaborated over the years. I understand that my book will be one of several in the field of dielectrics to be reprinted in China, and I congratulate Professor Yao Xi and his colleagues for initiating this important program.

It has always been a mystery to me why defect chemistry is so often abused in the literature. I review manuscripts for several scientific journals and it is seldom that I find the subject properly applied by those who have not devoted themselves to a thorough study of the field. Part of the problem may be that the concepts seem deceptively simple. Students in my classes have generally found that each progressive step is quite simple and logical, but then have trouble fitting these together into a coherent package. At almost all universities, the teaching of defect chemistry is limited to a few lectures in courses on diffusion, electrical properties, or more general physical properties. That is not adequate, and gives a false sense of understanding of the subject. This book is an attempt to develop the subject in more progressive detail, starting with very simple and obvious rules and concepts and building to ever more complex treatment. The material is not difficult but contains a lot of detail. Behind it all are a few simple rules: the conservation of mass, charge, and crystal structure.

My visits to China and interactions with its students and scientists have had a strong influence on my career, and on my world-view. I have been impressed with how the application of strong intellect and very hard work have led to the growth of both the confidence and the contributions of Chinese science. I hope that my book can make some small contribution to further advances.

D. M. Smyth

Bethlehem, Pennsylvania, USA
May 26, 2006

译者序

2006年，在姚熹院士的推动下，《金属氧化物中的缺陷化学》原文影印版作为"经典电介质科学丛书"中的一册在中国大陆出版。此后，这本书在推动中国介电陶瓷乃至整个氧化物陶瓷研究领域的进步发挥了重要作用。然而，时至今日，在我国依然没有这本书的中文翻译版。这无疑会阻碍这本书在整个无机非金属材料研究领域作用的最大化。因此，内蒙古科技大学内蒙古自治区白云鄂博矿多金属资源综合利用重点实验室、白云鄂博共伴生矿资源高效综合利用省部共建协同创新中心的高技术玻璃陶瓷创新团队赵鸣教授对全书进行翻译。硕士研究生高静在原著示图的扫描和优化等方面做了大量工作；另外一名研究生李天宇协助完成了原著参考文献的录入工作。赵鸣教授负责书稿的总成。在此译著出版前，高技术矿渣玻璃陶瓷课题组全体成员对所属单位——内蒙古科技大学内蒙古自治区白云鄂博矿多金属资源综合利用重点实验室、白云鄂博共伴生矿资源高效综合利用省部共建协同创新中心在本书的翻译过程中给予的支持致以衷心感谢！由于水平有限，如有不足之处，欢迎广大读者朋友批评与指导！

赵 鸣

2020年11月19日于鹿城包头

目 录

第1章 引言 ··· 1
  参考文献 ·· 3

第2章 一些有用的晶体结构 ··· 4
  2.1 引子 ··· 4
  2.2 密堆结构 ··· 6
    2.2.1 密堆子晶格中的八面体位 ·· 9
    2.2.2 密堆子晶格中的四配位点 ·· 12
  2.3 八配位阳离子的结构 ·· 14
  2.4 三元化合物结构 ·· 16
    2.4.1 钙钛矿结构 ··· 16
    2.4.2 尖晶石结构 ··· 18
  2.5 结论 ··· 20
  参考文献 ·· 21
  本章习题 ·· 21

第3章 晶格缺陷和质量作用定律 ·· 22
  3.1 引子 ··· 22
  3.2 平衡状态中的晶格缺陷 ··· 23
  3.3 质量作用定律 ··· 27
  3.4 另一视角下的质量作用定律 ··· 29
  3.5 单质固体中的晶格无序 ··· 30
  3.6 小结 ··· 33
  参考文献 ·· 34

第4章 本征离子型缺陷 ············ 35
4.1 晶格缺陷和参考态 ············ 35
4.2 守恒定律 ············ 37
4.3 缺陷的标记 ············ 38
4.4 主要本征离子型缺陷 ············ 39
4.4.1 阳离子型弗伦克尔缺陷 ············ 40
4.4.2 肖特基缺陷 ············ 46
4.4.3 阴离子型弗伦克尔缺陷 ············ 48
4.5 本征离子型缺陷总结 ············ 49
4.5.1 更复杂化合物中的肖特基缺陷 ············ 49
4.5.2 同种化合物中的不同离子型缺陷 ············ 50
4.5.3 相对平衡速率 ············ 53
4.5.4 对宏观性能的影响 ············ 54
4.5.5 晶格缺陷生成焓 ············ 55
参考文献 ············ 56
本章习题 ············ 56

第5章 非本征离子型缺陷 ············ 57
5.1 引子 ············ 57
5.2 $AgCl$-$CdCl_2$ 体系 ············ 58
5.2.1 $CdCl_2$ 在 $AgCl$ 中形成的固溶体 ············ 59
5.2.2 $AgCl$ 在 $CdCl_2$ 中形成的固溶体 ············ 61
5.3 CaF_2-CaO 体系 ············ 62
5.3.1 含 CaF_2 的 CaO 固溶体 ············ 63
5.3.2 含 CaO 的 CaF_2 固溶体 ············ 63
5.4 TiO_2-Nb_2O_5 体系 ············ 64
5.4.1 含 TiO_2 的 Nb_2O_5 基固溶体 ············ 64
5.4.2 含 Nb_2O_5 的 TiO_2 基固溶体 ············ 64
5.5 重点小结 ············ 64
5.6 缺陷浓度的图形表示 ············ 65
5.6.1 含 $CaCl_2$ 的 $NaCl$ 固溶体中缺陷浓度示意图 ············ 65
5.6.2 含 TiO_2 的 Nb_2O_5 固溶体中缺陷浓度示意图 ············ 69
5.7 非本征离子型缺陷小结 ············ 72
参考文献 ············ 72

本章习题 ··· 73

第6章　缺陷复合体和缺陷联合体 ·· 74
　6.1　引子 ··· 74
　6.2　包含一个杂质中心和一个离子型缺陷的复合体 ················· 74
　　6.2.1　复合体的稳定性 ·· 74
　　6.2.2　缺陷复合体的实验证据 ·· 77
　6.3　本征离子缺陷联合体 ··· 81
　　6.3.1　卤化银中的弗伦克尔对联合体 ································ 81
　　6.3.2　NaCl中的肖特基缺陷联合体 ·································· 82
　　6.3.3　更复杂的体系 ·· 83
　　6.3.4　本征缺陷联合体证据 ·· 83
　6.4　杂质对缺陷复合体及联合体浓度的影响 ························ 84
　　6.4.1　非本征缺陷复合体 ·· 84
　　6.4.2　本征缺陷联合体 ·· 87
　参考文献 ··· 87

第7章　离子输运 ·· 89
　7.1　引子 ··· 89
　7.2　扩散基本概念 ·· 89
　　7.2.1　菲克第一定律 ·· 89
　　7.2.2　扩散机理 ·· 91
　　7.2.3　扩散常数 ·· 92
　7.3　晶态固体中的离子电导 ·· 93
　　7.3.1　电导率 ··· 95
　7.4　本征与非本征离子电导 ·· 98
　　7.4.1　掺杂 $CaCl_2$ 的 NaCl ··· 98
　　7.4.2　掺杂 $CdBr_2$ 的 AgBr ··· 104
　7.5　快离子导体 ·· 110
　　7.5.1　碘化银 ··· 111
　　7.5.2　萤石结构氟化物 ··· 112
　　7.5.3　$β$-氧化铝 ·· 112
　参考文献 ··· 114

3

第8章　本征电子缺陷 115
- 8.1　引子 115
- 8.2　能带理论的发展 115
- 8.3　质量作用方法 119
- 8.4　费米函数 120
- 8.5　空穴、波和有效质量 122
- 8.6　电子电导率 126
- 8.7　跳跃机制 129
- 8.8　化合物的能带结构 130
- 8.9　化学性质与禁带 132
- 8.10　小结 134
- 参考文献 135

第9章　非本征电子缺陷 136
- 9.1　引子 136
- 9.2　与气体环境的相互作用 136
- 9.3　补偿型缺陷的选择 139
- 9.4　电子补偿的化学结果 143
- 9.5　杂质中心与电子和空穴的相互作用 144
  - 9.5.1　元素半导体中的施主态与受主态 144
  - 9.5.2　载流子浓度与电导率 148
  - 9.5.3　补偿 152
- 9.6　化合物中非本征电子缺陷 153
- 9.7　小结 158
- 参考文献 158

第10章　本征非化学计量比 159
- 10.1　引子 159
- 10.2　纯晶态化合物中的非化学计量比 160
- 10.3　非化学计量比和平衡缺陷浓度 164
- 10.4　具有肖特基缺陷的假想化合物MX 165
  - 10.4.1　近化学计量比区：还原 167
  - 10.4.2　高度非化学计量比区：还原 168
  - 10.4.3　近化学计量比区：氧化 170

10.4.4	高度非化学计量比区:氧化	170
10.5	MX 的克罗格-明克图总结	171
10.5.1	通览	171
10.5.2	焓关系	173
10.5.3	临界点的计算	174
10.5.4	近化学计量比区域的宽度	175
10.5.5	过渡区中缺陷的浓度	175
10.5.6	近化学计量比区边界的组分	177
10.5.7	温度的影响	177
10.6	MX 相关讨论的小结	180
10.7	一个更加复杂的克罗格-明克图	180
10.7.1	对问题的定义	180
10.7.2	近化学计量比区:氧化	182
10.7.3	高度非化学计量比区:氧化	183
10.7.4	近化学计量比区:还原	184
10.7.5	高度非化学计量比区:还原	184
10.7.6	M_2O_3 的克罗格-明克图小结	185
10.7.7	近化学计量比区的宽度	186
10.7.8	近化学计量比区边界的组分	187
10.8	本征非化学计量比组分的克罗格-明克图小结	187
10.9	焓关系	188
10.10	本章结论	188
参考文献		188
本章习题		189

第11章 非本征非化学计量比 191

11.1	引子	191
11.2	一个简单的例子:施主掺杂的 MX	192
11.2.1	基本关系	192
11.2.2	补偿型缺陷	193
11.2.3	杂质控制区:离子补偿	194
11.2.4	杂质控制区:电子补偿	196
11.2.5	杂质控制型非化学计量比的一个重要方面	196
11.2.6	总体小结	198

| 11.3 | 焓关系 | 198 |

11.4 一个更加复杂的例子：受主掺杂的 M_2O_3 ... 199
   11.4.1 基本关系 ... 199
   11.4.2 补偿型缺陷 ... 200
   11.4.3 杂质控制区：电子型补偿 ... 201
   11.4.4 杂质控制区：离子型补偿 ... 202

11.5 通览 ... 203

11.6 杂质控制区的非化学计量比反应 ... 206

本章习题 ... 206

第 12 章 二氧化钛 ... 209

12.1 引子 ... 209

12.2 非化学计量比的程度 ... 212

12.3 无掺杂 TiO_2 的平衡电导率 ... 214

12.4 无掺杂 TiO_2 的塞贝克系数 ... 220

12.5 TiO_2 中的离子输运 ... 221

12.6 掺杂对 TiO_2 的影响 ... 221
   12.6.1 受主掺杂 ... 221
   12.6.2 施主掺杂 ... 222

12.7 TiO_2 缺陷化学总论 ... 226

参考文献 ... 229

本章习题 ... 229

第 13 章 氧化钴和氧化镍 ... 230

13.1 引子 ... 230

13.2 氧化亚钴(CoO) ... 231

13.3 氧化亚镍(NiO) ... 239

13.4 小结 ... 243

参考文献 ... 243

第 14 章 钛酸钡 ... 245

14.1 引子 ... 245

14.2 通览 ... 247

14.3 无掺杂 $BaTiO_3$ 的平衡电导率 ... 249

14.4	$BaTiO_3$ 的绝缘特性	254
14.5	受主掺杂的 $BaTiO_3$	260
14.6	$BaTiO_3$ 中的离子电导	264
14.7	施主掺杂的 $BaTiO_3$	268
14.8	$BaTiO_3$ 中的三价掺杂	272
14.9	小结	274
	参考文献	274

第15章 有序和无序 …… 276

15.1	块状结构	280
15.2	小结	282
	参考文献	282

索引 …… 283

第 1 章

引 言

原子在晶态固体中有序排列是众多自然神奇之美中的一种。人类对此的认识源于石英或长石等晶体的规则外形。此后，X 射线及其他衍射技术进一步揭示出原子在晶体中有序规则排列的几何信息。目前，高分辨透射电子显微技术和扫描隧道显微技术已经可以直接针对原子面甚至是原子自身来成像，所揭示出的原子在晶态物质中各异的规则排列特征常常会让人震惊。

缺陷化学是研究晶态无机化合物中原子相对于理想有序排列的偏离及其影响的科学。由于纯度所限和无法达到只有在 0 K 下才能达到的纯粹热动力学平衡，原子处于完全规则排列的"完美"晶体在实际中并不存在。然而，在一定特殊条件下，晶体内部的无序度可以非常低，甚至可以低到不影响性能。由于具有不同的散射指数、介电常数，上述无序度很低、近乎完美的晶体材料可应用于光学或介电领域，也可以像宝石那样具有装饰价值。但在电荷和质量传输方面，所有完美晶体材料的性能都很低。因此，晶体的离子、电子输运特性和晶体中的扩散就完全由其中局部相对于有序结构的偏离程度来决定。人类对此的认识始于 1926 年。当时，弗伦克尔(Frenkel)发现在晶态物质中，原子型物质如果自身不成为缺陷就无法从一个点扩散至另外一个点。这种缺陷可被看成是晶体中某点相对于完美有序结构的暂时性的偏离。对此的认识也成为缺陷化学的开端，相关缺陷被定义为弗伦克尔缺陷。该缺陷也是晶格中最典型的一种无序结构。

了解缺陷化学有助于理解显微摄影过程中底片影像形成和洗像的原理。同时，也有助于预测在高温下暴露于空气中的金属表面氧化皮的形成。它还可以被用来设计作为高温燃料电池电极的离子-电子混合导体材料。它也可以解释为什么一些氧化物只有在氧化性介质(如空气)处理时才可以成为电的绝缘体；同样，它

---

* 此为边码，与英文原著该页起始位置基本对应。

也可以说明为什么另外一些氧化物必须在高度还原性气氛中处理才能获得相同的电学特性。在结构或电子材料领域，缺陷化学还有助于理解通过加热使粉体固结为致密产品的烧结过程。在电子材料领域，它也可为金属氧化物材料的组分及工艺设计提供指导。以上仅是可以说明缺陷化学在实际问题和应用中重要作用的一小部分实例。

如上所述，缺陷可被定义为相对于理想晶体结构的偏离。因此，理想晶体结构就可作为缺陷化学研究中的热动力学基准状态。随后的大部分内容将主要涉及仅与一种原子或一个晶体格点相关的点缺陷。位错或晶界等更为复杂的无序结构同样是缺陷。然而，它们的成因及其对性能的影响均显著不同于点缺陷。处于平衡状态的晶体中通常不会包含此类缺陷。点缺陷包括空位，即那些通常被占据的晶体格点上出现的空缺；占错位置的原子也是点缺陷。如果这个原子处于通常没有原子的空隙位置，则可被称为间隙原子。当然，这个原子也可以置换格点上其他不同类原子。此时，如果已经被定位的原子不应该出现在该位置上时，这个原子就有可能是杂质原子。任何不处于最低能态的电子也可被看成是一种缺陷。例如，一个轨道在遗失一个电子后，就被称为空穴。

缺陷可以出现在无机物、有机物、聚合物型及金属等各类晶体中。由于无机化合物，特别是金属氧化物材料在实践中的重要作用，本书将主要讨论其中的缺陷。同时，本书也将涉及一些卤化物。卤化物非常适合用于阐释缺陷相关的性质。为了介绍电子型无序，本书也会述及 Si 和 Ge 等半导体及与之关系密切的Ⅲ-Ⅴ族化合物，如 GaAs 和 InSb。NaCl、NiO 和 TiO_2 等二元化合物也是本书重点介绍的内容。对 $BaTiO_3$ 等结构更复杂的化合物，由于它们在实际中的应用越来越多，本书也将予以重点介绍。用于描述这种化合物的一种离子模型被认为是对其中离子、共价混合键合实际情况最合理的近似。然而，缺陷化学中常忽略共价键的贡献，如考虑其贡献将使问题复杂化。以金属化合物及卤化物为重点的讨论将足以满足具有丰富离子性特征材料的研究。

对于任何缺陷的讨论必须以发现这种缺陷的晶体为背景。在某种晶体结构中非常重要的缺陷，在另一种结构的晶体中就很可能变得不那么重要。因此，本书的后续内容将首先介绍 NaCl、萤石和钙钛矿等缺陷化学领域感兴趣的晶体结构。本书所介绍的数量非常有限，介绍过程中也会尽量使用缺陷化学领域最常用的词汇与表达方式。这就意味着本书将主要使用配位数、对称性、离子的相对尺寸和晶格格点等专业词汇，而不会使用那些偏数学或与散射相关的表达方式。此后，本书将继续介绍一种将平衡态晶体处理成稀溶体的质量传输理论，阐述清楚其合理性与应用。接下来介绍本征缺陷，它本身可作为处于热力学平衡状态晶体的一部分。然后，本书将继续介绍由杂质等因素引入晶体中的非本征缺陷。这部分内容之后的缺陷间的相互作用相关内容可被用来分析离子型固态物质中的离子传输与扩散。本征电子无序部分的内容以基本电子能带模型为基础。在非本征缺陷部分的内容中，将引入一个非常重要的概念——非化学计量比，即对具有特定成分的既定化学计量比状态的偏离。此后的内容是缺陷化学在几种真实材料体系研究中的应用。在结尾部分，本书简要介绍可通过局域性调整将大部分缺陷消除的晶体体系。在本书的各章节中均会给出一些相关理论的实际应用。

缺陷是晶体结构中可被辨别出的物质；除了这些缺陷，该晶体结构就可被看成是理想的完美晶体结构。这与对盐溶液的处理方式类似：盐类离子即所谓可分辨物质，除此外，盐溶液就只剩下纯水。在相关内容的阐述过程中，可不特别说明基体材料，无论它是纯水或是无缺陷的晶体，因为本书讨论的主要内容是对上述完美结构的偏离。无论是以基体为主要讨论对象，或以偏离基体完美结构的缺陷为考虑的主体，均可以采用类似的热动力学关系式来描述。例如，在液体化学研究中常用的化学反应平衡方程式或传质表达式。总之，在固态物质研究中，稀溶液近似热动力学理论不但适用于研究低缺陷浓度的晶体，在一些高缺陷浓度的情况下也同样适用。

本书的主线是以一种可预见的方式反复应用读者朋友们已掌握的所涉及化合物组成离子的化学性质。这也是本书与领域内其他著作间的主要区别之一。上述化学性质不仅包含了离子相对尺寸及其价态，还涉及离子化学，即考虑这些离子是价态固定，还是可被氧化或还原至更高或更低的价态，以及氧化或还原的难易程度。了解这些化学知识在预测某些特殊材料体系性质方面具有重要作用。

最后，本书不以介绍相关数学理论为目的，而将写作的重点放在为读者形象地展示相关物理模型上。缺陷化学中的概念并不复杂，其建立在几条可以说是广为人知的规则基础之上。在严格和谨慎应用的前提下，这些规则在缺陷化学中大部分是适用的。然而，在这种貌似简单的外表下也存在着问题。大致浏览一下该领域内的文献，读者朋友们就可能找到一些与上述规则不相符的例外情况。

参考文献

Frenkel, I. Z. *Phys.* 35:652, 1926.

第 2 章

一些有用的晶体结构

2.1 引子

在不同的化合物中，如果想判断其中哪种晶格缺陷出现的概率最大，并进而估计其可迁移性的相对差异，就必须以包含该缺陷的特定晶体结构为基础来考虑。在解释缺陷相关的性质时，还须考虑相关晶体结构中未被填充的空间、不同晶体格点周围的静电环境等因素。在这里特别重要的是理想晶体结构是研究其中缺陷平衡时的热力学标准基态，也只有以理想晶体结构为基础，才能定义其中的各种缺陷。因此，要想独立且全面地研究缺陷化学，就必须先对几种主要晶体结构有足够的了解。即便如此，我们也常会陷入在二维纸面上难以准确表述三维物体的困难。纸面上可以准确给出两个维度上的尺寸信息，对于第三个维度信息的理解就只能依靠读者的想象。读者们在这方面有很大的差异。因此，在随后讨论几种主要晶体结构的过程中，读者最好能找到并参考一些三维的晶体模型来帮助自己理解；在进一步学习后续章节内容之前，不必完全掌握本章中的内容；如果仅是为初步了解缺陷化学相关内容，仅需掌握 NaCl 和萤石结构即可。

纯离子模型可适用于许多金属氧化物及卤化物缺陷化学研究。因此，晶体就可被当作由具有整数化合价的离子组成。毕竟，当阳离子的有效电荷数小于其能携带的电荷总数时，为了达到电中性，必然要求相邻的阴离子相应减少其所带的电荷数。正负离子之间的电荷差因此被消除。与这种情况类似，缺陷也要求与周围的缺陷一起达到电中性。只有在一些特殊情况下，才有必要明确考虑共价键在晶体结构中的贡献。

目前，有几种不同的方式可被用来描述晶体结构。在特定结构的讨论过程中，本书将采用其中最合适的方式。在描述晶体的过程中，必须遵守如下基本原则：如在离子晶体中，为达到晶格最稳定，正、负离子都要求被尽可能多的异种离子包围；

类似地，正、负离子要尽可能地远离同种离子。为达到上述要求，让正、负离子拥有最高的配位数，正、负离子的相对尺寸也必须发生相应改变。因此，从静电平衡角度考虑，有时让 6 个阴离子围绕 1 个中心阳离子形成密堆结构就比让 8 个阴离子在相对更远的距离上形成更加拥挤的配位结构更稳定。通常，阴、阳离子的配位数必须像阴、阳离子之间的比例一样准确反映相应化合物的化学计量比。在大多情况下，为了使静电能最优就必然导致阴、阳离子尽可能充满晶体结构空间。相应结构常被称为密堆结构。

    阳离子的尺寸常小于阴离子。这会影响晶体的基本结构。原子失去电子成为阳离子后，剩余的电子受到的来自原子核的平均引力增加，使电子云收缩。因此，阳离子总小于相应的原子。而且，随着原子序数的增加，阳离子与相应原子之间的尺寸差异会变得愈加明显。同理，阴离子的尺寸常大于其同源原子。MgF_2 就是这方面的一个典型范例。Mg^{2+} 和 F^- 的外层电子结构均为 $1s^2/2s^22p^6$，与稳态稀有气体氖原子外层电子结构相同。在 Mg^{2+} 中，10 个电子被原子核中的 12 个正电荷吸引，其离子半径为 0.072 nm（取其他单位时，可为 0.72Å 或 72 pm）。但是，在 F^- 中，核外的 10 个电子仅被原子核中 9 个正电荷吸引，其相应的离子半径为 0.133 nm，几乎是具有相同电荷数的 Mg^{2+} 离子半径的 2 倍。一些特定阳离子与阴离子的相对尺寸对比如图 2.1 所示。上述对比表明，只有那些尺寸最大的阳离

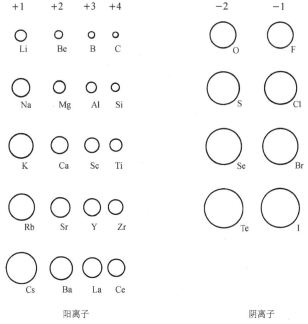

图 2.1 一些离子的相对尺寸，用以说明阳离子在整体上要小于阴离子。在图的最上方标出了各类离子的常见价态

子才和尺寸最小的阴离子尺寸相当。因此,在研究晶体结构时,可将其想象成阴离子按特定方式进行堆积,形成理想或近似密堆结构,阳离子再填充于阴离子之间的空隙中。

2.2 密堆结构

如前所述,让我们首先来考虑怎样用相同尺寸的阴离子刚性球体来尽可能地充满一个空间。其最紧密的单层堆积方式如图 2.2(a)所示。为了和第二层离子相区别,在第一层离子中,用网格线标出了如图所示的 6 个阴离子。为形成密堆结构,第二层同种类型的阴离子须置于第一层阴离子之间的凹陷处。从图中可以看出,第二层离子的堆垛形式可以被分成两类。在如图 2.2(b)所示的堆垛方式中,第二层离子位于如图 2.2(a)中黑点所示的位置上。因为只有两层,上述两种堆垛方式在几何取向上是等效的。然而,当添加第三层阴离子时,上述两种堆垛方式就

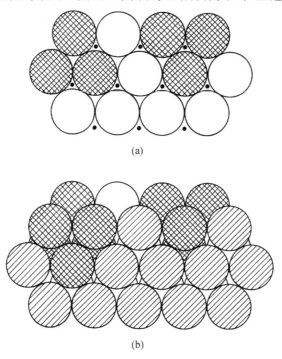

图 2.2 (a)由等径球组成的单层密堆结构层。其中的圆点是图 2.2(b)中所示的第二层球体的位置。用网格线标出的球体是如图 2.2(b)所示的围绕中心阳离子呈八面体(左侧)和四面体(右侧)排列的阴离子。(b)放置在如图 2.2(a)中圆点所示位置上的第二层密堆结构球体层。注意第三层密堆球体的放置有两种方式。用网格线标出的球体代表阳离子周围按完整的八面体(左侧)和四面体(右侧)排列的阴离子

会形成两种不同的结构。在排列方式一中,第三层离子可直接置于第一层阴离子的上方,按 A-B-A-B 方式形成如图 2.3(a)所示的六方对称性结构。这种结构因此被称为密排六方,或 hcp 结构。如果以排列方式二进行排列,第三层离子不位于第一层离子的正上方,而将第四层离子置于第一层离子的正上方。在第二种排

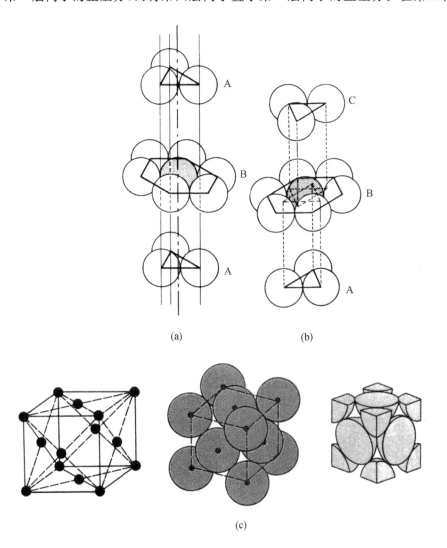

图 2.3 (a)以炸开方式展示了具有六方对称性的密堆结构的球体。注意这里第一层和第三层中的三角形为同一方向[经普伦蒂斯-霍尔(Prentice-Hall)公司授权,基于范弗雷克(Van Vlack)1964 年的研究结果重绘]。(b)以炸开方式展示的具有立方对称性的密堆结构球体。注意,这里第一层和第三层中的三角形方向相反。(c)相等尺寸球体的 fcc 阵列的三种观点[经麦格劳-希尔(McGraw-Hill)公司授权,基于史密斯(Smith)1990 年的研究结果重绘]

列方式中,各层离子按 A-B-C-A-B-C 顺序交替排列形成如图 2.3(b)所示的立方对称性的结构。这种结构被称为立方密排或 ccp 结构。图 2.3(c)给出了 ccp 结构的另一种表示方式,即所谓面心立方或 fcp 结构。如图 2.3(c)所示,密排面与连接下-左-前与上-后-右离子中心所形成的两角连线垂直。这些密排面即所谓 111 面。hcp 和 ccp 结构在填充晶体内空间的效率相同,按这两种方式进行堆垛的等径刚球都能占据所可用空间体积的 74%。

在 hcp 和 ccp 结构的密排面间均包含着两种可由尺寸较小阳离子来填充的间隙。它们的位置可由图 2.2(b)中用网络线示出的阴离子来辅助表示:在图的左侧,阳离子在上、下两层密排阴离子中各拥有 3 个最近邻阴离子。以这 6 个阴离子为角的八面体将一个阳离子包围(需要注意,这里的几何图形是根据其包含面的数目来定义,而不是根据所包含的角来命名)。其中,阳离子的位置就被称为**八面体位**[①]。如图 2.4 所示,共有两种方式来展现由上述阳离子及其周围 6 个阴离子构成八面体的对称性:①用阳离子上、下两个阴离子层中取向相反的两个阴离子三角形来表示;②或将其稍稍旋转,使阳离子上、下方各有 1 个阴离子,其他 4 个阴离子形成的正方形将阳离子包围于其中。这两种方式在本质上完全相同。然而,后者在展现这种晶体结构方面更加形象,因此应用范围更广。根据计算,在八面体中,与阴离子形成理想密堆的阳离子尺寸仅为阴离子的 0.414。在另外一种由两层密排阴离子形成的间隙位置上,每个阳离子有 4 个最近邻阴离子,具体如图 2.2(b)右侧用网络线标示的阴离子所示。围绕阳离子的 4 个阴离子形成一个正四面体。其中的间隙位置因此被称为**四面体位**。同样在形成理想密堆的前提下,计算结果(比八面体中的计算稍复杂)显示处于四面体间隙中的阳离子尺寸仅为阴离子的

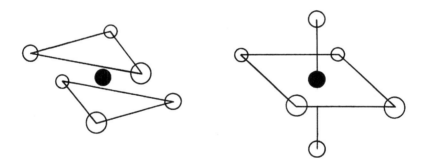

图 2.4 八面体配位球体的两种展现形式

---

① 这里特别定义的八面体位及四面体位就是国内相关专业资料中常指的八面体或四面体间隙。
——译者注

0.225。因此,四面体间隙位的尺寸仅比八面体间隙的一半大一点。在上述两种结构中,阴离子相对于被其包围的阳离子均形成球形对称关系。这些阳离子在 hcp 或 ccp 结构的八面体或四面体位中按不同的方式进行填充,可衍生出多种非常重要的晶体结构。

2.2.1 密堆子晶格中的八面体位

NaCl 结构是涉及八面体位的最简结构,也是本书最常涉及的晶体结构。有时,这种结构也被称为石盐结构。将阳离子填充入 ccp 结构的阴离子晶格中所有八面体位后就形成了这种结构,如图 2.5 所示。阴、阳离子在元胞界面上的排列方式如图 2.5(a)所示。其中的阴离子以图 2.5(b)中密排立方面中的 A、B 和 C 来标示。阳离子占据表示元胞的立方体的棱的中点和整个立方体的中心。整个元胞可以用各阴离子中心连线构成的立方体来表示。因此,每个位于立方体边角的阴离子只有 1/8 位于元胞之内;6 个面心离子各有一半位于元胞之内;在此基础上,再加上位于元胞中心的阳离子,整个元胞就包含有 4 个离子。因此,NaCl 结构就包含了数目相等的阴、阳离子,相当于化学计量比相等的 MX 结构。高度离子化的化合物多具有这种结构。这种结构中,阴、阳离子已充分分散,保证了其间最佳的相互静电作用。几乎所有的碱金属卤化物(如 LiF、KCl、RbI 和 CsF 等)、碱土金属氧化物(如 MgO、CaO、SrO 和 BaO 等)和许多二价过渡金属氧化物(如 MnO、FeO 和 NiO 等)都属于这种结构。这种结构对其中阴、阳离子尺寸相对比值变化的容许度很大。在一些特例中,过大的阳离子甚至可以使阴离子偏离理想的密堆结构。每个阴离子周围有也 6 个阳离子,同样保持八面体对称性。在这些含有相同数目阴、阳离子的化合物中,阴、阳离子的配位数必定相同,然而,阴、阳离子的配位对称性不必完全一致。NaCl 结构的特点可归纳如下:

(1) 化学计量比为 MX;
(2) 阴离子为密排立方(至少为面心立方)结构;
(3) 阳离子占据所有的八面体间隙位;
(4) 阳离子具有 CA_6 八面体对称性;
(5) 阴离子具有 AC_6 八面体对称性。

在前述最后两行中,CA_6 表示阳离子 C 周围有 6 个最近邻阴离子 A。同理,AC_6 表示阴离子 A 周围有 6 个最近邻阳离子。

正如读者推测的那样,NaCl 结构可以有一个 hcp 变体,即阴离子按 hcp 结构排列,其中的八面体位完全由阳离子占据。这种结构被称为 NiAs 结构。这是化学计量比为 MX 且阳离子具有八面体配位关系化合物的另外一种结构。然而,在这里用 NiAs 这样一个并不常见的化合物来命名这种结构多少显得有点不合时宜。在这种结构中,特别需要注意处于阴离子密排层间阳离子的相对位置。从图 2.6 中可以看出,下一层阳离子位于前一层阳离子的正上方。与此不同的是,在

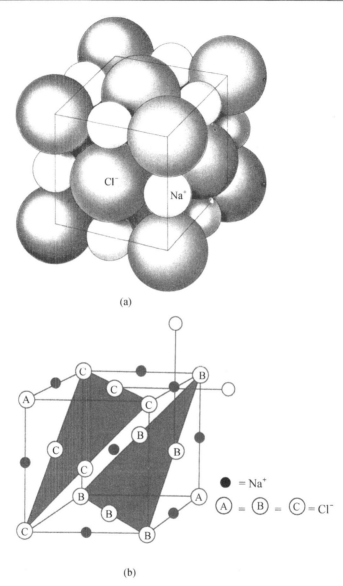

图 2.5 NaCl 结构。(a) 展示单胞边界的模型（经普伦蒂斯-霍尔公司授权,基于范弗雷克 1964 年的研究结果重绘）。(b) 用字母标示的以 A-B-C 顺序排列的密堆结构的阴离子［经麦格劳-希尔公司授权,基于罗杰斯(Rodgers)1994 年的研究结果重绘］

NaCl 结构中,相邻两层阳离子的位置相互错开。因此,在 NiAs 结构中,处于八面体位上的阳离子连接形成相互平行的直线;这些直线与由阴离子组成的密排面垂直。相邻的阳离子八面体以共面方式相连,其位置达到最近;当八面体以共角方式相连时,位置最远;当八面体以共棱方式相连时的距离介于以上两种情况之间(在 NaCl 结构中的八面体以共角和共棱两种方式相连)。在 NiAs 结构中,阳离子仍具有六配位的八面体对称性;阴离子由 6 个处于三棱柱角部的阳离子包围。位于某个阴离子之上和之下的由 3 个阳离子组成的三角形具有相同的取向。在 NaCl 结构中,位置相似的两个三角形取向恰好相反。此外,NiAs 结构不是一种球形对称的结构。由于其中的阳离子的间距没有达到最远,因此,NiAs 结构并不是离子型化合物的理想结构。只有具有一定共价特性的 CrS、MnSb 和 FeSn 才具有这种结构。其结构自身对我们以离子型化合物为主的研究来说并没有多大意义。然而,它可以作为推导几种有用结构的基础。

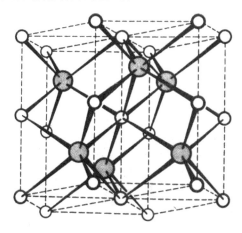

图 2.6 NiAs 结构。图中稍大的球体代表按 hcp 结构排列的阴离子;小空心球代表位于八面体配位格点的阳离子。注意,阳离子呈直线排列。围绕阴离子配位的阳离子形成三角金字塔,而不是像在 NaCl 结构中那样仍以八面体形式配位

[经牛津大学出版社授权,基于韦尔斯(Wells)1974 年的研究结果重绘]

如图 2.7 所示,如果去除 NiAs 结构中相邻两阴离子密排面中的一半阳离子,所得的结构就基本为金红石结构。将一半阳离子去除后,就将阴离子的配位数由 6 降低至 3。相应地,阴、阳离子之间的化学计量比变成为 MX_2。阴离子位于一个非常矮而宽的三角金字塔的顶端,其基座为该阴离子的 3 个最近邻阳离子。为进一步提高对称性,阴离子移入阳离子所在平面,形成三角配位。金红石结构是 TiO_2、MnO_2 和 MgF_2 及其他一些化合物能够达到的最稳定结构。这种结构的特点可归纳如下:

(1) 化学计量比为 MX_2;
(2) 阴离子基本呈 hcp 结构;
(3) 阳离子占据一半八面体位(每一层的一半);
(4) 阳离子和其周围的 6 个阴离子形成 CA_6 八面体对称性(略带畸变);
(5) 阴离子和其周围的 3 个阳离子形成 AC_3 三角(平面)对称关系。

(注:A-anion,阴离子;C-cation,阳离子)

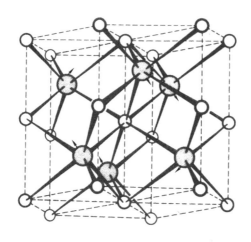

图 2.7 以 NiAs 结构变体表示的金红石结构。图中稍小的球体位于 NiAs 结构中的阳离子格点位,仅那些黑色球体实际占据了金红石结构的晶体格点位。使阴离子形成平面三角形配位关系的移动方向如图中短箭头所示

在 NiAs 结构基础上,以间隔一层的方式,将其中的一半阳离子层去除后,就会得到另外一种化学计量比为 MX_2 的衍生结构。也就是说,与金红石结构一样,将 NiAs 结构中的一半阳离子去除,但去除的方式不一样。所获得的结构被称为 CdI_2 结构。这样,一半的阴离子层失去将它们分隔开来的阳离子层而直接相对。因此,只有那些具有强烈共价特征的化合物才可能形成这种结构。显而易见,这种结构非常不适合具有强烈离子型特征的化合物,除非其中的部分键合转而具有显著共价特征,从而降低相应阴离子所携带的有效电荷数。在缺陷化学研究领域,目前还没有具有这种特征结构的化合物。但有一种类似结构,是立方 $CdCl_2$ 结构。该结构是在 NaCl 结构基础上,以间隔一层的方式,将其中的一半阳离子层去除。

2.2.2 密堆子晶格中的四配位点

本节主要讨论密堆阴离子子晶格中四面体配位点上的占位情况。如果 ccp 结构的密堆阴离子子晶格中的所有四面体点全部被阳离子占据,所获得的结构被称为反萤石结构。许多读者在此可能立刻想到萤石结构应该更加重要。对此,本书后续内容将予以说明。每一个 ccp 单胞的内部包含 8 个四面体点。因此,在构成一个 ccp 单胞的 4 个阴离子基础上,每个 ccp 单胞还将包含 8 个位于四面体间隙的阳离子。这也就意味着这种结构的化学计量比为 M_2X。因此,所有卤族元素均不能进入这种结构,只有那些阳离子为一价的氧化物才能具有这种结构。碱金属氧化物,如 Na_2O 和 K_2O 等,就具有这种结构。由于这些氧化物具有强烈的亲水性;同时,随着其离子半径的增加,它们与氧反应形成各种中间氧化物或过氧化物的倾向性会越来越大,因此,这类氧化物几乎没有什么实用价值。然而,这种结构

的反结构——萤石结构,具有非常大的实用性。对此,随后的内容中就会予以说明。反萤石结构拥有一种六方类体。这种结构由 hcp 结构的阴离子形成子晶格,其中的所有四面体位均被阳离子占据。目前,还没有发现任何一种化合物具有这种结构。与 hcp 结构中的八面体点情况类似,每列四面体点的连线均与密排面垂直。实际中,很少晶体可以形成这种密堆子晶格中所有四面体点完全被阳离子占据的结构。

在 ccp 子晶格或 hcp 子晶格中,如果一半的四面体点被阳离子占据,就会分别形成闪锌矿或纤锌矿结构。这两种结构分别如图 2.8(a)或图 2.8(b)所示。当一半四面体点被占据后,一个单胞中就仅包含 4 个阳离子。相应结构的化学计量比减少至 MX。其中的阴、阳离子均处于四维四面体配位。由于这两种结构的内能稳定性差别不大,因此,许多化合物在特定温度范围内可同时形成这两种结构。例如,CuCl、CuBr 和 CuI 可分别在 435℃、405℃和 390℃时由低温稳定的闪锌矿结构转变为纤锌矿结构。具有这种结构的化合物并不多见。其中的原因主要是由于尺寸足够小、能够进入上述四面体点的阳离子往往会通过 sp^3 杂化和阴离子形成具有四面体配位特征的共价键。因此,只有如上所述的少数半径足够小的 d^{10} 过渡

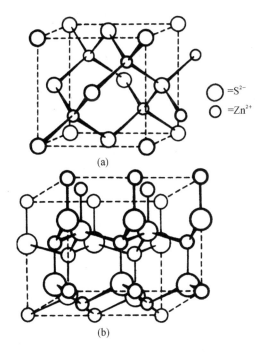

图 2.8 (a)闪锌矿结构。这种结构相当于一半的四面体晶体格点处于全空的反萤石结构。(b)纤锌矿结构。闪锌矿结构的六方类体

(经牛津大学出版社授权,基于韦尔斯 1975 年的研究结果重绘)

金属阳离子,如 Cu^+ 的卤化物、Zn^{2+} 离子的氧化物(纤锌矿结构)及硫化物(注:闪锌矿及纤锌矿均得名于 ZnS 的天然矿物)和一些Ⅲ-Ⅴ族化合物(如 GaAs 和 InSb,闪锌矿)具有这种结构。最后这两种化合物是具有金刚石结构的 Si 和 Ge 的非常重要的半导化衍生物。除了组成元素不同以外,闪锌矿和金刚石这两种结构完全相同。因此,许多的共价化合物也具有这种结构。其中的阴离子往往会因为阳离子足够大的尺寸而偏离理想位置。

2.3 八配位阳离子的结构

在已经介绍的几种结构中,阳离子不是处于具有六配位的八面体位就是处于具有四配位的四面体位。如果阳离子足够大,它就可能占据具有立方对称性的八离子配位点。

之前,在介绍并不太重要的反萤石结构过程中,曾提到在随后内容中会介绍更为重要的萤石结构。事实上,这两种结构确实具有恰好相反的结构特征。在反萤石结构中,由阳离子组成的 fcc 子晶格中的所有四面体点被阴离子占据。由于阴离子的尺寸通常大于阳离子,相应的四面体间隙均被拉大,从而使相邻阳离子之间的距离远超密堆结构可以容许的距离。最终,所获的结构只能被称为 fcc 结构。这种结构具体如图 2.9 所示。以这种结构为基础,通过互换阴、阳离子的位置可得到反萤石结构。萤石结构中,由于阳离子间距的扩展,大幅提高了这种结构的开放性。各种离子在其中的移动也因此变得更加容易。具有萤石结构的氧化物和卤化

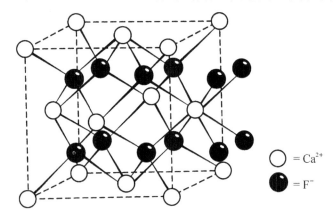

图 2.9 萤石结构:空心圈代表按 fcc 结构排列的阳离子;
黑色球体代表处于四面体格点位的阴离子
(经麦格劳-希尔公司授权,基于罗杰斯 1994 年的研究结果重绘)

物通常都是非常好的离子型导体,其中大部分也因此有了重要应用。由于所有的四面体点均位于单胞之内,因此,萤石结构的化学计量比同样为 MX_2。在相同成分的晶体形成过程中,萤石结构与金红石结构往往形成竞争关系。两者的主要区别就在于阳离子的尺寸。如果阳离子的尺寸足够大,使其周围排布 8 个配位离子,其晶体结构就更倾向于萤石结构;反之,这种晶体就更容易形成金红石结构。因此,MgF_2 和 TiO_2 就具有金红石结构,而 CaF_2(萤石矿)和高温 ZrO_2 就更倾向于萤石结构。这种结构的特征可归纳如下:

(1)化学计量比为 MX_2;
(2)阳离子子晶格为 fcc 结构;
(3)阴离子占据所有四面体点位;
(4)阳离子和周围的 8 个配位阴离子形成 CA_8 立方关系。

阴离子和其周围的 4 个最近邻阳离子形成 AC_4 四配位关系。

接下来介绍 CsCl 结构。介绍的原因不是因为其重要,而是使本书这部分内容组成更加完整。CsCl 结构是 NaCl 结构的一种变体,二者的关系与金红石和萤石结构间的关系类似,主要差别体现在两种结构中阳离子的尺寸不同。如果阳离子的尺寸大到其周围可存在 8 个配位阴离子,相应的晶体就会倾向于形成 CsCl 结构,具体如图 2.10 所示;反之,就会形成六配位的 NaCl 结构。实质上,从表 2.1 可以看出,从阳离子和阴离子的相对尺寸来考虑,在碱金属卤化物中,两种结构可能存在很大重叠;最终,只有 CsCl、CsBr 和 CsI 具有 CsCl 结构。仍如表 2.1 所示,当阳离子与阴离子的相对尺寸比大于 1 时,如在 K、Rb 和 Cs 的氟化物中,就应该以

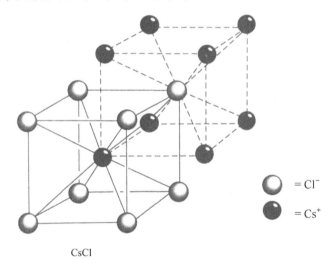

图 2.10 CsCl 结构:以相互嵌套的两个立方子晶格来表示
(经麦格劳-希尔公司授权,基于罗杰斯 1994 年的研究结果重绘)

上述两种离子比的反比为依据；换言之，相对尺寸较小离子与相对尺寸较大离子的比在此时更加重要。其中的主要原因是 NaCl 结构本身包含两套结构完全相同且相互嵌套的 fcc 子晶格。在这种情况下，应该将相对尺寸较大的离子的子晶格看成是密堆结构的衍射结构，不管它是阴离子，还是阳离子。

表 2.1　碱金属卤化物中阳离子与阴离子间的半径比

阴离子	阳离子				
	Li^+	Na^+	K^+	Rb^+	Cs^+
F^-	0.56	0.77	1.04[①]	1.12[①]	1.28[①]
Cl^-	0.41	0.57	0.77	0.83	0.94[②]
Br^-	0.38	0.52	0.71	0.76	0.87[②]
I^-	0.34	0.47	0.64	0.69	0.92[②]

①由于阳离子在这些化合物中大于阴离子，所以在选择结构判定标准时，最好是用上述半径比的倒数；

②这些化合物的晶体结构为 CsCl 结构。

引自韦尔斯发表于 1975 年的研究成果。

在 CsCl 结构中，任意离子均处于由 8 个异种离子形成的立方体中心。因此，CsCl 结构本身就包含两套相互嵌套的简单立方子晶格。它不能被看成是体心立方结构。因为，按晶体学基本原理，在 bcc 结构中，其单胞立方体的角部及中心的离子是相同的。CsCl 结构中，无论是阴离子，还是阳离子，均具有八配位的立方对称性。理想条件下，位于阴离子密排立方中心阳离子的尺寸与阴离子尺寸之比应为 0.732。然而，如果一个化合物中阴、阳离子尺寸比真的如此，阴离子将因为尺寸过大而将无法进入阳离子立方子晶格的体心位置。所以，只有那些尺寸近似的阴离子和阳离子才形成 CsCl 结构的晶体。当然，在研究 CsCl 结构时，还需考虑离子尺寸比之外的其他因素。像 RbF 和 RbCl 等化合物，它们的阴、阳离子半径比虽然介于 CsCl 和 CsI 之间，但它们的实际晶体结构为 NaCl 结构。

2.4　三元化合物结构

一些应用非常广泛的化合物中包含 3 种尺寸不同的离子，它们因此被称为三元化合物。此类化合物包括 $BiTiO_3$ 和 $MnFe_2O_4$ 等。在这样的例子中，两种不同的阳离子在晶格中的占位情况各异且具有不同的对称性。在三元化合物研究领域，两种最为重要的晶体结构是钙钛矿结构和尖晶石结构。

2.4.1　钙钛矿结构

这种结构的名称起源于分子组成为 $CaTiO_3$ 的钙钛矿矿物。但是，这种矿物的真实结构却不是钙钛矿结构。这是晶体学家的一个失误。$CaTiO_3$ 的结构在理想立方钙钛矿结构的基础上有了一定变形。由于变形的程度很小,所以并没有引起早期矿物学家们的注意。钙钛矿结构是分子组成为 ABO_3 化合物的理想结构。其中,A 位阳离子的半径明显大于 B 位阳离子。典型钙钛矿型化合物中,A、B 位阳离子的半径比可达到 2。

钙钛矿结构有多种不同的表示方式,具体如图 2.11 所示。在图 2.11(a)中,尺寸较大的阳离子处于立方单胞的角部,阴离子处于单胞面心,尺寸较小的阳离子

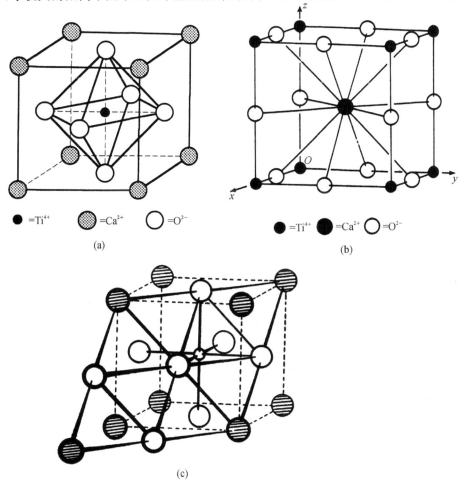

图 2.11 钙钛矿结构示意图。(a)小半径阳离子处于立方晶胞的中心[经麦格劳-希尔公司授权,基于巴尔苏姆(Barsoum)1997 年的研究结果重新绘制]。(b)大半径阳离子处于立方晶胞的中心[经剑桥大学出版社授权,基于埃文斯(Evans)1964 年的研究结果重新绘制]。(c)包含阴、阳离子的密排面表示法(经牛津大学出版社授权,基于韦尔斯 1975 年的研究结果重新绘制)

处于整个立方单胞的中心。这种表示方法强调了小尺寸阳离子的八面体配位特点。在图 2.11(b)中，将单胞的位置沿对角线进行移动，使小尺寸离子位于单胞的角部，阴离子位于单胞各边中点，单胞的中心转而由大尺寸阳离子占据。这种表示方法可更为清楚地表现大尺寸阳离子具有 12 个配位阴离子的特征。将该单胞进行三维拓展后，小尺寸阳离子的八面体配位特点也可以表现得非常清楚。这种晶体结构所具有的阳离子高配位数标志性结构特征可以解释为什么其中的一种阳离子要显著大于另外一种。同理，也可以解释钙钛矿矿物的晶体结构为什么会出现一定变形。其根本原因是 Ca^{2+} 离子的半径过小，从而不能充分满足理想钙钛矿结构周围需要具有 12 个配位阴离子的要求。尺寸更大的 Sr^{2+} 及 Ba^{2+} 离子更适于形成钙钛矿结构。图 2.11(c)可特别显示出钙钛矿结构的密排特征。阴离子和尺寸较大的阳离子共同构成 ccp 子晶格，密排面同时包含阴、阳两种离子。尺寸较小的阳离子占据所有仅由阴离子包围而形成的八面体点。由阴离子和尺寸较大阳离子共同形成的八面体配位点处于全空。很多材料均具有钙钛矿结构或类钙钛矿结构。显然，这也是一种易于形成的晶体结构。

2.4.2 尖晶石结构

尖晶石结构中，两类阳离子分别占据不同类型的晶体格点。尖晶石结构的分子通式为 AB_2O_4。该结构得名于自然界中存在的一种矿物：$MgAl_2O_4$。它可被看作是由等摩尔 MgO 和 Al_2O_3 共同构成的具有特定结构的矿物，而不能将其简单处理成具有上述组成的固溶体[①]。除了可以由 1 个二价阳离子和 2 个三价阳离子组成以外，尖晶石结构也可以由一个四价阳离子和两个二价阳离子共同构成，还可以由 1 个六价阳离子和 2 个一价阳离子来组成。总而言之，只要阳离子的组合最终可以平衡 8 个有效负电荷，就可形成尖晶石结构。尖晶石结构中，两种类型的阳离子在尺寸方面可能并不存在太大的差距。最终，种类众多的阳离子均可参与形成尖晶石结构。除了常见的氧之外，尖晶石结构中的阴离子还可以是硫、硒或碲。尖晶石类材料有非常重要的应用。例如，尖晶石类铁磁性材料是早期计算机应用的主要存储介质。

在以 $MgAl_2O_4$ 为代表的 2-3 型（由 2 价和 3 价阳离子共同组成）尖晶石结构中，Mg^{2+} 等 A^{2+} 型阳离子总共占据 ccp 型阴离子子晶格中的 1/8 的四面体点；其中的 B^{3+} 型阴离子，如 Al^{3+}，共占据其中的一半八面体点。为达到结构上的连续性，每个单胞中实际的原子数目为 $A_8B_{16}O_{32}$，其实际体积几乎比 NaCl 结构单胞的体积大 8 倍。其具体结构如图 2.12 所示。

在某些情况下，由于不同类型格点上对离子有不同的选择性，阳离子在尖晶石

[①] 由于两种以上氧化物组成的固溶体中，不同类型的阳离子没有各处特定的位置。——译者注

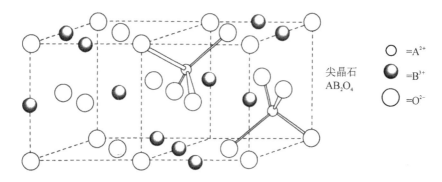

图 2.12　正尖晶石结构示意图。其中的小球为占据 1/8 ccp 型阴离子子晶格四面体点位的阳离子，加阴影的小球是占据一半 ccp 型阴离子子晶格八面体点位的 B 位阳离子

（经麦格劳-希尔公司授权，基于罗杰斯 1994 年研究结果进行重绘）

晶格中的分布也可能出现变化。Fe_3O_4（磁铁矿），也可以表示为 $FeO-Fe_2O_3$，就是这方面的典型范例。Fe^{2+} 离子的电子结构类型为 $Ne/3d^6$。其中的 Ne 代表惰性气体原子氖的基本电子构型。在八面体环境中，Fe^{2+} 离子的晶体场分裂将产生 3 个能量更低的能级，即 t_{2g} 能级。这些能级的电子轨道被定向在 6 个最近邻配位阴离子之间；另外两个能量稍高的等同能级 e_g 的电子轨道则直接指向最近邻的配位离子。这种能级的分裂已经违反了洪特（Houd）规则（等同轨道在被两个电子填充之前应尽可能多地仅由一个电子来填充），Fe^{2+} 离子的 6 个 d 轨道电子直接填入了 3 个能量较低的能级，具体如图 2.13 所示。接下来，空下来的两个 e_g 能级与空的 4s 和 4p 轨道发生杂化，产生 6 个等同的 d^2sp^3 杂化轨道，正好指向 6 个八面体配位阴离子。其余的空轨道可通过共价作用与周围已经填满阴离子的轨道结合来增强整个结构的结合强度。如上所述的相互作用使 Fe^{2+} 离子具有原子序数稍大的稀有气体氪原子的电子构型。这对于尖晶石结构来说，是一种非常适宜情况。结果，在这种尖晶石结构中，Fe^{2+} 离子没有占据 2 价离子常占据的四面体点，而是占据了八面体点位。这样，一半 Fe^{3+} 离子由八面体点移入四面体点。由此产生的结构被称为反尖晶石结构：A 位离子占据 1/4 八面体点，B 在占据另外 1/4 八面体点之后，还要占据 1/8 的四面体点。由于价态不同的两种 Fe 离子占据了等同的八面体点，电子可以非常容易地通过"跳跃"机制从 Fe^{2+} 离子迁移到 Fe^{3+} 离子。因此，Fe_3O_4 的最终成为一种黑色的半导体材料。在 Mn_3O_4 中，Mn^{2+} 离子的外层电子构型为 $Ne/3d^5$ 型（与 Fe^{3+} 离子的相同）。因此，Mn^{2+} 离子如果按刚介绍的 Fe^{2+} 离子的方式成键时，Mn^{2+} 离子周围就缺少一个电子。然而，这点不同还不至于改变 Mn^{2+} 离子的占位。所以，Mn_3O_4 可形成正常尖晶石结构。其中，不同氧化态的 Mn^{2+} 离子处于不同类型的格点上。这导致电子在其中的迁移变得更加困难。

Mn_3O_4 也因此成为一种浅色的绝缘体。在 Co_2O_3 中,Co^{2+} 比 Fe^{2+} 离子多一个电子。其特性基本与 Mn_3O_4 相同。上述电子结构上微小的改变往往可显著改变相应材料的物理性能。

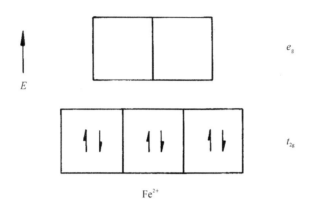

图 2.13 晶体场分裂对八面体配位条件下 Fe^{2+} 离子 3d 轨道的影响。3 个指向所近邻阴离子间的轨道的能量(t_{2g})要低于两个直接指向近邻阴离子的轨道的能量(e_g)。在这种情况下,能级的分裂就违反了洪特规则:在两个电子进入某一等同轨道前,其他等同轨道应均已含有一个电子

在一些尖晶石结构的化合物(如 $MgFe_2O_4$ 和 $MnAl_2O_4$)中,阳离子分布介于正尖晶石和反尖晶石结构之间。这些化合物偏离正尖晶石结构程度可用反向度 λ 来表示,其实质为占据四面体点的 B 位离子占 B 位离子总数的比例。因此,对于理想正尖晶石结构,$\lambda=0$;对于理想反尖晶石结构,$\lambda=0.5$。在刚提到的 $MgFe_2O_4$ 和 $MnAl_2O_4$ 两种化合物中,λ 分别等于 0.45 和 0.15。

那么,在这里为什么要详细讨论与尖晶石结构相关的各种假设情况?其中的主要原因是上述讨论可以非常自然地帮助读者逐步理解晶体畸变和缺陷的概念。那些特殊的反尖晶石结构可被理解为以尖晶石结构的两种极端情况(正尖晶石或反尖晶石)为基础的发生畸变的产物。相对于正、反尖晶石结构,存在畸变的尖晶石结构中就包含有一定的缺陷,主要表现为阳离子没有处于理想结构位置上。因此,离子型缺陷的定义须以一定的参考结构为基础。

2.5 结论

基于本书的主旨,本章主要首先介绍了晶体结构。在此基础上,概述晶体结构中的畸变与缺陷。接下来,本书将主要介绍缺陷化学的基本原则。

参考文献

Barsoum, M. W. *Fundamentals of Ceramics*. New York: McGraw-Hill, 1997, Fig.3.9.

Evans, R. C. *An Introduction to Crystal Chemistry*. Cambridge: Cambridge University Press, 1964, Fig. 8.20.

Greenwood, N. N., and A. Earnshaw. *Chemistry of the Elements*. Oxford: Pergamon Press, 1984, Fig. 21.4.

Rodgers, G. E. *Introduction to Coordination, Solid State, and Descriptive Inorganic Chemistry*. New York: McGraw-Hill, 1994, Fig. 7.22a.

Smith, W. F. *Principles of Materials Science and Engineering*, 2nd ed. New York: McGraw-Hill, 1990, Fig. 3.6.

Van Vlack, L. H. *Elements of Materials Science*, 2nd ed. Reading, MA: Addison-Wesley, 1964, Figs. 3–10 and 3–34.

Wells, A. F. *Structural Inorganic Chemistry*, 4th ed. Oxford: Clarendon Press, 1975, Figs. 3.35, 4.33, and 17.1. This large volume is a standard reference for inorganic crystal structures.

本章习题

2.1 （a）计算理想 ccp 结构中阴离子子晶格中八面体点阳离子与阴离子的半径比。

（b）计算理想 hcp 结构中阴离子子晶格中八面体点上阳离子与阴离子的半径比。

（c）计算理想 ccp 结构中阴离子子晶格中四配位点上阳离子与阴离子的半径比。

第 3 章

晶格缺陷和质量作用定律

3.1 引子

缺陷化学研究要求具有两项基本技能：①可书写出用以表征缺陷形成及其相互作用的平衡反应；②能基于质量作用定律写出可表示各缺陷活度相互关系的表达式。化学家们非常熟悉的质量作用定律经常被用于研究平衡状态下的各类化学反应。其中，最为主要的是液相及气相反应。质量作用定律以热动力学为基础，并以稀溶液体系为前提。换言之，除了被考虑对象外，不考虑体系中的其他组分之间的相互作用。在这种情况下，浓度可作为不同组分热动力学行为的表征。在接下来的内容可以看到，上述假设甚至适用于含有高浓度缺陷的化合物。

质量作用定律是固体化合物缺陷化学分析的核心内容。它对读者的基础要求除了要了解其起源之外，还要熟悉其应用。本章将用其他方法推导质量作用定律的表达式，并将它们与平衡反应的标准焓及熵等重要热力学参数相联系。随后的第一个例子将仅涉及最简单的晶格缺陷：由单一元素组成的晶态固体（如纯金属和稀有气体晶体）中的空位，表示其形成过程的示意图如图 3.1 所示。图 3.1(a) 是由某种元素形成简单正方理想晶体的二维平面示意图。为了方便接下来的介绍，在示意图中一边画出了一个原子层厚度的台阶。在原子级层面上，一个晶体的表面很难保持平齐，其表面经常存在台阶或突起。图 3.1(b) 示出一个原子已经由内部移至表面的新格点上。虽然，它可以处于表面的任意点位，但此处将该原子置于表面台阶旁的新格点上。通过上述过程，晶体中就产生了一个晶格空位，简称为空位。这里仅考虑其初始和终止状态，暂不考虑晶体由图 3.1(a) 转变至 3.1(b) 的机理。同时，这里还假设这种转变如果持续下去可在晶体中产生弥散分布的空位。

如上所述，空位的出现会引起化学键的断裂，是一个耗能过程。与此同时，由于表面原子不可能像内部原子一样与四周原子成键，空位产生时损失的能量就不能由把原子置于表面新格点的过程来弥补。这样,此类过程如何来达到平衡状态将是下一小节讨论的主题。

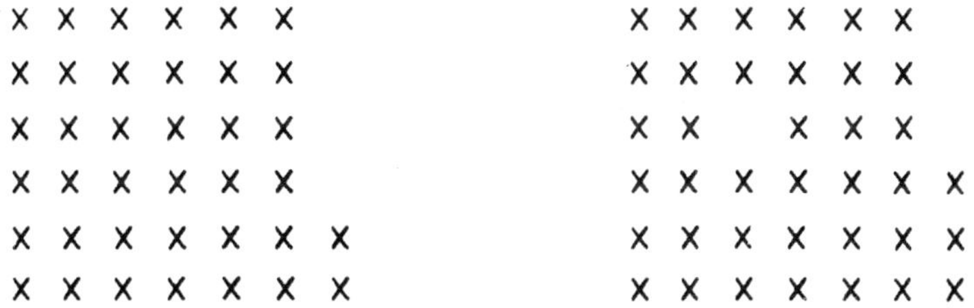

```
×  ×  ×  ×  ×  ×              ×  ×  ×  ×  ×  ×
×  ×  ×  ×  ×  ×              ×  ×  ×  ×  ×  ×
×  ×  ×  ×  ×  ×              ×  ×     ×  ×  ×
×  ×  ×  ×  ×  ×              ×  ×  ×  ×  ×  ×
×  ×  ×  ×  ×  ×              ×  ×  ×  ×  ×  ×
×  ×  ×  ×  ×  ×              ×  ×  ×  ×  ×  ×
         (a)                           (b)
```

图 3.1　某简单元素晶体的二维示意图。(a)理想晶格。(b)含有一个空位的晶格

熟悉质量作用定律及其在晶体缺陷中应用的读者可跳过本章随后相应的内容。然而,所有读者都应了解构型熵在平衡缺陷生成焓方面的重要作用。

3.2　平衡状态中的晶格缺陷

在平衡状态下,理想纯晶体中为什么还会出现晶格缺陷?显然,当晶体中原子或离子均处于相应格点上时晶格能最大;与此同时,用于补偿成键所需的能量也达到其极大值。因此,在计算某种晶态固体最有可能获得的晶态结构时,经常通过让原子在组装后的晶格能达到最大来计算。如果出现了缺失或错排,就会耗散无缺陷理想晶体的晶格能。然而,平衡状态不能仅由晶格能来决定。晶格能仅由整个系统自由能中的热焓组成。常压下的平衡可被定义为系统吉布斯自由能取得最小值时的状态。所以,必须同时考虑系统的熵值,即

$$G = H - TS \tag{3.1}$$

其中:H 主要由晶体中化学键[①]来决定,S 为熵,G 为吉布斯自由能。系统的熵主要由振动熵(vibrational entropy)S_v 和构型熵(configurational entropy)S_c 两部分组成。其中后者是系统无序度的一种表征,有时也被称为溶液的熵值。由于在任意给定时刻,一个热振动的原子(或离子)在一定程度上常会偏离晶体格点的几何中心,因此熵的两个组成部分实质上均与混乱度有关。当缺陷周围的原子振动模式发生变化时,振动熵也会改变。在一个空位周围,原子振幅增大,频率降低;在间隙原子周围,原子振幅受限,振动频率提高。振动熵值的正负就由振动频率的变化来决定。在绝大多数情况下,它不会成为本征缺陷讨论中的主要影响因素。

组成系统熵值的构型熵可由下式来表示:

---

① 译者注:相当于上面所说的晶格能。

$$S_c = k \ln P \tag{3.2}$$

其中:k 为玻尔兹曼常数;P 为系统的构型数,即在获得等同结构的前提下系统组分可以有的自由组合方式数目。理想晶体只有一种排列方式,因此其自由度为 1。这种情况下,$S_c = 0$。一旦引入缺陷后,系统可能的排列方式就会增多。对此,可用很多读者非常熟悉的贝壳盖豌豆游戏来说明。如果已经有了几个贝壳和一两颗豌豆,那么总共有多少种方式让某只贝壳中盖有 1 颗豌豆呢?这里,给出其中的两种情况。如图 3.2(a)所示的情形为 4 只贝壳和 1 颗豌豆,如图 3.2(b)所示的情形为 4 只贝壳和 2 颗豌豆。盖有豌豆的贝壳和空贝壳就相当于晶体中已被占据的格点和空位。具体排列时,在上面的 4 只贝壳、1 颗豌豆的情形中,总共有 4 种不同的排列方式;而 4 只贝壳、2 颗豌豆的情形有 6 种排列方式。可概述以上各种情形的数学表达式为

$$P = \frac{N!}{(N-n)! \; n!} \tag{3.3}$$

其中:N 为晶格中格点或上面游戏中贝壳的数目,n 为被占据的晶格格点数或游戏中盖有豌豆的贝壳的数目;所以,$N-n$ 即为晶格中的空位数或游戏中的空贝壳数;$N! = 1 \times 2 \times 3 \times 4 \times \cdots \times N$,即所谓 N 的阶乘。将上述游戏中的贝壳数及豌豆数目代入上式后,即可计算出如图 3.2 所示的结果。能够找到一个数学表达式来计算出所有可能的排列方式是一件非常幸运的事。读者可以想象用笔画出由 10^{20} 个格点组成且含有 10^{16} 个缺陷的晶体所有可能的排列方式有多么可怕。

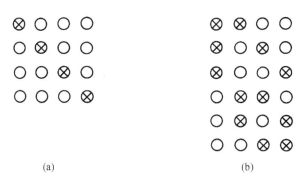

图 3.2 贝壳盖豌豆游戏中所有可能的排列方式。(a)4 只贝壳+1 颗豌豆,4 种排列。(b)4 只贝壳+2 颗豌豆,6 种排列

这样,在一个晶体中引入 n 个缺陷后体系自由能的改变就可以表示为

$$\Delta G = nh - nTS_v - kT \ln P \tag{3.4}$$

其中:ΔG 为与理想完美晶体相比,引入缺陷后晶体自由能的变化值;h 为每个缺陷的生成焓;S_v 为每个缺陷所致的振动熵。h 和 S_v 均以单个缺陷为基础来考虑。只要符合稀溶体条件,缺陷间就不存在相互作用。上述以单个缺陷为基础的考虑

即属合理。下面讨论如图 3.1(a)所示由某种元素 x 组成二维晶格的情形。其中，晶格右边的台阶并不影响用整个晶格来代表理想晶格。如图 3.1(b)所示，在晶格内部的一个原子移动到上述台阶旁的格点后，晶体内部就会形成一个空位，并在总体上多出一个格点。如果将理想晶格与含有缺陷晶格的格点进行一一对比，可证实二者中的唯一不同就是含有缺陷晶体内部的空位。接下来，可作如下定义：

(1) N_0：理想晶体中的晶格格点数，也即理想晶体中的原子数，或为含有缺陷的晶体中被原子实际占据的格点数。

(2) n：格点中的空位数。

(3) N_0+n：含有缺陷的晶体中的总格点数。

现在，可以采用上述游戏中总排列数的计算公式来计算出缺陷晶体中所有可能的排列方式为

$$P = \frac{(N_0+n)!}{N_0! \, n!} \tag{3.5}$$

将上式代入式(3.4)。缺陷的平衡数目即为系统在理想完美晶体基础上自由能降低的极大值[①]。这可以通过将上述代表自由能的方程对缺陷数目 n 求微分，并令其等于 0 来求得。非常令人欣慰，所得方程即可给出自由能的极小值，而非极大值。

$$\frac{\mathrm{d}\Delta G}{\mathrm{d}n} = h - TS_v - kT\frac{\mathrm{d}}{\mathrm{d}n}\frac{(N_0+n)!}{N_0! \, n!} = 0 \tag{3.6}$$

上式中前两项非常简单。但是，构型熵的扩展项看起来非常复杂。所幸的是，当被研究数目非常大时，如下所示的斯特林(Stirling)近似展开式就会显示其价值。

$$\ln x! \approx x\ln x - x \tag{3.7}$$

当 $x=100$ 时，式(3.7)所得结果仅比斯特林原始展开式所得结果小 0.9%；当 x 值达到一个典型小晶体中的格点数(10^{20})时，近似展开式和完整式所得结果在小数点后 10 位内完全相同。式(3.6)中的构型熵项可用下式表示：

$$\frac{\mathrm{d}S_c}{\mathrm{d}n} = \frac{\mathrm{d}}{\mathrm{d}n}\{kT[(N_0+n)\ln(N_0+n)-(N_0+n)-N_0\ln N_0+N_0-n\ln n+n]\} \tag{3.8}$$

所有斯特林近似展开式中的第二项均可相互抵消。这常常意味着一个模型基本正确，因为大道至简似乎是自然界的定律。完成对 n 的微分后，将结果代回到式(3.6)中，然后令 $\mathrm{d}\Delta G/\mathrm{d}n=0$ 后就可以获得自由能最小值的表达式。这实质上也是相对于完美晶体体系自由能降低的极大值。具体的表达式可写作：

---

① 自由能出现了最大幅度的下降，使自由能获得了极小值。

$$\frac{d\Delta G}{dn} \approx h - TS_v - kT\ln\left(\frac{N_0+n}{n}\right) = 0 \qquad (3.9)$$

上式变形后可得:

$$\frac{n}{N_0+n} \approx e^{S_v/k}e^{-h/kT} = K(T) \qquad (3.10)$$

这就是通过将一个原子由晶内移动到表面某一格点来在晶体中创造一个缺陷的质量作用定律表达式。质量作用常数 $K(T)$ 仅为温度的函数。它实质上是平衡状态下含缺陷晶体中空位所占的比例。因此,缺陷就成为平衡状态的必要组成。其浓度将主要由生成缺陷所需的焓变和温度来决定。每种晶体结构中的每一种缺陷都拥有其特征形成焓。它是晶体无序度的主要决定因素。相较之下,振动熵要小得多。

式(3.10)的右侧可被正式表述为自由能随着缺陷生成而表现出的幂指数变化。但是,它还不代表总自由能的变化。因为,在晶体中,原子排列形式对熵的贡献在上式在推导过程中被消掉,最终并没有在式(3.10)中表达出来。

自由能随着缺陷数目变化的示意图如图 3.3 所示。

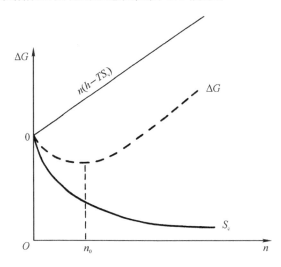

图 3.3　自由能、焓变及构型熵与缺陷数关系图。自由能 G 的最小值决定了平衡态下缺陷数 n_0

自由能取得最小值的情况在其中一目了然。与之前一致,对焓变和振动熵的衡量均以单位缺陷为基础,并假设焓是主要影响因素。同时,自由能进行讨论时均以完美晶体为基础标准。该图表明,构型熵在晶体中缺陷数目 n 从零开始提高的最初阶段中的显著下降是造成自由能降低并取得极值的最主要原因。生成单位缺陷的焓变越大,则系统焓值变化的曲线就越陡峭。相应地,系统自由能取得最小时对应的缺陷数目 n 值就越小,具体如图 3.4 所示。即当 $h_2 > h_1$ 时,就有 $n_2 < n_1$。

温度的主要影响表现为构型熵中的一个指数。由于熵变在这里是主要影响因素，作为构型熵的指数，温度仅会非常微弱地影响焓值变化曲线的斜率。

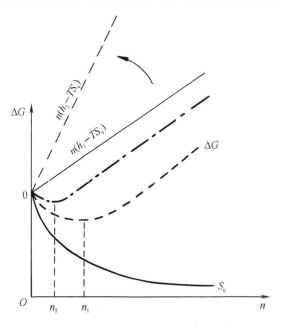

图 3.4　缺陷造成焓变的影响，$h_2 > h_1$。焓变越高则平衡缺陷数越低，即 $n_2 < n_1$

缺陷形成的焓和振动熵均可作为材料常数。它们可随着化合物的组分及结构的改变而改变。从另外的角度讲，对构型熵的研究就等价于系统地计算含有缺陷的晶体中所有的原子排列组合数。晶体结构及缺陷的类型对构型熵的影响不大，它在给定结构及缺陷类型的化合物中保持不变。综合以上所有因素，晶体中本征缺陷的浓度主要由生成焓和温度来决定。

3.3　质量作用定律

在前述内容中，利用静态热动力学方法说明了单元素晶体中质量作用定律的一个简单实例。质量作用定律是平衡缺陷化学的核心。在对其正确使用之前，读者须先了解其适用的范围与局限。在本小节，在简单热动力学前提的基础上，将推导出一个适用范围更广的表达式。那些熟悉用这种方法来处理平衡反应的读者则完全可以略过本小节接下来的内容。

对于一个处于热动力学平衡状态的化学反应：

$$a\mathrm{A} + b\mathrm{B} \rightleftharpoons c\mathrm{C} + d\mathrm{D} \tag{3.11}$$

其中，所有大写字母代表化学元素的种类，小写字母为整数系数，质量作用定律就

可表示为

$$\frac{[C]^c[D]^d}{[A]^a[B]^b} = K(T) = e^{-\Delta G^0/kT} \tag{3.12}$$

反应物名加上方括号后可用于表示其浓度;以相应反应系数为幂指数对上述浓度乘方后就可表示相应反应物在化学反应中的具体活性。ΔG^0 是反应标准自由能的改变量。下面给出溶液中此类反应的一个实例:

$$2AgNO_3 + BaCl_2 \rightleftharpoons 2AgCl(s) + Ba(NO_3)_2 \tag{3.13}$$

其中:AgCl 是一种不能溶解的沉淀。在这个例子中,可被分辨出的、参加化学反应的元素是那些溶解在溶液中的离子。如无其他特别说明,所谓溶液即指纯水。上述处理方法可直接转用于缺陷化学。其中,上述反应中可被分辨出的、参加化学反应的元素相当于晶格缺陷,而上面的溶液则相当于这里的理想晶体。多数化学家都对上述关系在液相或气相中的应用十分熟悉。目前,还没有只适用于水溶液的热动力学状态定律。在以上两种情况中,除非其直接参与化学反应,如参与生成水合离子,按惯例,反应方程式中无须写明基体溶液。

那么,质量作用定律是从哪儿来的?为了回答这个问题,需要先了解化学势 μ_i,也就是通常所说的某种元素 i 的偏摩尔自由能。

$$\mu_i = \left(\frac{\partial G}{\partial n_i}\right)_{T,P,n_1,n_2\cdots} \tag{3.14}$$

它实质上是温度、压力及所有其他组分的浓度不变的条件下,系统自由能随 i 组分变化的增量。组分 i 的化学势与其反应活性 a_i 有关。

$$\mu_i = \mu_i^0 + kT\ln a_i \tag{3.15}$$

式中:μ_i^0 为单位活度下的化学势,k 为玻尔兹曼常数。如式(3.11)所示的反应过程中自由能的改变可由下式计算。

$$\Delta G = c\mu_C^0 + d\mu_D^0 - a\mu_A^0 - b\mu_B^0 + ckT\ln a_C$$
$$dkT\ln a_D - akT\ln a_A - bkT\ln a_B \tag{3.16}$$

上式中,单位活度下测定的各项参数之和就是基于定义所得该反应过程中体系自由能的标准变化量 ΔG^0。当它们与其余项的和相加等于零时,体系即处于平衡状态时,最终结果可由下式来表示。

$$\frac{a_C^c a_D^d}{a_A^a a_B^b} = e^{-\Delta G^0/kT} = e^{\Delta S^0/k} e^{-\Delta H^0/kT} = K(T) \tag{3.17}$$

这就是质量作用定律的总表达式。其中,$K(T)$ 是与温度相关的质量作用常数。它与标准自由能改变量间的关系可表示如下:

$$\Delta G^0 = kT\ln K(T) \tag{3.18}$$

式(3.17)实质上等价于式(3.12)。在后续的缺陷化学讨论中,会经常用到如上所示的表示平衡反应中各组分之间关系的质量作用表达式。

3.4 另一视角下的质量作用定律

虽然有可能让读者觉得非常繁琐,但是,接下来将要介绍的第三种研究质量作用的方法非常适用于讨论离子输运机理。在本例中,假设一个原子从其正常存在的格点向晶体内的其他格点或间隙运动。晶格中原子或离子的稳定的位置恰好为呈周期变化的晶格势取得最小值的位置。这种情形可用如图 3.5 所示的原子焓值或晶格能随其位置 x 变化的示意图来表示。其中的稳定格点位于焓值为 h_1 的深势阱底部。焓值稍高区域中的另外一个极小值 h_2 对应着该区域中的一个间隙。一个原子如果想从晶格格点移动到间隙位,它就必须跨越高度为 h_3 的势垒。在动态平衡状态下,原子在晶格格点和间隙位置之间来回迁移的速率相等。具体如式 (3.19)所示。

$$\vec{J}_i = \overleftarrow{J}_i \tag{3.19}$$

其中:J_i 为每秒内每平方厘米内通过的 i 原子个数。晶格格点总数和其中间隙原子的数目分别为 N 和 n 时,则处于晶格格点中的原子数目即为 $N-n$。

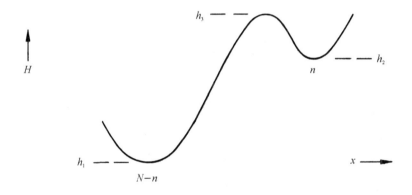

图 3.5 晶体晶格中的某个原子或离子的焓随其位置 x 的变化示意图:
h_1 代表稳态格点,h_2 代表一个间隙位置,h_3 为上述两位置之间焓值最高的势垒,N 为晶体中晶格的总数,n 为其中处于间隙的原子数

$N-n$ 也可表述为处于晶格之中准备跨越势垒的原子数目;如果设 v_1 为原子尝试跨越势垒的频率,则其应与原子在晶格中振动的频率相等;此外,上述原子成功跨越势垒的概率为 $e^{-(h_3-h_1)/kT}$。三者的乘积应正比于向右移动的原子数目。以上乘积中的最后一项叫玻尔兹曼因数,是跨越 h_3-h_1 势垒所需焓值与平均焓值 kT 的指数比。这实质上是某点附近的焓随时间的波动使该位置上的原子具有爬上势垒斜坡所需焓值的概率。在间隙位置上,n 个原子均可能跨越势垒进入晶格

格点;其振动频率为 v_2,成功完成上述跨越的概率为 $e^{-(h_3-h_2)/kT}$。以上三者将共同决定由间隙向左跨越势垒进入晶格格点位原子的速率。将上述各项表达式代入式(3.19)后所得表达式如下：

$$(N-n)v_1 e^{-(h_3-h_1)/kT} = nv_2 e^{-(h_3-h_2)/kT} \quad (3.20)$$

式(3.20)可进一步改写成：

$$\frac{n}{N-n} = \frac{v_1}{v_2} e^{-(h_2-h_1)/kT} = K(T) \quad (3.21)$$

式(3.21)同样也是质量作用定律的一种表达形式。可以看出,上式已经不包含势垒的高度值 h_3。这主要是由于它仅能决定近平衡状态下晶格格点与相邻间隙间的原子迁移速度。与焓相关的多项式 h_2-h_1 实质上是间隙位和晶格格点所具有焓值的差,相当于间隙离子缺陷的生成焓 ΔH。将式(3.21)与式(3.10)相比较可得式(3.22),表明振动频率直接与振动熵相关。

$$S_v \sim k \ln \frac{v_2}{v_1} \quad (3.22)$$

这实质上也是振动熵的一种常见表达形式。非常值得欣慰的是,上述非常简单的模型可以给出已经考虑熵变影响的质量作用定律表达式。

上述推导过程强调了质量作用过程中动态的一面。整个推导过程基于的假设条件与挪威化学家古尔德贝格(Guldberg)和瓦杰(Wagge)在1864年提出质量作用概念时所采用的假设类似。整个概念中的动态性就体现在其中的"作用(action)"这个词上。在后面第7章讨论离子的输运特性时,也会用到许多与本章类似的焓值变化图,其中一些可能会略有不同。

3.5 单质固体中的晶格无序

晶态稀有气体或纯金属等单质固体含有最简晶格缺陷。这类固体通常只含有一种原子,结构单一,多从空间利用率最有效的密堆结构发展而来。其中的缺陷,如图3.1所示,往往只是由于将晶格中的原子移动至晶体表面一个新位置上后在晶体内部形成的空位,也即晶体内部缺失的原子。

如图3.6给出了几种单质晶态固体中空位形成焓随绝对温度熔点(absolute melting point)的变化。其中的焓值引用了富兰克林(Franklin)于1972年汇总公布的数据。从中可以看出,焓本身作为缺陷形成时所需付出的热力学代价,从Ar(熔点84 K)开始到Mo(熔点2890 K)结束,几乎随熔点的升高成线性变化。该直线始于零点。这是因为,在理论上熔点为0 K的晶体中形成各种缺陷并不需要消耗任何能量。这一关系在离子化合物中也成立。而且,这种关系似乎也合乎常理。因为,空位的形成必须要求晶体中部分原子之间的键合断裂,而熔化过程本身可被看作是固体中所有键的断裂过程①。

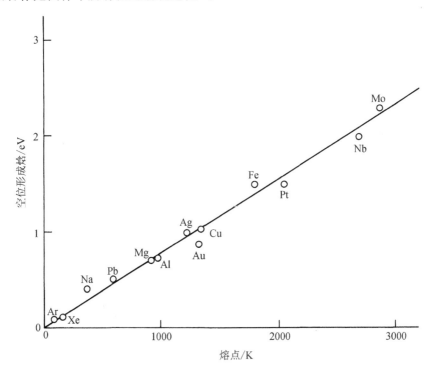

图 3.6　基本固体中的空位形成焓随熔点的变化
(基于富兰克林 1972 年汇总数据重绘)

图 3.6 中，焓值的单位为电子伏特(eV)。这是一种固体物理及缺陷化学研究中最为传统和常用的能量单位。缺陷化学研究以电子伏特为单位也最为方便。因为，实际晶体中的空位形成焓以 eV 为单位时，恰好在零点几到 10 这个范围内。已经习惯使用其他单位的读者应该清楚 96.3 kJ/mol 相当于 1 eV。因此，如果只作近似换算，只需将具体的 eV 值乘上 100 就可获得以 kJ/mol 为单位的值。此外，如果以 kcal/mol 为单位，则 23.05 kcal/mol＝1 eV。本书以 eV 为单位数值，总会给出相应的以 kJ/mol 为单位的值。

已有实验研究已经给出了许多以 kJ/mol 或 kcal/mol 为单位的缺陷生成焓。图 3.7 给出了 Losee 和 Simmons 在 1968 年获得的研究结果。该研究深入探讨了氪晶体在空位浓度随温度提高过程中出现的体积膨胀现象。当原子由晶体内部格点移到表面时，晶体内部形成空位，总格点数增加，晶体尺寸随之膨胀。当然，热膨

---

①　译者注：从严格意义上来讲，已有熔体结构研究已经证明：晶态化合物熔体中存在着结构基本与原晶体相同的微团簇；因此，原著中的说法不确切。

胀也会引起晶体尺寸的改变。因此,该研究中也考虑了热膨胀的影响。将单纯由温升所致的膨胀量减去后,其余的膨胀量即为晶体内部形成空位所致的膨胀量。当温度高于 80 K 时,原子缺陷的形成对晶体的影响非常明显。仔细分析上述变化值就可获得空位形成焓。

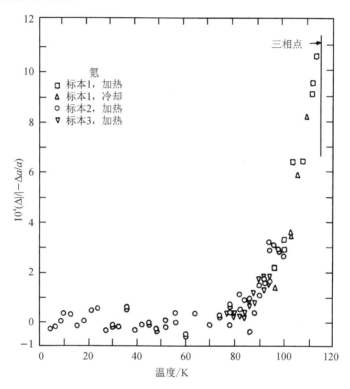

图 3.7 减去热膨胀量后,氪单晶长度随温度的变化。温度>80 K 时,氪晶体长度随温度升高是由于晶体中生成了空位所致
[经美国物理学会授权,基于洛斯(Losee)和西蒙斯(Simmons)1968 年的研究结果重绘]

图 3.8 给出了固体氩的等压比热容随温度平方倒数的变化[博蒙(Beaumont)等,1961]。图中高温侧的三条点划线是根据三种理论模型将低温区数据外推至高温区的结果。图中的实验比热容结果高于三种理论外推结果,说明样品吸收了额外的热量。这部分多出来的比热容主要来自于空位的生成焓。在后续内容中,本书将根据图中的数据求出空位生成焓的具体值。

虽然,上述两个例子与无机化合物缺陷化学研究的核心内容并不完全相符。但是,它们却可以使本书能以一种最简方式来介绍晶格缺陷。同时,这两个例子也基本上和本章稍早介绍的统计热力学推导内容相符。

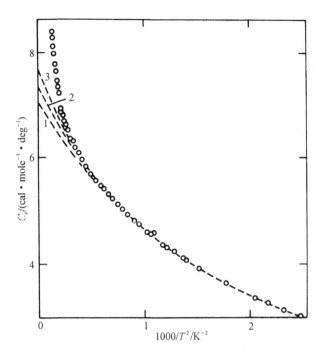

图 3.8 固体氩等压比热容随 $1000/T^2$ 的变化图。以短划线表示的曲线代表不同理想模型的预测值。由于形成晶格空位所致的吸热反应,高温区实际比热容的值均高于上述理想模型预测值

(经美国物理学院授权,基于博蒙等 1961 年的研究结果重绘)

3.6 小结

本章介绍了推导质量作用定律的几种方法。这个定律在本书后续章节中均有应用。因此,读者必须接受并理解它。从上述推导过程中可以获得的一个主要结论是:在平衡状态下,缺陷是晶态固体的一部分。对于由一种元素组成的单质材料,其中缺陷的浓度由其生成焓和温度共同决定。在所有例子中,均假设温度足够高、实验时间足够长,从而能让所产生的缺陷有充分的时间来扩散以达到平衡状态。最后,以空位在单一原子组成的简单晶体中形成过程为例,为读者介绍了一些相关推导过程及晶格缺陷概念。从下一章开始,将主要讨论离子晶体中的缺陷,这是本书的主题。

参考文献

Beaumont, R. H., H. Chihara, and J. A. Morrison. Thermodynamic properties of krypton. Vibrational and other properties of solid argon and solid krypton. *Proc. Phys. Soc. (London)* 78:1462–1481, 1961.

Franklin, A. D. Statistical thermodynamics of point defects in crystals. In *Point Defects in Solids*, Vol. 1, *General and Ionic Solids*, J. H. Crawford Jr. and L. M. Slifkin, Eds. New York: Plenum Press, 1972, pp. 1–101.

Losee, D. L., and R. O. Simmons. Equilibrium vacancy concentration measurements on solid krypton. *Phys. Rev.* 172:934–943, 1968.

第 4 章

本征离子型缺陷[①]

4.1 晶格缺陷和参考态

如第 3 章所述,本征缺陷是包括单质晶体在内的所有晶体在平衡状态下的固有组分。本章主要介绍平衡态化学计量比单质晶体中的晶格缺陷,第 5 章将介绍由杂质引入的非本征离子型缺陷。

在介绍后续内容之前,首先需要定义两种不同类型的参考态。

(1) **化学计量比组分**(stoichiometric composition):组分的原子或离子比为化合物的名义比。对于一些半导体或绝缘体来说,这种状态相当于价带处于全满、导带处于全空的组分状态。

(2) **参考结构**(reference structure):定义晶格缺陷时所参照的基础结构。

在后续内容学习的整个过程中,要准确、清晰地区分以上两种参考状态。对于 NaCl、MgO 和 MgF_2 等简单化合物,上述两种参考态显而易见,而且前两种完全相同。化学计量比组分就是其分子式表明的名义组分;前两种化合物的参考结构就是 NaCl 结构,而最后一种的结构是金红石结构。在 $Ni_{1-x}Li_xO_{1-x/2}$ 等结构更复杂的材料中,以上两个参考态就可能不再那么显而易见了。它的化学计量比当然如上面的分子式所示,但其参考结构却是纯粹的 NaCl 结构。当涉及可变化合价态时,情况就会更加复杂。同时包含一价和二价铜离子的 $YBa_2Cu_3O_6$ 就是这方面的一个典型例子。对此,将在随后章节中予以详细说明。在本小节中,我们仅考虑化学计量比化合物。

[①] "disorder"和"defect"均可译为缺陷,其中:前者的范围更大,如本章题目中的本征离子型缺陷、肖特基缺陷;后者范围较小,如空穴、间隙离子和空位等。——译者注

在前面第 2 章尖晶石及其变体,特别是在其中的反尖晶石结构相关内容的讨论中,已经为读者介绍了离子缺陷的概念。理想正尖晶石结构的一般表达式为 AB_2O_4。其中,A 离子仅处于 ccp 阴离子子晶格中的四面体点,B 离子仅处于其中的八面体点。但是,在反向度为 15% 的 $MnAl_2O_4$ 中,有 15% 的 Al 离子也进入了四面体点。因此,实际的分子式应被改写为 $[Mn_{0.7}Al_{0.3}]_{tet}[Mn_{0.3}Al_{1.7}]_{oct}O_4$,方括号外的下角标表示相应离子点位的类型。这本身可被看成是一种存在缺陷的正尖晶石结构。在这种结构中,全部 Al^{3+} 离子应该位于八面体点。相对于正尖晶石结构,上述四面体点上的 Al^{3+} 离子和八面体点上的 Mn^{2+} 离子都可被看作是缺陷。在这种情况下,为了使晶体结构向反尖晶石型转变,就必须利用共价型键对整个系统键合的贡献。具有 d^5 电子结构的 Mn^{2+} 离子可以通过呈现低自旋构型来空出两个 d 轨道,并进而形成适合占据八面体点的 d^2sp^3 杂化轨道。Al^{3+} 离子具有全空的 s 轨道和 p 轨道。它们可以通过形成 sp^3 杂化轨道来满足四配位需求。因此,部分 Mn^{2+} 离子和部分 Al^{3+} 离子交换了位置,从而使系统键合能最大化。在 $MgAl_2O_4$ 中,Mg^{2+} 离子没有空余的 d 轨道,因此就不能通过部分键合的共价性转变来适应八面体点位的需要。因此,Mg^{2+} 离子仅能占据四面体点。

根据形成缺陷后系统能量状态的改变量,任何读者都可以提出一种对现有可能缺陷进行分类的方法。

(1) 在尖晶石结构中,将一个阳离子从其正常占据的八面体点移动到正常情况下未被占据的八面体点应不会显著破坏原有的晶体结构。该阳离子本身的尺寸及其六个阴离子形成的球形配位环境均不会改变。然而,相对于正常状态,它可能更加靠近其他一些阳离子。

(2) 同理,尖晶石结构中的一个阳离子也可以由一个正常占据的四面体点移动到一个正常情况下没有被占据的四面体点。

(3) 正尖晶石结构中,一个阳离子还可以从一个四面体点移动到一个正常情况下没有被占据的八面体点。这种情况下,完成移动所需要的空间是足够的,因为八面体间隙本身就大于四面体间隙。阳离子周围将仍会有配位阴离子,只是配位数由原有的 4 个变成了现在的 6 个。如果一个离子移动到了一个具有不同配位对称性的新格点,那么,这个离子完全通过上述共价性转变完成成键的概率就不大。

(4) 如果一个阳离子从正尖晶石结构的八面体点移动到一个通常未被占据的四面体点。间隙空间体积的减小可能并不适于这个阳离子。它周围依然会有配位阴离子,只不过配位数由原来的 6 个减少到现在的 4 个。

(5) 一个阳离子从 NaCl 结构的八面体点移动到四面体点的情况与刚介绍的尖晶石结构中的相同。

(6) 在所有以阴离子 ccp 子晶格为基础的晶体结构中,大量阴离子进入各种可能晶格间隙中的情况基本不大可能出现。相对于阴离子较大的大尺寸,各种间隙的尺寸均显不足;在另一方面,任意阴离子一旦移入这样的间隙,它将被多个阴离子所包围。由此产生的静电斥力使这种情况几乎不可能在离子型化合物中出现。

(7) 阴离子在更加开放的萤石结构中可具有更大的可动性。一个阴离子可以从 fcc 结构的阳离子子晶格中的一个通常不被占据的四面体间隙移动到一个八面体间隙。移动后其所处空间更大,同时它将被 6 个阳离子所包围。

(8) 同样在萤石结构中,一个阳离子就不大可能进入上述空间宽松的八面体位。因为此位置的第一配位离子球仍然由其他阳离子构成。

因此,从可用空间体积和静电环境这两方面来考虑,一个研究者就可基本确定在不同晶体结构中找到各种类型缺陷可能性的大小。所有缺陷在生成过程中都需要破坏完整晶体结构中的键合,因此必须付出相应的代价。这会提高系统焓值。然而,如前所述,此类焓值的改变可能通过部分晶格无序所致的构型熵来平衡。

本章的主题是离子缺陷。而且,如上所述,已经介绍了其中的一些特例。此外,还有一些与杂质等非本征因素无关的缺陷。偏离化学计量比就是这方面一个很好的例子。它同样是某化学计量比纯晶体在平衡状态下的必要组成。当然,完美纯晶体仅是一个理想化概念,在实际中并不存在。然而,如果杂质浓度足够低,温度足够高,相对于此时形成的本征缺陷,非本征缺陷的浓度就可能低至可被忽略。为了在某种晶体中达到缺陷的平衡状态,外界温度就必须足够高。只有这样,才能在一定的实验或操作时间内通过必要的扩散使该缺陷在晶体中的分布达到平衡状态。

在不同材料中,本征缺陷浓度的变化可能会非常大。在 MgO 等化合物中,本征缺陷的浓度非常低。因此,非本征缺陷往往成为主导因素。在其他材料中,晶体中某种离子的子晶格可能转变为完全无序状态。例如,在 AgI 中,当温度超过 145℃时,其中一种离子组成的子晶格会在另外一种离子子晶格的框架之中完全熔化。在这种情况下,处于无序状态的离子的可动性就会变得非常强。其离子传导特性甚至会高于相同组分的液相熔体。

4.2 守恒定律

此前讨论的所有离子缺陷实例均涉及离子在晶体中的移动。这些实例除了满足缺陷化学的自恰性要求之外,还满足下列普适性更高的守恒定律,具体如下所示。

(1) **质量守恒**:一个系统中的原子既不能被创造,也不能被泯灭,而必须保持守恒。

　　(2) **电荷守恒**：一块理想晶体应对外表现为电中性。其中产生的带电缺陷必须成对出现以保证电中性。从晶体中移除或向晶体添加的物质也必须满足电中性要求。

　　(3) **结构(晶格格点比例)守恒**：晶格缺陷的产生不能改变晶体结构原有的阴、阳离子晶格格点比。阴、阳离子晶格格点在产生或消除过程中,相对比例必须等于相应化合物的化学计量比(换言之,必须满足电中性组合条件)。

　　(4) **电子轨道守恒**：系统中的所有电子轨道仅来源于各组成原子的电子轨道,其总数必须守恒。

　　在如上所述的守恒定律中,前面三条是系统讨论晶格缺陷的基础,最后一条和离子缺陷的讨论关联性不大。相关内容将在第 8 章中予以介绍。

　　上述守恒定律在表面上非常明显和简单,似乎就没有必要来进一步举例说明。然而,缺陷化学的核心恰恰是上述定律的系统、严格应用。虽然它们非常简单,但已有文献研究提出的许多缺陷模型还是或多或少地违反了上述守恒定律中的一条或几条,尤其是在复杂结构中格点比例守恒方面。这些条件有时虽略显刻板,但对于相关模型自恰性的检验却是非常重要的。

4.3　缺陷的标记

　　每个科学研究领域均有一些经过精心设计、会让非专业人士感到头痛的术语。自缺陷化学概念在 1920 年左右被提出之后,在这个研究领域中,曾出现过各种各样表示缺陷的符号系统。其中的一些让人非常难以理解。在过去的 40 年中,由克罗格(Kröger)和明克(Vink)在 1953 年提出的一套极富逻辑且自恰性强的符号逐渐获得了业界的普遍认可和应用。这套符号目前已经成为缺陷化学领域中的标准。所以,读者就应尽量避免使用其他符号。克罗格-明克(Kröger-Vink)符号系统的特点可表述如下。

　　(1) **主符号**：表示缺陷种类。如表示离子型缺陷时,用相应的元素符号表示,如果是空穴,则用符号"V"表示。

　　(2) **下标**：表示缺陷的位置是晶格或间隙。如果是间隙,则用"I"表示。

　　(3) **上标**：表明缺陷位置相对于理想晶体相同位置所具有的电荷差。黑点"·"表示额外的正电荷,用短斜线" ′ "表示额外的负电荷。

　　按上述规则,在前面介绍的反尖晶石 $MnAl_2O_4$ 中,可用 $Mn_I^{··}$ 来表示位于通常未被占据的四面体间隙中的 Mn^{2+} 离子,其中:缺陷本身是 Mn^{2+} 离子,因此主符号用 Mn;缺陷的位置是通常未被占据的四面体间隙位,因此下标用"I";相对于完美晶体中不带电的状态,在四面体间隙 Mn^{2+} 离子带有两个正电荷,因此,用上标表示的两个黑点"··"来表示。这里没有使用"+"符号来表示正电荷的原因将在后续的内容中逐渐说明。同理,当一个 Mn^{2+} 离子占据了一个通常由 Al^{3+} 离子占据的八面体位时,就需要用 Mn'_{Al} 来表示。这个符号代表缺陷种类为 Mn^{2+} 离子,占据了 Al 离子的格点;与完美晶体中的相同位置相比,这里缺了一个正电荷。相对于理想晶体,这里就带有了一个负电荷。因此,这个缺陷的有效电荷数就需要以上标形式示出的短斜线"'"符号来表示。通过这个例子可将绝对电荷(+2)和有效电荷(-1)区别得更加清楚。Mn^{2+} 离子所携带的绝对电荷显然是"+2"。然而,当它占据 Al^{3+} 离子格点后,相对于理想晶体,这点的有效电荷数就变成了"-1"。这里的有效电荷数不能任意确定。由于理想晶体为电中性,缺陷将基于其携带的有效电荷数来对周围的电场产生反映。只有当缺陷所携带的电荷不同于理想晶体中的相同位置时,才会对周围的电场有反映;而且,也只有那些与理想晶体相同位置相比后还带有有效电荷的缺陷才能与其他带电缺陷产生相互的静电作用。此外,电中性条件也要求各缺陷携带的正负有效电荷相互平衡。所以,在这里如果使用"+"号或"-"号来表示缺陷携带的有效电荷,就会带来误解,因此应尽量避免。

当缺陷携带的有效电荷数与理想晶体相同位置的相同,如同价离子相互替代,表示缺陷有效电荷的上标就可以省略。有时为了强调这里没有有效电荷,也可以用上标形式写出的"×"来表示。例如,用一个 K^+ 离子取代了 NaCl 中的一个 Na^+ 离子就可以表示为 $K^{\times}_{Na}$。

表 4.1 汇总了克罗格-明克符号系统中的重要实例。读者必须尽快了解并掌握这套符号系统,否则,就会给大家学习后续内容带来极大不便。

表 4.1 克罗格-明克法标示缺陷实例

命名规则:缺陷名$^{缺陷携带的有效电荷}_{缺陷的位置}$	
NaCl 中的阳离子空位	V'_{Na}
AgBr 中的间隙阳离子	$Ag^{\cdot}_I$
MgO 中的阴离子空位	$V^{\cdot\cdot}_O$
Al_2O_3 中的间隙阳离子	$Al^{\cdot\cdot\cdot}_I$
Ca^{2+} 取代 NaCl 中的 Na^+ 离子	$Ca^{\cdot}_{Na}$
Mg^{2+} 离子取代 TiO_2 中的 Ti^{4+} 离子	Mg''_{Ti}
O^{2-} 离子取代 CaF_2 中的 F^- 离子	O'_F

4.4 主要本征离子型缺陷

读者现在应能够描述各种本征晶格缺陷。已有研究已经证明这些缺陷在影响晶态化合物性能方面起着重要作用。平衡状态下,所有满足守恒定律的缺陷在晶体中的数量原则上由其生成焓和温度来共同决定。在实际条件下,某种缺陷往往比其他缺陷更容易形成。因此,在实际研究中就仅需考虑这一种缺陷。例如,当温度等于 800℃,$\Delta H = 1$ eV 和 2 eV(100~200 kJ/mol)时,质量作用常数中的主控多项式 $\exp(-\Delta H/kT)$ 的计算值与常温状态的相比将相差 50 000 倍。(本书将按常规采用电子伏特 eV 来表示具体焓值。由于多数缺陷化学涉及的焓值在 0.1~10 eV,用电子伏特 eV 来表示焓值就显得非常方便。在这里,k 的值为 8.63×10^{-5} eV/K;96.3 kJ/mol=1 eV。然而,为了便于已经熟悉使用 kJ/mol 为单位的读者,在后续以 eV 为单位的焓值后,本书还将提供以 kJ/mol 为单位的换算值。)在典型离子晶体中,由于静电作用产生的阻力非常大,一些缺陷,如由阴离子与阳离子互换格点位置(简称为位置互换)形成的缺陷,不可能大量出现。但是,在包含多种阳离子(如尖晶石中)的化合物中,不同阳离子位置的互换就变得非常重要。类似地,在离子所带绝对电荷数很低的典型共价Ⅲ-Ⅴ族化合物,如 GaAs 或 InSb 中,位置互换也可能起到重要作用。在纯离子二元化合物中,主要本征缺陷就是阴离子或阳离子型弗伦克尔(Frenkel)和肖特基(Schottky)缺陷。

4.4.1 阳离子型弗伦克尔缺陷

卤化银易于制备,其缺陷化学在摄影负片成像过程中具有重要的作用。因此,研究者已对卤化银进行过系统研究。卤化银的熔点温度(AgCl,455℃;AgBr,432℃)适中,可采用区域熔炼法提纯。卤化银不吸湿,在其转移、存储等方面也没有特别需要注意的事项。最后,对于离子化合物来说,卤化银非常柔软,同时还具有良好的延展性。笔者的职业生涯就始于 AgCl 中离子输运特性研究。这种卤化物主要被用作微型固体电池中的电解质。所涉及的研究用样品非常容易制备,主要工序包括:将熔融 AgCl 浇铸成条形铸锭;然后,用一系列实验轧机将其轧制成 200 μm 左右的薄片;最后,用剪刀或冲片器制得最终的实验样品。样品制备如此方便的材料还真不多见。

弗伦克尔缺陷因纪念这种重要晶格缺陷的发现者而得名。将一个离子从其所在的格点移动到附近通常不被任何离子占据的空位或间隙后,就形成了弗伦克尔缺陷。被移动的离子既可以是阴离子,也可以是阳离子。在任意晶体中,可被占据且尺寸合适间隙数目的多少和合适的配位离子环境是影响弗伦克尔缺陷形成的重要因素。在 AgCl 和 AgBr 中,阳离子型弗伦克尔缺陷是其中主要的本征离子型缺陷。两种化合物均具有 NaCl 结构,所以,在这里需要考虑的是 ccp 型阴离子子晶格中的具有四面体配位型的间隙点位。这种间隙位的尺寸还不到被填充八面体点尺寸的一半。因此,有读者可能会认为不可能有太多的阴离子或阳离子出现在这种间隙位上。然而,Ag^+ 具有超常的扩散能力。它可以非常容易地克服阻力完成扩散,甚至通过密排面中晶格间隙。其中的主要原因被认为是由于 Ag^+ 所具有的一种不同寻常的极化能力。实际上,Ag^+ 被充满的 d 轨道并不像一个刚球;它的电子云形状可变,从而可以适应狭小的空间或穿过狭小的间隙。它就像是阳离子中的变形虫。因此,Ag^+ 完全有能力进入 NaCl 结构中的四面体间隙位。这些间隙通常被认为由位于四面体角部的 4 个阴离子所包围。这 4 个离子同时处于上述间隙位的第一配位球面上。事实上,上述间隙位由 4 个阴离子和 4 个阳离子交替排列组成的立方体所包围。然而,尺寸较大的阴离子在整个配位环境中处于支配地位,与间隙位置上的阳离子一起达到了静电平衡。由于 Ag^+ 能够挤入充满静电引力的间隙位,阳离子型弗伦克尔缺陷就成为了 AgCl 和 AgBr 中主要的本征离子型缺陷。

AgBr 中阳离子型弗伦克尔缺陷的产生过程可用下述平衡反应式来表示:

$$Ag_{Ag} + V_I \rightleftharpoons Ag_I^{\bullet} + V'_{Ag} \tag{4.1}$$

上式应用了本章稍早前介绍的克罗格-明克符号来表示所涉及的缺陷。其中各符号的具体含义归纳如下:

V_I 表示一个间隙位。它同样是理想晶体的必要组成。相对于理想晶体,它不带有效电荷。

Ag_{Ag} 表示位于晶格中 Ag 离子点位的 Ag^+。它本身是理想 AgBr 晶格的必要组成,所以,在符号中没有用上标形式标出其所携带的有效电荷。

$Ag_I^{\bullet}$ 表示处于间隙中的 Ag^+。本例中,Ag^+ 位于 NaCl 结构中的四面体间隙。右上角以上标形式示出的黑色小点表示这个位于通常不带电位置上的缺陷带有一个额外的有效正电荷。

V'_{Ag} 表示晶格中的 Ag 空位。理想晶体中,这个位置带有一个单位的正电荷;然而空位本身没有真实存在的电荷。相对于理想晶体中该点位所携带的一个单位的正电荷,空位的有效电荷数减小了 1 个单位。为此,需要在缺陷名符号的右上角以上标表示的"'"符号来表示。

上述缺陷反应还可以由图 4.1 给出的二维阴、阳离子所组成的方形晶格示意图表示。从后续内容中,读者会逐渐发现在该图右下角填加的一个晶格台阶在说明不同类型缺陷的过程中具有重要的作用。真实的晶体表面也确实存在这样的台阶或凸台。式(4.1)表明这个反应满足前面介绍过的守恒定律:反应式的左右两侧分别有一个 Ag^+ 离子;原子总数保持不变;反应式左侧的净电荷为零,右侧的正、负缺陷有效电荷数相等;反应式左右两侧均包含一个间隙位和一个阳离子格点位。在这个特例中,相关离子仅从晶体的一侧迁移到另一侧。这样就满足了以上守恒定律。

通常,可在书写平衡反应方程过程中忽略理想晶体的组成,而仅写出所涉及的各种缺陷。因此,上述反应的起点可用符号"nil"来代替,表明没有缺陷;在参照理

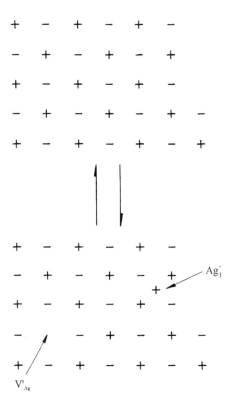

图 4.1 AgBr 中阳离子型弗伦克尔缺陷形成过程的二维平面示意图

想晶体定义了相关缺陷后,反应式(4.1)就可改写成

$$\text{nil} \rightleftharpoons \text{Ag}_i^\cdot + \text{V}_{\text{Ag}}' \tag{4.2}$$

读者在使用"nil"这个缩写符号时需要注意:这个符号没有明确说明具体的反应,同时也没有说明反应物在晶体的位置。如果缺陷浓度较高时,读者也应该意识到此时晶体中常空的间隙位和通常被占据的格点位也会受到影响。因此,在书写如式(4.1)所示的反应方程式和最终的质量作用定律表达式时,必须在其中写出上述两种缺陷的浓度。

基于质量作用定律和式(4.1)可得

$$\frac{[\text{Ag}_i^\cdot][\text{V}_{\text{Ag}}']}{[\text{V}_\text{I}][\text{Ag}_{\text{Ag}}]} = K_{\text{CF}}(T)$$
$$= e^{\Delta S_{\text{CF}}/k} e^{-\Delta H_{\text{CF}}/kT} \tag{4.3}$$

注意,这里依然以稀溶液热动力学为前提条件。这样,就可以认为反应物的浓度和反应活度等价。质量作用常数 $K_{\text{CF}}(T)$ 仅是温度的函数,由式(4.3)所示的涉及焓和熵的两个幂指数项组成。其中的上标标明了与阳离子型弗伦克尔缺陷相关的热动力学参数。当使用完整质量作用表达式,换言之,书写时不忽略理想晶体组成物,并以无量纲的分式示出反应物和生成物的浓度时,书写下标时必须采用大写字母。根据定义,上述反应方程式的右侧无量纲。因此,方程左侧也应无量纲。在本例中,分子和分母中浓度的幂指数和相等,其结果最终无量纲似乎是理所当然的事。这里典型的单位只能是晶体中不同类型位置(间隙或格点)的比例或每立方厘米中缺陷的数量等。方程左侧可被看成被填充间隙与空间隙的比例和阳离子空位与阳离子格点比例的乘积。在缺陷浓度较低时,上述两个比例大致可被分别当作是全空间隙百分比和全空阳离子格点的百分比。

如果式(4.1)是晶体中这种离子型缺陷的主要来源,那么晶体中的间隙阳离子的数量应等于阳离子空位的数量。这个事实可用如下表达晶体内电荷处于中性状态的方程来表示:

$$[Ag_I^·] \approx [V'_{Ag}] \tag{4.4}$$

在这里需要声明,在此类电荷中性表达式中,必须保证不同类型缺陷浓度相等,浓度的单位可以用每立方厘米中的缺陷数来表示。如果用分数型单位来表示,各缺陷浓度必须以相同的**底数**(base,如以总阳离子格点数为底数)作归一化处理。本例就是对此非常好的证明。因为,在此 NaCl 结构的化合物中,间隙的数量是阳离子格点数的两倍,也就是说$[V_I] = 2[Ag_{Ag}]$。因此,如果用$[Ag_I^·]$和$[V'_{Ag}]$来分别代表间隙和空阳离子格点的数量,上述表达晶体处于电中性的表达式就必须写成$[Ag_I^·] \approx 2[V'_{Ag}]$。这种表示方法无疑会让读者感到非常困惑。

在式(4.4)中,用约等号连接左右两侧的原因是实际晶体中还可能含有微量的其他本征缺陷和由杂质引入的非本征缺陷。所以,上式不能写成等式。然而,还必须指出式(4.4)在整体上还是一个不错的近似表达式。由于$[V_I] = 2[Ag_{Ag}]$,将式(4.4)与质量作用定律相结合,就可以获得这两种缺陷浓度的表达式,具体为

$$[Ag_I^·] = [V'_{Ag}] = \sqrt{2}\,[Ag_{Ag}]\,e^{\Delta S_{CF}/2k}\,e^{-\Delta H_{CF}/2kT} \tag{4.5}$$

每种缺陷与温度的相关性以具体缺陷生成焓的一半(即 $\Delta H_{CF}/2$)为特征。但这不意味着两种缺陷的生成焓相等,理论计算已经明确证明它们不相等。但是,那些测定与缺陷浓度成正比性质的实验目前还不能区分这两种缺陷的贡献。在电中性要求下,正负缺陷需成对出现。在影响两种缺陷生成焓各种因素中,决定两种缺陷对温度的依赖特性的因素相同。数字 2 在式(4.5)幂指数分母中出现的原因是本例中质量作用表达式中的浓度项的幂为 2。这就要求在推导每种缺陷的表达式时需要用平方根。就一般情况而言,此类表达式指数项中的整数代表着缺陷反应生成缺陷的总数。因此,单位缺陷生成焓(总焓值除以缺陷总数)将决定缺陷浓度的总体水平。对式(4.5)两侧取对数后化简,结果为

$$\ln[Ag_I^·] \approx \ln[V'_{Ag}] \approx \ln\sqrt{2}\,[Ag_{Ag}] + \Delta S_{CF}/2k - \Delta H_{CF}/2kT \tag{4.6}$$

缺陷浓度的对数值随 $1/T$ 的变化图就是许多读者熟悉的阿伦尼乌斯

(Arrhenius)图中的一种。作图结果可给出斜率为 $-\Delta H_{CF}/2k$ 的直线。作不同 ΔH 条件下 $\lg[\exp(-\Delta H/2kT)]$ 随 $1/T$ 的变化图,结果如图 4.2 所示。图中结果给出的是相对缺陷浓度及其对温度的依赖关系。图中的纵坐标基本相当于以分数形式表示的弗伦克尔缺陷浓度。对其有影响的系数仅为含熵项,最终可使上述浓度值的变化高达两个数量级。如焓值为 4 eV(385 kJ/mol)且温度为图中所示的最高温度 1200 K 时,以分数型浓度①(fractional concentration)提高量仅为 10^{-9}。当焓值为 2 eV(193 kJ/mol)时,要想使分数浓度达到 10^{-9},温度必须升高到 600 K 以上;要想达到 10^{-6},温度就必须升高到 800 K。

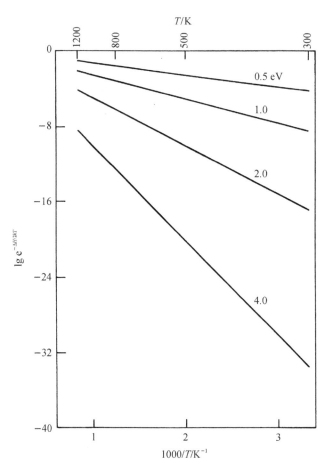

图 4.2　ΔH 取值不同条件下 $\exp(-\Delta H/2kT)$ 随 $1000/T$ 的变化。纵坐标表示缺陷的近似浓度

---

① **分数型浓度**:定义请参见第 43 页,将缺陷的实际浓度用某种相同的底数(如总阳离子格点数)作归一化处理所得的浓度。

上述正一价点缺陷的形成焓并不高,由于 Ag^+ 离子具有的独特的变形性,使它能进入空间狭小的间隙位置。最终使卤化银中阳离子型弗伦克尔缺陷的生成焓较低。不同的实验研究均表明,AgBr 中的阳离子型弗伦克尔缺陷的生成焓为 1.4 eV(135 kJ/mol)。研究者对相应缺陷生成熵的了解更少,但可以确定 ΔS_{CF} 约等于 10(一般研究中常以无量纲的 $\Delta S_{CF}/k$ 的形式来给出熵值)。将上述已知量代入式(4.5)后的化简结果为

$$[Ag_i^\cdot] \approx [V'_{Ag}] \approx \sqrt{2}\, e^{10/2} e^{-1.4/2kT} \qquad (4.7)$$

在式(4.7)中,缺陷的浓度是以阳离子格点数为底的分数型浓度,如 $[V'_{Ag}]/[Ag_{Ag}]$ 和 $[Ag_i^\cdot]/[Ag_{Ag}]$。可以表述上述关系的阿伦尼乌斯图如图 4.3 所示。当温度等于熔点 432℃时,相应缺陷的分数型浓度为 2.1×10^{-3}(0.21%);当温度为 300℃时,该值为 1.5×10^{-4}(0.015%);此后,随着温度进一步下降到 25℃,该

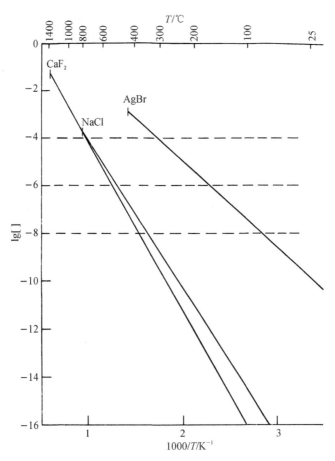

图 4.3 AgBr、NaCl 和 CaF_2 中本征缺陷浓度的阿伦尼乌斯图

值会一直降低至 3×10^{-10}。如此低的浓度已经不能给任何输运性质带来明显的影响，也远低于一般浓度测试方法的感量。由于具有相对较低的生成焓，因此，在上述中低温度区间内，如此高的本征缺陷浓度已经是非比寻常了。显然，熵变通常对缺陷浓度的贡献率在 1 到 2 个数量级内，最终缺陷数量的多少主要由以焓相关项为幂的指数项确定。AgCl 和 AgBr 中的阳离子弗伦克尔缺陷除了易于生成之外，其中的缺陷还具有异乎寻常的高输运特性。因此，所有银的卤化物都是良好的离子导体。

4.4.2 肖特基缺陷

在 1920 年年末，沃特·肖特基（Walter Schottky）和卡尔·瓦格纳（Carl Wagner）合作完成了多篇论文，并发表于德国相关研究刊物上。这些论文构建了缺陷化学研究领域的基本框架，并发展出了研究缺陷形成和相互作用的稀溶体热动力学方法。基于后续研究成果，瓦格纳教授在接下来的五年中又陆续发表了多篇重要论文，进一步推动了缺陷化学研究向前发展。此后，一直到 1970 年左右去世为止，瓦格纳教授一直都是缺陷化学研究领域的领军人物。由于沃特·肖特基和卡尔·瓦格纳的这些开创性工作，一种重要的本征缺陷被命名为沃特·肖特基缺陷，简称为肖特基缺陷。

虽然，NaCl 和其他碱金属卤化物及卤化银均具有相同的 NaCl 晶体结构，但是各化合物中优势本征缺陷却并不完全相同。具有稀有气体电子结构的碱金属离子，其外电子层全满，在形成晶体过程中更像一个刚球，显著不同于易于变形的 Ag^+。所以，将 Na^+ 等碱金属离子填入 NaCl 晶体结构中狭小的四面体间隙中所需要消耗的焓值更高。碱金属卤化物倾向于在其阴、阳离子子晶格中形成电中性的空位对。这种缺陷就是所谓的肖特基缺陷。

以二维晶格表示的肖特基缺陷如图 4.4 所示。从中可以看出，原本位于晶体内部格点上的数目相等且在整体上呈电中性的阴、阳离子被移动到晶体表面新格点。晶体表面的台阶在此时就可显示出其作用。从内部移动至此的离子仅使台阶在平面内外延。整个过程与同样可能出现的离子在晶体表面的顺序堆垛一样自然合理。由于阴、阳离子以成对的方式进行移动，因此可保持质量和电荷数守恒。同时，虽然在晶体表面出现新格点，但是新产生的阴、阳离子格点的比与理想晶体内部完全相同。因此，整个晶体中的阴、阳离子比仍可保持不变。所以，只要是按化合物分子式比例将阴、阳离子由晶内移动到晶体表面形成的缺陷，就可自动保持质量、电荷和结构的守恒。在一种离子化合物中，单独移动一个阴离子或阳离子将同时违反电荷和晶格比例守恒。阴、阳离子的移动必须在保证电中性的前提下，按化学计量比来进行。

如前所述，按化学计量比将阴、阳离子一起移动到晶体表面后，就会在晶体内部生成空位。实际上，晶体表层的离子可以移动到新的格点，晶体内部的间隙和空

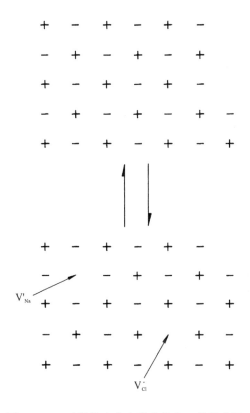

图 4.4　NaCl 结构中的肖特基缺陷二维示意图

位也可以在其中扩散。现在的问题是,新格点可以在哪里形成？显然,晶体的外表面都将满足上述条件。此外,晶体内部晶界或位错等其他缺陷也可能满足上述条件。例如,刃位错相当于将一个多余的原子面切入晶体,所以离子可以移到这个多余原子面的边上,使这个原子面进一步扩展。类似地,空位移动到刃位错处时,刃位错中的多余原子面相当于短了一个原子的距离。这样,移动至此的空位也会因此面泯灭。

事实上,用缺陷符号标出所有生成肖特基缺陷反应涉及的因素,并进一步写出该缺陷的平衡形成反应方程式并不是那么方便。如果一个研究者可以辨别出如图 4.4 所示理想晶体中所有不同类型的格点(如表面多余原子层内、外角上的原子及其周围的原子所处的格点等),并将其与存在缺陷晶体对比,这个研究者就可以发现两种晶体中在已被占据格点上的离子可以一一对应。它们之间的区别在于上述缺陷晶体中存在阴、阳离子空位。图 4.4 对此显示得很清楚。因此,肖特基缺陷生成反应最好以代表理想晶体的符号"nil"来开始。以 NaCl 结构为例,该反应可以写成:

$$\text{nil} \rightleftharpoons V'_{Na} + V^{\cdot}_{Cl} \tag{4.8}$$

上述反应的质量作用定律表达式就可以写成：

$$[V'_{Na}][V^{\cdot}_{Cl}] = K_S(T) = K^\circ_S e^{\Delta S_S/k} e^{-\Delta H_S/kT} \tag{4.9}$$

如果缺陷浓度以占格点总数的百分比来表示，K°_S 将等于 1；如果采用其他单位表示缺陷浓度，K°_S 的单位就得作相应调整。换言之，K°_S 与表示晶体格点上阴、阳离子浓度的单位相关。

如果式(4.8)是晶体中主要的缺陷来源，则晶体中两种缺陷的浓度就必须相等。这与电中性守恒原则相符。将这个关系式代入质量作用定律后可得：

$$[V'_{Na}] \approx [V^{\cdot}_{Cl}] = K_S^{1/2} \approx (K^\circ_S)^{1/2} e^{\Delta S_S/2k} e^{-\Delta H_S/2kT} \tag{4.10}$$

上式中的指数项的幂中出现了 1/2。这主要是因为此类缺陷总是按 1∶1 的比例成对生成阴、阳离子两种缺陷。

研究者曾通过各种实验来确定式(4.9)中热动力学参数的大小。根据富勒(Fuller)在 1972 年的研究表明，NaCl 中的最佳值为：$\Delta H = 2.45$ eV(236 kJ/mol)，$\Delta S_S/k = 9.3$。以此为基础，根据式(4.10)计算的缺陷浓度由图 4.3 给出。同时，图中也示出了先前计算的 AgBr 中的相应结果。从中可以看出，在熔点温度 801℃ 时，0.019% 的阴、阳离子格点未被占据，并在 600℃ 时，降低至 9×10^{-6}；400℃ 时进一步降低至 73×10^{-9}。在图 4.3 中 10^{-4}、10^{-6} 和 10^{-8} 这三个浓度水平上画着三条长点划线。它们可被认为是中等纯度、高纯度和超高纯度（通常无法达到）晶体中杂质的浓度水平。在随后内容即可看到，当本征缺陷浓度低于适当的杂质水平时，杂质的浓度将决定晶格缺陷的浓度。这属于下一章非本征离子缺陷讨论的内容。值得注意的是，AgBr 和 NaCl 中本征离子缺陷具有的 ΔH 分别为 1.4 eV 和 2.45 eV，由此决定的本征缺陷值也大不相同。在 AgBr 的熔点温度 432℃，NaCl 中缺陷浓度比 AgBr 低 4 个数量级；200℃ 时，两者的差异进一步增大至 10^6。单位缺陷生成焓的微小变化会显著影响缺陷的浓度。卤化银独特的性能就主要来自于其异常低的缺陷生成焓。卤化银极低的熔点，也是其中易形成缺陷的一个反映。

4.4.3 阴离子型弗伦克尔缺陷

阴离子型弗伦克尔缺陷的产生必须以尺寸合适的间隙和适合间隙阴离子存在的静电环境为前提。在 CaF_2 和 CeO_2 等萤石结构的二元化合物中，常出现这种本征缺陷。如第 2 章所述，萤石结构具有很高的开放性。其中八面体间隙位的 6 个最近邻离子均为阳离子，而且整个间隙的尺寸大于常见的阴离子格点位。CaF_2 中的阴离子型弗伦克尔缺陷的生成反应可由下式表示：

$$F_F + V_I \rightleftharpoons F'_I + V^{\cdot}_F \tag{4.11}$$

相应地，质量作用定律表达式可由下式表示：

$$\frac{[\mathrm{F_I'}][\mathrm{V_F^{\cdot}}]}{[\mathrm{V_I}][\mathrm{F_F}]} = K_{\mathrm{AF}}(T) = \mathrm{e}^{\Delta S_{\mathrm{AF}}/k} \mathrm{e}^{-\Delta H_{\mathrm{AF}}/kT} \qquad (4.12)$$

类似地,如果式(4.11)是此处缺陷的主要来源,电荷中性条件可由下式表示:

$$[\mathrm{F_I'}] \approx [\mathrm{V_F^{\cdot}}] \qquad (4.13)$$

阴离子型弗伦克尔缺陷的浓度可表示为

$$[\mathrm{F_I'}] \approx [\mathrm{V_F^{\cdot}}] \approx \frac{[\mathrm{F_F}]}{\sqrt{2}} \mathrm{e}^{\Delta S_{\mathrm{AF}}/2k} \mathrm{e}^{-\Delta H_{\mathrm{AF}}/2kT} \qquad (4.14)$$

在萤石结构中,$[\mathrm{F_F}]=2[\mathrm{V_I}]$。相关实验研究(Ure,1957)结果表明,$\mathrm{CaF_2}$ 中热动力学参数 $\Delta H_{\mathrm{AF}}=2.8\ \mathrm{eV}(270\ \mathrm{kJ/mol})$,$\Delta S_{\mathrm{AF}}/k=13.5$。在图 4.3 中,除了给出 NaCl 和 AgBr 中相关缺陷浓度以外,还给出了 $\mathrm{CaF_2}$ 中的阴离子型弗伦克尔缺陷浓度的变化,结果与 NaCl 的非常相似。这可能与两种化合物具有相似的缺陷生成焓有关。实质上,$\mathrm{CaF_2}$ 中的阴离子型弗伦克尔缺陷生成焓稍高;然而,其相应的熵值更大。二者之间恰好相互平衡。

4.5 本征离子型缺陷总结

讨论本征离子型缺陷某些特征最方便的方法是对比。肖特基缺陷比弗伦克尔缺陷更复杂。对此,本书将在随后的内容中即予以讨论:具体内容包括对比单一化合物中不同类型缺陷的相对浓度,并阐述它们之间的相互作用及相对平衡速度,最后对比宏观性能。对于扩散和离子输运这两种与离子缺陷直接相关的特性,将在第 7 章中介绍。

4.5.1 更复杂化合物中的肖特基缺陷

弗伦克尔缺陷的形成需要将阴离子或阳离子由它们通常位于的格点位置移动到一个间隙。这一本质不会因化合物分子式的改变而变化。这种基本缺陷生成的反应产物是具有等量异种电荷的缺陷对。与弗伦克尔缺陷不同,肖特基缺陷要求将宏观呈电中性的阴、阳离子对从它们的晶格格点移动到晶体表面。其结果导致晶体中产生总体上仍呈电中性的复合空位缺陷。如果阴、阳离子的电价不同,则产生的阴、阳离子空位的数目就不会相等。如前所述,为了保持质量、电荷和不同类型格点位置的守恒,在书写肖特基缺陷的平衡反应时,最好使用以化合物分子式为单位的阴、阳离子来表示。因此,$\mathrm{Cr_2O_3}$ 中生成肖特基型缺陷的平衡反应可写成:

$$\mathrm{nil} \rightleftharpoons 2\mathrm{V_{Cr}'''} + 3\mathrm{V_O^{\cdot\cdot}} \qquad (4.15)$$

相应的质量作用定律则如下式所示:

$$[V_{Cr}''']^2 [V_O^{\cdot\cdot}]^3 = K_S(T) = K_S° e^{\Delta S_S/k} e^{-\Delta H_S/kT} \quad (4.16)$$

缺陷的生成熵和焓之和与产生上述五个缺陷所消耗的能量相当。如果式(4.15)为晶体中缺陷的主要来源,则电中性条件可以表示成:

$$3[V_{Cr}'''] \approx 2[V_O^{\cdot\cdot}] \quad (4.17)$$

[有些读者常不能理解如式(4.17)所示的系数不为1的电中性表达式。为什么要在有效电荷高的缺陷浓度前乘更高的系数?这常会给读者带来误解。这实质上仅是一个**表达所涉及缺陷浓度相互关系**的一个数学表达式。它表明带有更多有效电荷的 V_{Cr}''' 的缺陷浓度仅为有效电荷数低的 $V_O^{\cdot\cdot}$ 的2/3,这与我们的期望一致。对此,读者必须加以理解。但是为了方便起见,要想获得正确的结果,在电中性表达式中,每一种缺陷前面均要乘上该缺陷携带的有效电荷数。]结合式(4.16)与式(4.17),可得两种缺陷浓度的另外一种表达式,具体为

$$\begin{cases} [V_{Cr}'''] \approx \left(\frac{2}{3}\right)^{\frac{3}{5}} K_S^{\frac{1}{5}} \approx \left(\frac{2}{3}\right)^{\frac{3}{5}} (K_S°)^{\frac{1}{5}} e^{\Delta S_S/5k} e^{-\Delta H_S/5kT} \\ [V_O^{\cdot\cdot}] \approx \left(\frac{3}{2}\right)^{\frac{2}{5}} K_S^{\frac{1}{5}} \approx \left(\frac{3}{2}\right)^{\frac{2}{5}} (K_S°)^{\frac{1}{5}} e^{\Delta S_S/5k} e^{-\Delta H_S/5kT} \end{cases} \quad (4.18)$$

式中,5在指数项幂的分母中出现的原因是上述原始缺陷反应总共产生了5个缺陷。所以,在 Cr_2O_3 中,肖特基缺陷浓度的总体水平将主要由每个缺陷的生成焓 ($\Delta H_S/5$)来决定。在原始缺陷反应方程式中,每种缺陷前的系数均为整数。这种作法既方便,也符合惯例。然而,这实质上并没有必要。如果这里参照了其他标准,热力学参数也应作等比例的变化。

4.5.2 同种化合物中的不同离子型缺陷

众所周知,晶体中可存在的离子型缺陷的数量主要由其生成焓来决定。然而,每类缺陷的形成必须满足质量作用定律。同时,还需考虑含有同一种缺陷的复合缺陷间的相互作用。通过实验来确定晶体中优势缺陷的生成焓已经很不容易,通过类似方法确定那些稍难形成缺陷的生成焓就已接近不可能。然而,目前已经可以通过理论计算来较为精确地确定一些缺陷的生成焓。接下来,以卡特洛(Catlow)等发表于1977年的研究结果为例来说明 CaF_2 中各种缺陷生成焓的理论计算结果。

(1)阴离子型弗伦克尔缺陷:2.65 eV[单位缺陷生成焓为1.32 eV(127 kJ/mol)]。

(2)肖特基缺陷:7.80 eV[单位缺陷生成焓为2.6 eV(250 kJ/mol)]。

(3)阳离子型弗伦克尔缺陷:8.40 eV[单位缺陷生成焓为4.2 eV(404 kJ/mol)]。

如前所述,阴离子型弗伦克尔缺陷具有最低的单位缺陷生成焓,是晶体中最易形成的缺陷。它仅涉及一个阴离子间隙的最近邻离子全部为阳离子的情况;最终,阴离子型弗伦克尔缺陷只携带1个有效电荷,而相应肖特基缺陷可能携带2个有

效电荷[①]。如果形成的是阳离子型弗伦克尔缺陷,则需要一个阳离子进入由其他阳离子形成的间隙。因此,在了解了上述各种缺陷的形成机理后,研究者对上述缺陷生成焓大小的直觉就恰好可以与上面的计算结果相符。

CaF_2 中的各缺陷生成反应方程式及其质量作用表达式可汇总如式(4.19)~式(4.24)所示。

$$F_F + V_I \rightleftharpoons F_I' + V_F^{\cdot} \tag{4.19}$$

$$\frac{[F_I'][V_F^{\cdot}]}{[V_I][F_F]} = K_{AF}(T) = K_{AF}^{\circ} e^{\Delta S_{AF}/k} e^{-\Delta H_{AF}/kT} \tag{4.20}$$

$$\text{nil} \rightleftharpoons V_{Ca}'' + 2V_F^{\cdot} \tag{4.21}$$

$$[V_{Ca}''][V_F^{\cdot}]^2 = K_S(T) = K_S^{\circ} e^{\Delta S_S/k} e^{-\Delta H_S/kT} \tag{4.22}$$

$$Ca_{Ca} + V_I \rightleftharpoons Ca_I^{\cdot\cdot} + V_{Ca}'' \tag{4.23}$$

$$\frac{[Ca_I^{\cdot\cdot}][V_{Ca}'']}{[V_I][Ca_{Ca}]} = K_{CF}(T) = K_{CF}^{\circ} e^{\Delta S_{CF}/k} e^{-\Delta H_{CF}/kT} \tag{4.24}$$

其中,各缺陷的形成熵未知。然而,质量作用常数[如方程式(4.20)、式(4.22)、式(4.24)中的右侧]的大小在整体上主要由涉及焓的指数项来决定:例如 800℃时,上述三种缺陷的质量作用常数分别为

(1)阴离子型弗伦克尔缺陷:3.6×10^{-13}。

(2)肖特基缺陷:2.4×10^{-37}。

(3)阳离子型弗伦克尔缺陷:2.8×10^{-42}。

在这里,需要读者理解的是:如果缺陷形成熵已知,它们会给上述计算值带来约一个数量级的变化。

如果其中的一种缺陷是某种晶体中缺陷的唯一主要来源,则该缺陷浓度将主要由含焓指数项 $\exp(-h/kT)$ 来决定。这里,h 为单位缺陷生成焓:$\Delta H_{AF}/2$、$\Delta H_S/3$ 和 $\Delta H_{CF}/2$。800℃条件下,仅由含有这些焓值的指数项决定的三种缺陷浓度大致水平为

(1)阴离子型弗伦克尔缺陷:6.0×10^{-7}。

(2)肖特基缺陷:6.2×10^{-13}。

(3)阳离子型弗伦克尔缺陷:1.7×10^{-21}。

然而,上述关系不会单独成立。这主要是因为各缺陷在平衡状态下的质量作用表达式必须同时被满足。当上述缺陷在800℃同时形成时,由形成焓最低的阴

---

① 指 V_{Ca}'',其有效电荷数为2;另一种可能的肖特基缺陷 $V_F^{\cdot}$ 仅能携带1个有效电荷。

离子弗伦克尔缺陷生成反应所致的间隙阴离子和阴离子空位的分数型浓度①约为 6.0×10^{-7}。与其他带电缺陷的来源相比,这里阴离子型弗伦克尔缺陷的电中性条件可非常合理地近似表示如下:

$$[F_I'] \approx [V_F^\cdot] \qquad (4.25)$$

因此,V_{Ca}'' 的浓度会由于同型离子效应,更准确点来说是由于共有缺陷效应而受到抑制。如果将 $V_F^\cdot$ 的浓度值代入上述肖特基缺陷的质量作用定律表达式,求出的 V_{Ca}'' 在 800℃下的浓度仅为 6.7×10^{-25}。这个值比没有阴离子弗伦克尔缺陷时的低约 10^{12} 倍。所以,较难形成缺陷的浓度可由共有缺陷效应而受到抑制。将上述 V_{Ca}'' 的浓度值代入阳离子型弗伦克尔缺陷的质量作用定律表达式,计算出的 $Ca_I^{\cdot\cdot}$ 的浓度必定为 4.2×10^{-18}。这个值不但高于前面的计算结果,而且还高于以阳离子型弗伦克尔缺陷反应作为唯一主要缺陷来源的晶体中的结果。出现这种反常结果的主要原因是:在某平衡系统中,根据书写正确的缺陷反应方程式写出的所有质量作用定律表达式必须同时被满足。这里的讨论就像是在口述由三个质量作用表达式和一个如式(4.25)所示的电中性条件构成的更为严格的四元四次方程的求解过程。

以上内容可被看成是一个简单练习。其主要目的是展示各缺陷的浓度可通过如下所述的各种质量作用常数相互联系起来。

$$[F_I'] \approx [V_F^\cdot] \approx K_{AF}^{1/2} \qquad (4.26)$$

$$[V_{Ca}''] = \frac{K_S}{K_{AF}} \qquad (4.27)$$

$$[Ca_I^{\cdot\cdot}] \approx \frac{K_{CF} K_{AF}}{K_S} \qquad (4.28)$$

图 4.5 为典型的相对缺陷浓度随温度变化的示意图。它可以非常形象地展示出某类本征缺陷是怎样在缺陷化学研究中占据了主要地位。从中可以看出,即便是在熔点温度1432℃,两种主要缺陷②的浓度几乎是其他缺陷中最高浓度的 10^7 倍。所以,在缺陷浓度降低到 10^{-7},甚至是更低的浓度水平之前,式(4.25)完全可作为完整电中性条件的近似表达式。然而,读者头脑中一定要清楚:对于那些由离子扩散能力决定的晶体性质,即便是晶体中的少数离子型缺陷,也可能有非常重要的影响。从这个角度讲,有一个非常有趣的现象值得注意,那就是 800℃时,$Ca_I^{\cdot\cdot}$ 离子的浓度是阳离子型弗伦克尔缺陷为唯一本征离子型缺陷来源时的 2500 倍。

---

① 分数型浓度:定义请参见第 43 页,将缺陷的实际浓度用某种相同的底数(如总阳离子格点数)作归一化处理所得的浓度。

② 译者注:两种主要缺陷来源于一类缺陷生成反应。

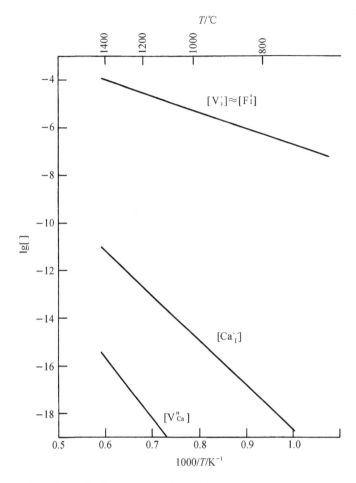

图 4.5 CaF$_2$ 中本征离子型缺陷浓度计算值的阿伦尼乌斯图

4.5.3 相对平衡速率

在已有的本征缺陷平衡浓度的讨论过程中,实质上已经假设了温度足够高、时间足够长。这样,才能让相关缺陷在晶体中的扩散达到平衡。以弗伦克尔缺陷为例,晶体中的每一个离子都有机会从其常处的格点位置扩散到相邻的间隙里面。间隙离子和空位只要通过移动使它们之间的距离超过几个晶格,就可以被认为是弥散分布于晶体中。这里的重点在于弗伦克尔缺陷可在整个晶体中均匀产生(或泯灭)。然而,与此显著不同的是,为形成肖特基缺陷,所涉及的离子移动到晶体表面的新格点上后,就会在晶体表层产生空位。接下来,空位必须从表层开始扩散,直到在整个晶体中分布均匀。所以,在缺陷的随机分布过程中,肖特基缺陷的扩散距离更长。相应地,肖特基缺陷在相同温度下所需的平衡时间也更长。

以上内容讨论了肖特基缺陷在达到平衡状态过程中的平均扩散距离。其中,研究者必须十分清楚其中"表面"的含义。对于理想晶体,其外表面是其仅有的"表面"。但对于多晶陶瓷类氧化物,晶界也可作为空位的来源之一。而在晶粒内部,堆垛层错、孪晶面,甚至是位错都可以作为空位产生或泯灭的有效表面。如上所述的后三种情况在实际的单晶中同样可能出现。因此,晶体样品的外部尺寸并不一定是其中的本征离子缺陷在达到平衡状态过程中需要扩散距离的准确反映。

4.5.4 对宏观性能的影响

离子型缺陷对离子电导和扩散等离子输运特性的影响是其对晶态氧化物影响中的最重要的一个方面。它同时也是晶格缺陷研究的主要应用;此外,它还是包括离子型缺陷在内的所有晶格缺陷研究和表征的基础。然而,在所有相关研究中,含有非本征缺陷材料中的离子输运现象被研究得最为彻底。因此,后面的第 7 章中予以说明。当然,晶格缺陷也可以影响晶体的宏观统计性质。本书已经对此作过简要介绍。

由于弗伦克尔缺陷仅涉及在晶体内部移动的离子,所以,晶体的质量、尺寸乃至密度都不会改变。然而,对于肖特基缺陷,其形成反应会导致在晶体表面形成新格点。因此,晶体的体积将增加,密度将减小。事实上,这也是在各平衡温度下通过淬火法测定的卤化银晶体中肖特基缺陷浓度的方法。显然,这是一种非常精细的实验。淬火后,首先要将晶体样品表面溶解掉,然后将其浸入**密度梯度柱**。所谓的密度梯度柱实际上就是一个密度与晶体非常接近的惰性液体柱。液柱两端的温度可促使其中形成所需的密度梯度。这样就可以通过样品在其中的悬浮位置来确定样品的密度。在此基础确定的 NaCl(Pelsmaekers 等,1963)、LiF 和 KCl (Pelligrini 和 Pelsaekers,1969)的肖特基缺陷生成焓分别为 1.9 eV、2.45 eV 和 2.41 eV(180 kJ/mol、236 kJ/mol 和 232 kJ/mol)。上述结果与以下离子电导实验的测定值基本吻合:NaCl,2.45 eV(236 kJ/mol)(Fuller,1972);LiF,2.34 eV (225 kJ/mol)(Stoebe 和 Pratt,1967);KCl,2.52 eV(243 kJ/mol)(Fuller,1972)。需要指出,悬浮实验测定结果普遍低于基于离子电导随温度变化实验的测量结果。这主要是由于悬浮实验将一部分阴、阳离子空位当作了电中性对。这种电中性对对离子电导没有影响,但会降低晶体的密度。这一性质在第 6 章和第 7 章中均有论述。

晶格缺陷也会影响透明晶体的折射率。例如,典型的光波导器件就是由表面渗 Ti 的 $LiNbO_3$ 单晶来制得的。由于晶体表层具有更高的折射率,因此光就会被束缚在无漫反射传导层中传播。在这个例子中,Ti^{4+} 离子通过置换占据了 Nb^{5+} 离子的格点位置。以此为基础的缺陷及其关联缺陷是改变晶体表层折射率的主要原因。本书后续内容将说明在置换性异价掺杂(价态与被置换离子不同的掺杂)引入后,为了保持电中性,晶体会生成相应的补偿性缺陷。这种晶体可被用来制备光电开关:多频光信号经光纤引入光导器件后,通过施加侧向不同的电场就可以将光信号转换到相邻的光路中。因此,输入的多频光信号就可被重新定向导入不同的输出光纤中继续传导。

4.5.5 晶格缺陷生成焓

与熔化过程相似,晶格缺陷在生成过程中也需要断开晶体中原有的部分键合。因此,本征晶格缺陷与晶体熔点相关就显得很正常。这在如图 3.6 所示的几种单质晶体中空位生成焓随熔点的变化示意图中表示得很清楚。惰性气体中的情况也非常类似。几种离子晶体中空位生成焓随熔点的变化示意图如图 4.6(Barr 和 Lidiard,1970)所示。空位生成焓与熔点间的相关性在图中也表现得非常明显。事实上,基于上述相关性,实验中如果出现显著偏离拟合共有直线的实验点,就说明实验出现了误差。后续的许多实验也证明了这一判断。需要注意,图中包含了不同阴、阳离子比的化合物,它们的晶体结构各不相同。在这些材料形成过程中,离子键与共价键在成键过程中所占比例也存在差异。这些化合物本质上的差异并不显著影响图 4.6 中示出的相关性。各化合物中的肖特基缺陷生成焓可近似地由式 $\Delta H = 2.14 \times 10^{-3} T_m$ 来计算。然而,将这一关系进一步拓展应用却并不太成功。例如,为了确定 MgO 中的肖特基缺陷生成焓,将图中直线外延到 MgO 的熔点(2800℃)后所得的外推值明显低于在该研究之后获得的理论计算值。

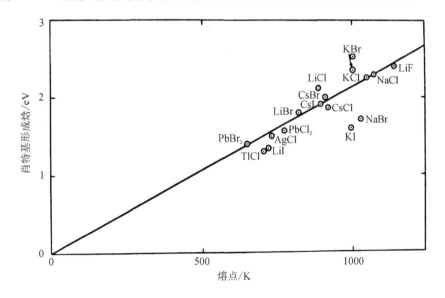

图 4.6 不同化合物中本征缺陷生成焓随绝对熔点温度的变化
(基于 1970 年巴尔和利迪亚德研究结果重绘)

参考文献

Barr, L. W., and A. B. Lidiard. Defects in ionic crystals. In *Physical Chemistry, an Advanced Treatise*, H. Eyring, D. Henderson, and W. Jost, Eds. New York: Academic Press, 1970, p. 177.

Catlow, C. R. A., M. J. Norgett, and T. A. Ross. Ion transport and interatomic potentials in alkaline-earth–fluoride crystals. *J. Phys. C, Solid State Phys.* 10:1627–1640, 1977.

Fuller, R. G. Ionic conductivity (including self-diffusion). In *Point Defects in Solids*, Vol. 1, *General and Ionic Crystals*. J. H. Crawford, Jr. and L. M. Slifkin, Eds. New York: Plenum Press, 1972, Chapter 2. An excellent review of intrinsic ionic disorder in ionic crystals.

Kröger, F. A., and H. J. Vink. In *Solid State Physics*, Vol. 3, F. Seitz and D. Turnbull, Eds. New York: Academic Press, 1956.

Pellegrini, G., and J. Pelsmaekers. Determination of the formation energy of vacancies in lithium fluoride and potassium chloride by quenching. *J. Chem. Phys.* 51:5190–5191, 1969.

Pelsmaekers, J., G. Pellegrini, and S. Amelinckx. A determination of the formation energy of vacancies in sodium chloride by quenching. *Solid State Commun.* 1:92–95, 1963.

Stoebe, T. G., and P. L. Pratt. *Proc. Brt. Ceram. Soc.* 9:171, 1967.

Ure, R. W., Jr. Ionic conductivity of calcium fluoride crystals. *J. Chem. Phys.* 26:1363–1373, 1957.

本章习题

4.1 写出 M_2O 和 M_2O_5 两种化合物中阳离子型、阴离子型弗伦克尔缺陷和肖特基缺陷的形成反应方程式（要求配平并具有明确的焓、熵指数项）及其质量作用定律。

4.2 假设问题 4.1 所述的缺陷反应是某种晶体中唯一主要缺陷来源，为每种缺陷写出电中性的近似表达式，写出用相应生成焓和生成熵等表示的各缺陷浓度。

第 5 章

非本征离子型缺陷

5.1 引子

非本征离子缺陷是由外来杂质离子溶入晶格后产生的离子型缺陷。它一般存在于杂质离子近饱和的单相固溶体区。在置换型固溶体中，杂质离子通常会置换晶格中的一种离子。典型例子包括溶解了部分 $CaCl_2$ 的 NaCl 或溶解了少量 Al_2O_3 的 TiO_2。杂质离子有时会占据间隙位置，但这种例子并不多见。而且，杂质为阳离子的情形要远高于杂质是阴离子的情形。实际研究中杂质为阴离子的例子并非完全不存在。MgF_2 在 MgO 中溶解或 MgO 在 MgF_2 中溶解均是这方面的典型实例。

等价置换离子仅占非本征离子缺陷的一小部分。形成这种缺陷时，相对于原始晶格，杂质中心仍保持电中性；而且，在其周围也不用形成其他缺陷来满足电荷守恒要求。这种缺陷对基础化合物来说不存在一阶缺陷化学效应。因此，在 NiO-CoO 系统中，两种基础组分均具有 NaCl 结构；而且两种阳离子还具有完全相同的有效电荷和相似的离子尺寸。结果，在这个伪二元系统中，两种组分完全互溶，具体如图 5.1 所示（Kingery 等，1976）。系统中的 CoO 含量提高时，Ni^{2+} 和 Co^{2+} 离子均可在晶体中弥散分布。仅当温度低于 800℃ 时，在这个系统中可以形成固态两相区。为此，在该温度范围内，保温时间必须足够长才能让相关离子完成形成固态两相区所需的扩散。在这个系统中，由于无须生成其他补偿性缺陷，研究者自己决定将 Ni_{Co} 或 Co_{Ni} 作为杂质中心。同理，整个固溶体的性质与各组元的相差很少。在扩散或离子电导等输运特性研究领域中，这个体系受到的关注度非常小。

杂质离子的电荷状态常不同于化合物中的被取代离子。这种差异是杂质离子影响该化合物缺陷化学的主要来源。为与同价离子相区别，特将此类离子称为异价离子。在异价取代过程中，相对于理想晶体结构，杂质离子带有一定的电荷。因此,为保持电中性,必须在该缺陷周围形成带有等量异种电荷的缺陷。这种电荷补偿型缺陷对输运特性有显著的影响。这样,就可能通过在基础晶体中填加适量的杂质来获得某种目标性能。基础晶体的扩散常数和电导特性可因此改变数倍。这种技术也可被用于提高或抑制基础晶体中的某种性能。

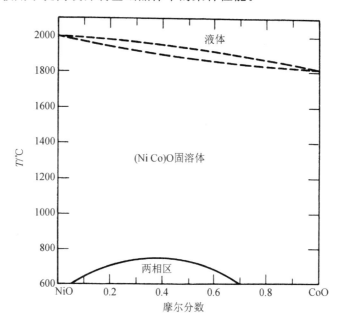

图 5.1 NiO-CoO 相图。组元具有相同的阴、阳离子比,相同的晶体结构和类似的阳离子半径。当温度大于 800℃ 时,整个系统可在全组分区完全互溶
[经约翰·威利父子(John Wiley & Sons)出版社授权,基于金格里(Kingery)等 1976 年的研究成果重绘]

本章仅限于讨论化学计量比二元化合物固溶体。在相关实例中,异价杂质的多余电荷由空位或间隙离子等电荷补偿型缺陷平衡。在后续内容中读者还可以看到,电子或空穴也能用于电荷补偿。这会强烈影响基础晶体的导电性。在这种情况下,所需电荷补偿可通过适当偏离化学计量比来实现。这部分内容是后续章节的讨论主题。

5.2 AgCl-CdCl$_2$ 体系

在 AgCl-CdCl$_2$ 体系中,两种阳离子带有不同的电荷数,两组元化合物还具有不同的阴、阳离子比;显然,它们的晶体结构不可能相同。因此,这两种化合物在本质上就不可能在全组分范围内无限互溶;同时,也应区别对待 AgCl 在 CdCl$_2$ 中形成的固溶体与 CdCl$_2$ 在 AgCl 中形成的固溶体。与这种情形非常类似的 NaBr-

CaBr$_2$ 相图(Levin 等,1964)如图 5.2 所示。在这里及类似研究中,要特别注意两个基础组元的不同晶体结构,因为它们将决定两个固溶体区中物相的晶体结构。AgCl 具有 NaCl 结构,阳离子处于构型为 ccp 的阴离子子晶格中的八面体位。CdCl$_2$ 的结构自然是 CdCl$_2$ 结构。该结构的阴离子 ccp 子晶格中,阳离子只占据了其中一半八面体位。含有阳离子的八面体位平面与空八面体位平面交替排列。两种结构间的这种内在联系使它们之间有一定的互溶性。然而,Ag$^+$ 的半径为 0.115 nm,Cd^{2+} 离子的半径为 0.095 nm。二者半径上的差异导致两种基础组元在对方中的固溶度都有限。

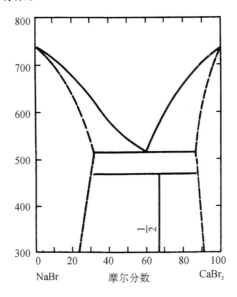

图 5.2 NbBr-CdBr$_2$ 相图。由于具有不同的阴、阳离子比,两种基础组元具有不同的晶体结构,在另一种组元中具有不同的固溶度极限

[经美国陶瓷学会授权,基于 1964 年莱文(Levin)等的研究结果重绘]

5.2.1 CdCl$_2$ 在 AgCl 中形成的固溶体

固溶体在形成过程中必须保持电中性。在晶态基体中引入异价离子的方式可以有多种,但保持电中性的结果必须相同。以一种电中性单元替代另外一种电中性单元可以自然地保持晶体整体的电中性。下面讨论以分子式为单位,用整数个数的异价溶质阴、阳离子来取代基体晶体中相等数目的阴、阳离子。如果用一个单位的 CdCl$_2$ 取代 AgCl 晶体中一个单位的 AgCl(在这里可不用考虑究竟如何完成这种取代,热动力学研究并不要求阐明一个实际过程的具体流程),Cd^{2+} 离子可位于移去一个单位 AgCl 后空下来的 Ag 离子格点;一个 Cl$^-$ 离子可进入空下来的 Cl$^-$ 格点,另外一个 Cl$^-$ 只能进入 AgCl 的间隙。这个过程可总结如下式所示:

$$CdCl_2 \xrightarrow{(AgCl)} Cd_{Ag}^{\cdot} + Cl_{Cl} + Cl_I' \tag{5.1}$$

在这里，方程式中左侧的电中性单元取代了箭头上方圆括号中的电中性单元。读者对此要小心加以理解。方程右侧的各符号清楚地表明了目标晶体中可容纳杂质化合物的位置。与被取代的 Ag^+ 相比，Cd^{2+} 离子多含有一个正电荷。这个多出来的正电荷最终由进入间隙的另外一个 Cl^- 来平衡。质量和电荷的守恒在上式中显而易见。结构的守恒主要通过准确表明从目标晶体中移出的离子所处格点位置和杂质元素固溶后所占格点位置之间的关系来实现。（特别需要注意，理论上应该在式(5.1)的左侧写上表示一个未被占据的间隙的符号，但在实际应用过程中，这上符号通常可以省略。）此外，在方程式中并没有像书写本征缺陷生成反应方程式那样使用双向箭头，而仅使用了指向右侧的单向箭头。这样做主要是由于向一个处于平衡状态中的晶体引入某种杂质是几乎不可能的，因为它要求在目标晶体与具有特定活度的杂质化合物之间建立平衡关系。虽然，上述条件在理论上可能被满足，特别是当杂质像 PbO 或 Bi_2O_3 那样具有很强挥发性的时候。然而，这种情况确实是不多见。为制备溶解一定 $CdCl_2$ 的 AgCl 固溶体，通常需要将 AgCl（熔点 455℃）熔化，然后通过搅拌使适量的 $CdCl_2$ 在其中混合均匀；凝固后，Cd^{2+} 离子的浓度随之被固定，而且也没有和其他任何物质建立平衡关系。如果周围环境中的 $CdCl_2$ 活度为零，则 $CdCl_2$ 应最终扩散出晶体。然而，这种扩散在动力学角度被完全抑制，制备过程中甚至可以不考虑这种凝固后的扩散。再次声明，高温下，PbO 或 Bi_2O_3 溶入某种化合物中的情况显著不同于上面的讨论。

在刚讨论的例子中，虽然其中的一些阳离子是杂质离子，但 AgCl 晶体中的阳离子子晶格仍可保持理想的全满状态。与此同时，阴离子子晶格就处于过饱和状态：阴离子的实际数目超过了阴离子子晶格具有的阴离子格点总数。此时的另外一种选择是控制杂质离子的掺入量，使固溶体中的阴离子格点处于理想全满状态，同时产生一种阳离子缺陷，从而维持整体固溶体的电中性。这种情况可被总结为

$$CdCl_2 \xrightarrow{(2AgCl)} Cd_{Ag}^{\cdot} + V_{Ag}' + 2Cl_{Cl} \tag{5.2}$$

在这种情况下，一个单位的 $CdCl_2$ 需要取代两个单位的 AgCl 才能有恰好足够的 Cl^- 离子格点。与此同时，晶体中会生成两个阳离子空位；Cd^{2+} 离子仅占据其中一个空位，留下另外一个。这种阳离子空位就是除如式(5.1)所示的间隙阴离子之外的另外一种电荷补偿型离子缺陷。多余出来的正电荷由空出来的阳离子空位来平衡。再次在这里强调，上述缺陷反应满足所有相关守恒定律。这样异价离子置换就总共有两种选择：其一，保持阳离子子晶格的完整性，同时产生一个阴离子缺陷；其二，保持阴离子子晶格的完整性，产生一个阳离子缺陷。

基于上面的两种方式，带一个正电荷的 $Cd_{Ag}^{\cdot}$ 可由阳离子空位 V_{Ag}' 或间隙阴离子 Cl_I' 这两种带负电的晶格缺陷来补偿。而且，通常只需要其中的一种就可补

偿由异价掺杂引入的带正电荷的缺陷。此时，基本上就不需要考虑另外一种补偿机制。这是因为晶体中几乎不可能同时出现一种以上的高浓度补偿型缺陷，而且研究者常常可预测究竟是哪种机制起作用。以间隙阴离子补偿机制为例，它需要让阴离子挤入在理想情况下只相当于其自身体积 1/4 的间隙；同时，其周围的最近邻配位离子也为阴离子。由于空间和电荷环境这两种不利因素共同作用，将使这种补偿机制起作用的可能性不大。而在另一方面，阳离子空位在形成时不会受到上述因素的限制。这就使阳离子补偿机制成为更加可能的补偿机制。众多实验研究结果也确实证明了实际情况确实如此。此外，本书第 4 章内容已经表明，AgCl 中最有可能出现的本征离子型缺陷属于阳离子型弗伦克尔型。这种类型的缺陷由间隙阳离子和阳离子空位共同组成。这个事实就说明从能量角度，阳离子空位也是更容易形成的。所以，有理由推测，它也是晶体中引入外来杂质时更容易形成的缺陷。而且，读者在后续内容中还可以发现，在中低浓度范围内，连续性原则也要求本征缺陷来作为补偿型缺陷。从晶体结构层面来考虑，阳离子空位在 NaCl 结构的固溶体中出现可被看作是固溶体本身的晶体结构正逐渐转变为另一种基础组元 $CdCl_2$ 的结构。这种结构恰好要求其阴离子 ccp 子晶格中包含交替出现的空的八面体位面。

因此，这里固溶体的化学计量比组分可被写成 $Ag_{1-2x}Cd_xCl$。它确实由化学计量比的两种组元组成。但是，定义缺陷所需的参考结构是理想 NaCl 结构。它的结构实质上略不同于这里的化学计量比固溶体。

笔者的专业研究始于卤化银中的离子电导现象。这种材料当时主要被用作超小型电化学电池中的电解质。这种电池易于通过组装实现高压化，但其适用的电流范围却非常低。掺杂 0.02%（摩尔分数）的 $CdCl_2$ 是一种有效提高卤化银中 Ag 离子空位浓度的方法。由于银离子空位是卤化银中主要的离子型载流子，卤化银的通流能力就因此被大幅提高。这种电池不含有液体，是典型的固体器件。长寿命是这种电池的典型特点。但颇具讽刺意味的是，笔者的研究取得成功时，晶体管电路在整个电子行业成为主流。整个研究领域中的兴趣随之转向了低压、高电流应用方面。所以，笔者致力研究的器件所取得的应用非常有限，而且在短期内就出现了衰退。在继续研究了一段时间以后，研究也未获得什么实质性的突破，笔者最终决定不再以应用为导向，而将自己的主要精力放在学术发展上。

5.2.2 AgCl 在 $CdCl_2$ 中形成的固溶体

如果以分子式为单位用 AgCl 取代 $CdCl_2$，带负电的杂质中心就会由带有正电的阴离子空位来补偿，具体如式 (5.3) 所示。

$$AgCl \xrightarrow{(CdCl_2)} Ag'_{Cd} + Cl_{Cl} + V^{\cdot}_{Cl} \tag{5.3}$$

此时，阳离子子晶格处于全满状态；而阴离子子晶格中出现空位。完成置换后，低价阳离子缺少的正电荷由阴离子空位产生后缺少的负电荷来平衡。如果一个分子式单位的 $CdCl_2$ 由两个相同单位的 AgCl 来取代，阴离子晶格就可仍然保持理想的全满状态。相关缺陷反应方程式如下：

$$2AgCl \xrightarrow{(CdCl_2)} Ag'_{Cd} + Ag^{\cdot}_I + 2Cl_{Cl} \tag{5.4}$$

此时，$CdCl_2$ 晶体中只能给外来的两个 Ag^+ 离子空出一个阳离子格点位置。因此，其中的一个 Ag^+ 离子只能进入间隙。处于格点杂质中心位置的阳离子缺少的正电荷[1]由进入间隙的杂质携带的正电荷来平衡。

在本例涉及的两种带正电缺陷的生成方式间的差别似乎并不明显：[式(5.3)中]阴离子空位的生成不能被排除，[式(5.4)中]间隙型阳离子的产生似乎也合情合理。$CdCl_2$ 晶体结构中的间隙位是 ccp 结构的阴离子子晶格中未被占据的八面体间隙面中的间隙位。这种间隙面和被阳离子占据的间隙面交替在 ccp 结构的阴离子子晶格中出现。因此，此类间隙的尺寸适当，且由阴离子包围。随着这些间隙位的占据，$CdCl_2$ 晶体结构逐渐向体系中另外一个组元所具有的 NaCl 结构演化。然而，由于尚未有研究者对此进行深入研究，上述过程中缺陷究竟以何种方式生成，目前还不得而知。对此，需要由读者自己去确定。

关于本例中间隙阳离子的产生，还可能有另外一种可能性稍低的方式。具体如式(5.5)所示。由于所研究体系中 Cd^{2+} 离子浓度远高于 Ag^+ 离子。因此，在一些位置上，Cd^{2+} 离子的位置非常有可能在晶格格点和间隙两者间互换。

$$Cd_{Cd} + Ag^{\cdot}_I \rightleftharpoons Cd^{\cdot\cdot}_I + Ag'_{Cd} \tag{5.5}$$

在这种方式中，Cd^{2+} 离子进入了间隙。上一种方式中进入间隙的 Ag^+ 离子进入由此产生的阳离子空位。完成了上述交换后，相应的缺陷生成反应方程式可如式(5.6)所示。

$$2AgCl + Cd_{Cd} \xrightarrow{(CdCl_2)} 2Ag'_{Cd} + Cd^{\cdot\cdot}_I + 2Cl_{Cl} \tag{5.6}$$

这里值得注意的是，与如式(5.4)所示的缺陷反应相比，通过最后这种方式生成缺陷所携带的有效电荷数更高。就一般缺陷生成反应而言，生成缺陷的有效电荷数越低，其对原有键合的影响越小。相应地，这种缺陷就越容易生成。目前对此还没有任何相关实验结果可以参照。但上述方式的改变将注定影响最终固溶体中 Cd^{2+} 离子的传导能力。

5.3 CaF_2-CaO 体系

虽然，CaF_2-CaO 体系中的杂质离子为阴离子，然而，讨论所需基本原则依然

---

[1] 译者注：低价离子取代格点位置的高价离子后，此位置的有效电荷为负。

保持不变。本体系的基本组元中，CaF_2 的晶体结构为萤石结构，CaO 为 $NaCl$ 结构。

5.3.1 含 CaF_2 的 CaO 固溶体

少量 CaF_2 溶入 CaO 后形成固溶体，共有两种可能的反应方式，具体如式(5.7)和式(5.8)所示。

$$CaF_2 \xrightarrow{(CaO)} Ca_{Ca} + F_O^{\cdot} + F_I' \tag{5.7}$$

$$CaF_2 \xrightarrow{(2CaO)} Ca_{Ca} + V_{Ca}'' + 2F_O^{\cdot} \tag{5.8}$$

其中，杂质离子中心具有一个单位的净正电荷。因此，需要一个带等量负电荷的缺陷来补偿。按前一个反应进行时，阳离子子晶格保持理想全满状态；如果按后一个反应进行，阴离子子晶格可保持全满。其中的第一种方式仍需面临怎样在密堆结构中给大尺寸阴离子找一个足够大间隙的问题。四面体配位的间隙明显太小，而且该间隙的一级配位体球全部由阴离子构成，使这个位置不适合溶入阴离子杂质。除了非常特别的卤化银，$NaCl$ 结构的化合物中最容易形成的本征离子型缺陷是肖特基缺陷。因此，在含 CaF_2 的 CaO 固溶体中形成阳离子空位就显得合情合理。然而，目前并没有相关的实验结果支持这一猜想。如果间隙阴离子成为本体系的主导缺陷，我们将再次面对间隙 F^- 离子取代处于晶格格点上 O^{2-} 离子并将其排挤到间隙中的这种可能性，虽然这将意味着在整体上提高缺陷所携带的有效电荷数。

5.3.2 含 CaO 的 CaF_2 固溶体

含有 CaO 的 CaF_2 固溶体的基础结构是萤石结构。这种结构含有由阳离子包围的大尺寸八面体间隙位。阴离子可以非常容易地溶入这种间隙，而阳离子不适合。由于阴离子型弗伦克尔缺陷是萤石结构中最适合的本征缺陷，因此，在含有 CaO 的 CaF_2 固溶体中，阴离子型的补偿型缺陷非常容易形成。两种可能的掺杂反应方程式分别如式(5.9)和式(5.10)所示。

$$CaO \xrightarrow{(CaF_2)} Ca_{Ca} + O_F' + V_F^{\cdot} \tag{5.9}$$

$$2CaO \xrightarrow{(CaF_2)} Ca_{Ca} + Ca_I^{\cdot\cdot} + 2O_F' \tag{5.10}$$

基于上述讨论，卤族元素空位是这里最有可能形成的补偿型缺陷。这与在萤石结构的化合物中掺杂低价阳离子时的情况相同。在那种情况下，会产生携带负有效电荷的杂质离子中心，相应的补偿型缺陷是众所周知的阴离子空位。因此，如果在 ZrO_2 中掺杂 $10\% \sim 20\%$（摩尔浓度）CaO 或 Y_2O_3 时，产生的杂质离子中心就是 Ca_{Zr}'' 和 Y_{Zr}'，相应的补偿型缺陷就是氧空位。该材料是非常好的氧离子导体，可作为现代汽车尾气氧活度测量用传感器的电解质。类似的传感器也可在钢铁工业被用于测量熔融钢水中的碳含量。在所测试温度范围内，钢水中的氧和碳处于平衡状态；二者的活度相关。所以，在实际测量中，传感器实际测量的是钢水中氧

5.4 TiO$_2$-Nb$_2$O$_5$ 体系

分析一个在简单系统中有效的方法是否还适用于一个复杂的系统可能有一定价值。在本例中，TiO$_2$ 的常见晶体结构是金红石结构（TiO$_2$ 也可呈现锐钛矿晶体结构，但这种结构在高温下仍会转变为金红石结构）。Nb$_2$O$_5$ 的结构更复杂，然而，在这里无须考虑。仍与前面介绍的情况一致，这里的基体晶体格点可能通过两种方式补偿杂质中的阴、阳离子。

5.4.1 含 TiO$_2$ 的 Nb$_2$O$_5$ 基固溶体

含 TiO$_2$ 的 Nb$_2$O$_5$ 固溶体中，可能存在的两种缺陷反应为

$$2TiO_2 \xrightarrow{(Nb_2O_5)} 2Ti'_{Nb} + 4O_O + V_O^{\cdot\cdot} \tag{5.11}$$

$$5TiO_2 \xrightarrow{(2Nb_2O_5)} 4Ti'_{Nb} + Ti_I^{4\cdot} + 10O_O \tag{5.12}$$

以上两式在书写时，以化合物的分子式为最小单位进行了配平。缺陷按第一种方式产生时，阳离子晶格仍保持理想晶体的全满状态；按第二种方式产生时，TiO$_2$ 中的阴离子全部进入 Nb$_2$O$_5$ 中阴离子子晶格的格点。两种缺陷产生方式过程中可能补偿型缺陷相差并不大。然而，基体化合物 Nb$_2$O$_5$ 具有密堆型晶体结构，在整体上不利于形成间隙型缺陷。此外，这里如果形成间隙型缺陷，则缺陷将携带很高的有效电荷。这也非常不利于此类缺陷的形成。最后，氧空位已经被证实是诸多过渡金属化合物中最容易形成的缺陷。在本小节所涉及的体系中，同样不能排除氧空位的缺陷。

5.4.2 含 Nb$_2$O$_5$ 的 TiO$_2$ 基固溶体

在含 Nb$_2$O$_5$ 的 TiO$_2$ 基固溶体中，产生缺陷的两种可能方式为

$$Nb_2O_5 \xrightarrow{(2TiO_2)} 2Nb^{\cdot}_{Ti} + 4O_O + O''_I \tag{5.13}$$

$$5NbO_5 \xrightarrow{(5TiO_2)} 4Nb^{\cdot}_{Ti} + 10O_O + V^{4'}_{Ti} \tag{5.14}$$

在密堆结构阴离子子晶格中继续形成间隙阴离子的可能性极小。阳离子空位虽然带有很高的有效电荷，然而，它应该是本例中最有可能形成的缺陷。

5.5 重点小结

（1）等价置换杂质离子不需要形成补偿型非本征缺陷，基础晶体的缺陷化学也不会产生一阶效应。

(2) 异价杂质需要在基础晶体中形成等电荷的补偿型缺陷。基础晶体的缺陷化学和输运特征将可能因此受到显著影响。

(3) 通常一种杂质仅能导致基础晶体中产生一种非本征离子型缺陷。如果出现两种缺陷,则两种缺陷的生成能应类似,但这种情况非常少。

(4) 以上每一种体系中,均有可能产生两种补偿型离子缺陷。对于带正电的杂质离子中心(施主掺杂),补偿型缺陷可以是阳离子空位,也可以是间隙阴离子;如果形成了带负电的杂质离子中心(受主掺杂),则相应的补偿型缺陷只能是间隙阳离子或阴离子空位。

(5) 补偿型离子缺陷应与基础晶体中优势本征缺陷中的组成缺陷一致。

(6) 间隙型缺陷为主要缺陷时,可根据基础晶格中间隙的大小及其周边的静电环境来判断缺陷反应的类型。

(7) 到目前为止,本书主要讨论的非本征离子型缺陷主要是补偿型缺陷。实际上,基础晶体中还可能被引入外来电子或空穴。这种情况下,基础晶体组分化学计量比可能会因此而改变。相关内容将放在第9章中作介绍。

5.6 缺陷浓度的图形表示

图形非常适合、也经常被用来展示事物间的相互关系。缺陷化学就是这方面的一个典型范例。将一些枯燥无味的方程包含的信息转换成一幅简单图形后,就可能让这些信息变得非常易于理解。接下来,将通过两个例子来说明。其中的一个较简单,另外一个则稍复杂。

5.6.1 含 $CaCl_2$ 的 NaCl 固溶体中缺陷浓度示意图

研究者已经较深入地研究了 $CaCl_2$-NaCl 体系,在其中并没有发现不合常规之处。读者已经在第4章中了解到,肖特基缺陷是其中最有可能形成的本征缺陷。因此,对于其中出现的如 $Ca_{Na}^{\cdot}$ 等带正电荷的杂质离子中心,将由阳离子空位来补偿。对此如想完整讨论,需要如式(5.15)~式(5.18)所示的缺陷反应方程式:

肖特基缺陷反应:
$$nil \rightleftharpoons V'_{Na} + V^{\cdot}_{Cl} \tag{5.15}$$

相应的质量作用表达式:
$$[V'_{Na}][V^{\cdot}_{Cl}] = K_S(T) \tag{5.16}$$

掺入缺陷的反应:
$$CaCl_2 \xrightarrow{(2NaCl)} Ca^{\cdot}_{Na} + V'_{Na} + 2Cl_{Cl} \tag{5.17}$$

电中性表达式:
$$[V'_{Na}] \approx [Ca^{\cdot}_{Na}] + [V^{\cdot}_{Cl}] \tag{5.18}$$

如果其他带电缺陷的浓度不是太高,式(5.18)就应该左右相等。在一定温度下,缺陷浓度是杂质浓度的函数。联立式(5.16)与式(5.18)即可求出两种缺陷的浓度。然而,为了说得更加明了,也可以采用下述这种并不太严格的表述方式:上述电中性表达式表明体系中阳离子空位的来源有两种;伴随着由肖特基缺陷中阴离子空位形成的同时,体系中还会产生阳离子空位;伴随着Ca^{2+}离子对Na^+离子的取代,也会产生阳离子空位。以上两种方式的贡献率由本征缺陷与杂质的相对含量决定。恒温下,各缺陷浓度随杂质浓度的变化如图5.3所示。为表示方便,使用了lg-lg图。对于每一种低浓度杂质,由杂质引入的阳离子空位浓度可被忽略。在这种情况下,相对于$[V_{Cl}^{\cdot}]$的浓度,$[Ca_{Na}^{\cdot}]$的浓度可被忽略。因此,电中性表达式可近似表示为

$$[V_{Na}'] \approx [V_{Cl}^{\cdot}] \qquad [V_{Cl}^{\cdot}] \gg [Ca_{Na}^{\cdot}] \tag{5.19}$$

换言之,缺陷的形成主要由本征缺陷反应来主导。因此,在低浓度区,缺陷的浓度就基本上不随杂质的含量改变。结合式(5.16)和式(5.19),可获得相应的缺陷浓度为

$$[V_{Na}'] \approx [V_{Cl}^{\cdot}] \approx K_S^{1/2} \tag{5.20}$$

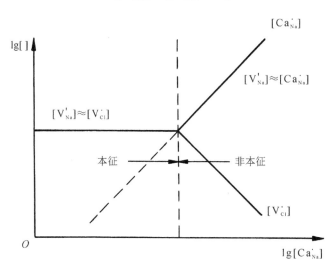

图5.3 缺陷浓度(用空括号表示)随$CaCl_2$含量变化的lg-lg图

另一方面,当杂质含量很高时,几乎所有的阳离子空位均源自于对杂质离子的补偿反应。因此,相对于$[Ca_{Na}^{\cdot}]$的浓度,$[V_{Cl}^{\cdot}]$的浓度可被忽略。相应的电中性表达式可近似表示为

$$[V_{Na}'] \approx [Ca_{Na}^{\cdot}] \qquad [Ca_{Na}^{\cdot}] \gg [V_{Cl}^{\cdot}] \tag{5.21}$$

这一区域就是所谓的非本征缺陷特征区,简称为非本征区。随着杂质浓度的

提高,带相反电荷的本征缺陷的浓度也随之提高,直到能够保持整个体系的电中性;在前述的 lg-lg 图中,二者浓度变化线的斜率为 +1。同时,在平衡条件下,缺陷的产生过程仍需满足本征缺陷的质量作用表达式。因此,非本征区中另一种本征缺陷——阴离子空位的浓度可由式(5.16)和式(5.21)共同来求出,结果如下:

$$[V_{Cl}^{\cdot}] \approx \frac{K_S}{[Ca_{Na}^{\cdot}]} \tag{5.22}$$

它的浓度会随杂质浓度的提高而减小,相应的浓度变化线的斜率为 −1。

注意:平衡条件下,所有成立的质量作用表达式必须被同时满足。

这项被强调的内容可由图 5.4 来表示。这幅图是以图 5.3 为基础,在其中添加了体系中非主要缺陷浓度的变化线后扩展而来的。这些非主要缺陷与体系中的非主要本征缺陷(阳离子和阴离子弗伦克尔缺陷)有关。它们的形成反应和相应的质量作用定律表达式如式(5.23)~式(5.26)所示。

$$\text{nil} \rightleftharpoons Na_I^{\cdot} + V_{Na}^{\prime} \tag{5.23}$$

$$[Na_I^{\cdot}][V_{Na}^{\prime}] = K_{CF}(T) \tag{5.24}$$

$$\text{nil} \rightleftharpoons Cl_I^{\prime} + V_{Cl}^{\cdot} \tag{5.25}$$

$$[Cl_I^{\prime}][V_{Cl}^{\cdot}] = K_{AF}(T) \tag{5.26}$$

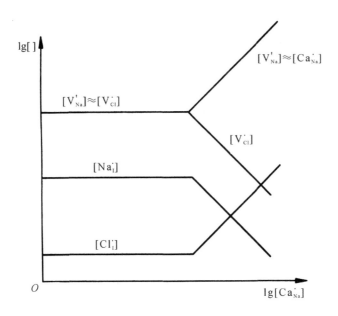

图 5.4 包括非主要缺陷在内的缺陷浓度随 CaCl$_2$ 含量变化的 lg-lg 图

与理论计算的一致,可以假设 $\Delta H_S < \Delta H_{CF} < \Delta H_{AF}$。所以在本征缺陷特征区,阴、阳间隙离子的浓度可分别将式(5.20)与式(5.24)和式(5.26)联立后求得,

结果分别如式(5.27)和式(5.28)所示。

$$[\mathrm{Na_I^{\cdot}}] \approx \frac{K_{\mathrm{CF}}}{K_{\mathrm{S}}^{1/2}} \tag{5.27}$$

$$[\mathrm{Cl_I'}] \approx \frac{K_{\mathrm{AF}}}{K_{\mathrm{S}}^{1/2}} \tag{5.28}$$

由于 $\Delta H_{\mathrm{S}}/2$ 的值总小于 $\Delta H_{\mathrm{CF}}/2$ 或 $\Delta H_{\mathrm{AF}}/2$，所以如果上述缺陷是体系中优势缺陷的一部分，它们的浓度就会在其实际能达到的基础上有所降低。在非本征区，上述两种缺陷的浓度为

$$[\mathrm{Na_I^{\cdot}}] \approx \frac{K_{\mathrm{CF}}}{[\mathrm{Ca_{Na}^{\cdot}}]} \tag{5.29}$$

$$[\mathrm{Cl_I'}] \approx \frac{K_{\mathrm{AF}}}{K_{\mathrm{S}}}[\mathrm{Ca_{Na}^{\cdot}}] \tag{5.30}$$

总而言之，**杂质将提高那些价态与之相反缺陷的浓度，而抑制那些价态与之相同缺陷的浓度**。在这里应注意，本区域内，非补偿型缺陷会出现很大的变化。在如图 5.4 所示的例子中，体系中最难形成的本征缺陷 $\mathrm{Cl_I'}$ 的浓度最终超过了体系中最容易形成的缺陷 $\mathrm{V_{Cl}^{\cdot}}$ 的浓度。然而，在这种情况出现之前，杂质的浓度通常早已超过了其固溶度极限。

图 5.4 中的例子清楚地表明：体系中由最易形成本征缺陷所致缺陷的浓度应与那些用于平衡异价杂质中心电荷的补偿型缺陷浓度保持很好的连续性。由于所携带的有效电荷的电性与杂质离子的相反，所以在非本征缺陷特征区，$\mathrm{Cl_I'}$ 浓度不可能从本征区受限的低浓度水平突然升高成为体系中浓度最初用于补偿杂质中心的缺陷。所有缺陷的浓度只能围绕杂质浓度系统地改变，而且不能发生突变。

图 5.3 和图 5.4 的绘制以两个特例为基础。其中的电荷中性条件恰好可由式(5.19)和式(5.21)所示的两个电性相反的缺陷表示。它们的浓度在本征缺陷特征区呈线性变化，直至与本征缺陷特征区和非本征缺陷特征区的界线相交。在上述交界处，这种简化处理明显不够精确。因为在交界处，如式(5.18)所示的电荷中性表达式中应写出所涉及的三种主要缺陷。若为了精确，应以曲线表示上述缺陷浓度在交界过渡区中的变化。然而，在这里没必要如此精确。这里的目的，仅是为了让读者在整体上了解本节内容的主题。因此，在过渡区中，常可使用相邻区域中浓度变化直线的直接外延结果。然而，如果读者实际研究的组分恰好属于过渡区，为了更准确地分析实验数据，读者就必须采用更严格的方法来处理。

用图表示缺陷随温度的变化同样有用。其中的方式之一就是在图 5.3 的基础上添加一系列缺陷浓度在其他温度下随杂质含量变化的曲线，所得的典型结果如图 5.5 所示。其中，缺陷浓度方括号外的数字下标就代表温度，温度 $T_2 > T_1$。式(5.20)表明，在本征缺陷特征区域，本征缺陷的浓度随着温度的提高而升高；提高

的幅度由系数 $\Delta H_S/2$ 来决定。温度升高后,需要更多的杂质离子中心才能使电荷中性表达式平衡。因此,本征区向非本征区过渡的转折浓度就移向更高杂质浓度方向。在非本征缺陷特征区域,补偿型缺陷的浓度已经由不变的杂质浓度确定,不再随温度的变化而改变。然而,如式(5.22)所示,另外一种本征缺陷的浓度 $[V_{Cl}^·]$ 由整个本征缺陷反应的焓(ΔH_S)决定。这两种本征缺陷必须能解释全部焓的变化。因此如果一种缺陷不随温度的变化而改变,另外一种缺陷的浓度的变化就应解释全部焓值的变化。与此类似的例子还有很多。无须考虑化学,缺陷浓度随杂质浓度变化的关系从平面几何的角度考虑就十分明显。在各直线斜率如图5.5所示的前提下,在非本征缺陷特征区,两种温度下获得的阴离子空位浓度间的垂直距离一定是它们在本征缺陷特征区中的2倍。

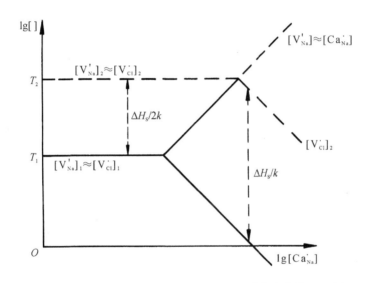

图 5.5 两种温度下 NaCl 中缺陷浓度随 $CaCl_2$ 浓度变化的 lg-lg 图

以阿伦尼乌斯图表示的缺陷浓度随温度的变化更常用。图中给出一定杂质浓度下,缺陷浓度的 lg 值随绝对温度倒数的变化。在 $[Ca_{Na}^·]_2 > [Ca_{Na}^·]_1$ 前提下,缺陷浓度随温度变化的阿伦尼乌斯图如图 5.6 所示。在本例中,如式(5.20)和式(5.22)所示,浓度随温度变化曲线的斜率与肖特基缺陷的生成焓有关。研究者常根据此类阿伦尼乌斯图来确定出整个缺陷反应的焓值。

5.6.2 含 TiO_2 的 Nb_2O_5 固溶体中缺陷浓度示意图

在不知道 TiO_2-Nb_2O_5 体系相关信息的前提下,我们可以假设肖特基缺陷是体系中的优势本征缺陷。根据式(5.11),其中带负电的杂质中心 Ti_{Nb}' 由氧空位来平衡。Nb_2O_5 中的肖特基缺陷生成反应方程式、质量作用表达式、掺杂反应和电荷中性表达式分别如式(5.31)~式(5.34)所示。

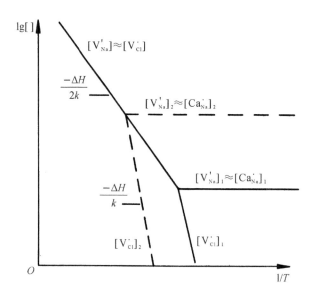

图 5.6 两种不同浓度 $CaCl_2$ 掺杂的 NaCl 中缺陷浓度随温度变化的阿伦尼乌斯图

$$nil \rightleftharpoons 2V_{Nb}^{5'} + 5V_O^{\cdot\cdot} \tag{5.31}$$

$$[V_{Nb}^{5'}]^2[V_O^{\cdot\cdot}]^5 = K_S(T) \tag{5.32}$$

$$2TiO_2 \xrightarrow{(Nb_2O_5)} 2Ti_{Nb}' + 4O_O + V_O^{\cdot\cdot} \tag{5.33}$$

$$2[V_O^{\cdot\cdot}] \approx 5[V_{Nb}^{5'}] + [Ti_{Nb}'] \tag{5.34}$$

当杂质浓度足够低时,体系中缺陷的产生基本上以本征缺陷为特征;Ti_{Nb}' 的缺陷浓度可以忽略。电中性条件可近似表示为

$$2[V_O^{\cdot\cdot}] \approx 5[V_{Nb}^{5'}] \tag{5.35}$$

将上式与质量作用表达式联立可得

$$[V_{Nb}^{5'}] \approx \left(\frac{2}{5}\right)^{5/7} K_S^{1/7} \tag{5.36}$$

缺陷 $V_O^{\cdot\cdot}$ 在这个区间的浓度显然为 $[V_{Nb}^{5'}]$ 的 5/2 倍。在本征缺陷特征区,上述缺陷浓度随杂质含量的变化如图 5.7 所示。在高杂质浓度区,相对于 $[Ti_{Nb}']$,$[V_{Nb}^{5'}]$ 可被忽略。相应的电荷中性条件可近似表示为

$$2[V_O^{\cdot\cdot}] \approx [Ti_{Nb}'] \tag{5.37}$$

根据上式,可确定非本征缺陷特征区中氧空位的浓度。这里的 $[V_{Nb}^{5'}]$ 可根据式(5.32)与(5.37)联立结果化简为

$$[V_{Nb}^{5'}] \approx \left(\frac{2}{[Ti_{Nb}']}\right)^{5/2} K_S^{1/2} \tag{5.38}$$

$[V_{Nb}^{5'}]$ 的浓度以 $-5/2$ 为斜率随杂质含量的提高而下降。

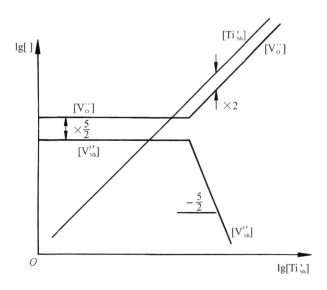

图 5.7　缺陷浓度随 TiO_2 在 Nb_2O_5 中浓度变化的 lg-lg 示意图

上述体系在两种不同杂质浓度范围内缺陷浓度随温度的变化如图 5.8 所示，浓度变化线的斜率等于式(5.36)和式(5.38)中的含焓项。

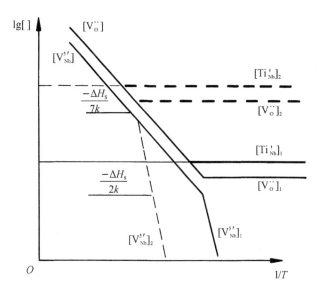

图 5.8　含两种不同浓度 TiO_2 的 Nb_2O_5 中各缺陷浓度随温度变化的阿伦尼乌斯图

5.7 非本征离子型缺陷小结

到目前为止，已有内容讨论了符合化学计量比的二元化合物体系。从名义上讲，所形成的固溶体也应符合化学计量比；同时，其中的补偿型缺陷应该为离子型。如果是通过得到或失去一种元素，如常见的阴离子，可形成非化学计量比化合物，其中的补偿型缺陷可能是电子，也可能是空穴（即所谓的非本征电子型缺陷，详细内容请参见第 9 章）。

在缺陷化学研究经常涉及的浓度范围内，在作为基体的化合物中，杂质浓度的变化对包括质量作用定律常数在内的热动力学参数不具有一阶效应。在热动力学平衡状态下，与所研究体系相关的所有质量作用定律表达式必须被同时满足。在各守恒定律均被满足的前提下，缺陷浓度随各参量的变化即可直接利用质量作用表达式和杂质的浓度求出。由于杂质是以一种非平衡的状态被冻结在基体化合物的晶格之中，因此，杂质的浓度常可被处理成常数。

杂质对缺陷浓度的影响实质上是来源于它是基体化合物电荷中性表达式中的必要组成。

如果杂质对电中性没有什么贡献，那么它就不会影响缺陷的浓度。

最初补偿杂质中心有效电荷的晶格缺陷必须是优势本征离子型缺陷。

上述条件可保证本征缺陷特征区与非本征缺陷特征区的连续。缺陷浓度与杂质浓度之间的联系千丝万缕，自成系统。在一个体系中，形成困难的非优势缺陷的浓度在任何时候都不可能飙升为体系中的优势电荷补偿型缺陷。

在许多具有实际或科学研究意义的化合物中，其本征缺陷的形成能极高，从而使本征缺陷的浓度远低于自然引入的杂质浓度。在这种情况下，本征缺陷将难以成为缺陷化学研究的主体。它的浓度将由杂质含量来决定，并可能在不同样品中明显波动。避免出现这种波动的方法之一就是在样品中刻意填加相对含量较高的某种异价杂质。这样，天然杂质浓度波动的影响就会相对较小。

参考文献

Kingery, W. D., H. K. Bowen, and D. R. Uhlmann. *Introduction to Ceramics*, 2nd ed. New York: John Wiley & Sons, 1976, Fig. 7.15.

Levin, E. M., C. R. Robbins, and H. F. McMurdie. *Phase Diagrams for Ceramists*. Columbus, OH: American Ceramic Society, 1964, Diagram 1193.

本章习题

5.1 假设肖特基缺陷是 Al_2O_3 中优势的本征离子型缺陷。当 Al_2O_3 溶入微量 TiO_2,少量的 Ti 离子任意取代晶格上的 Al 离子时:

(a) 如果 Ti 离子远高于本征缺陷浓度,用质量作用常数 Ti 离子浓度写出每种缺陷的浓度表达式;

(b) 画出各缺陷浓度随 TiO_2 浓度变化的示意图。注意,要包含本征缺陷区和非本征缺陷区。

5.2 假设下面的缺陷在相应的基础化合物中形成置换型固溶体。针对每一种固溶体,写出两种可能的表示杂质引入过程的缺陷反应方程式;其中的一种包含补偿型阳离子缺陷,另外一种包含补偿型阴离子缺陷。最后说明哪一种杂质引入过程更有可能发生。

杂质化合物	基础化合物及其晶体结构
$SrCl_2$	KCl (NaCl 结构)
$PbBr_2$	AgBr (NaCl 结构)
CaO	ThO_2 (萤石结构)
Y_2O_3	ThO_2 (萤石结构)
Nb_2O_5	TiO_2 (金红石结构)
MgF_2	MgO (NaCl 结构)

第 6 章

缺陷复合体和缺陷联合体

6.1 引子

对于此前的问题，均在假定离子型缺陷之间相互独立、没有相互作用的基础上进行讨论。这也是稀溶液热动力学和质量作用研究方法的基础。然而，只要出现了带电的缺陷，晶体中必然会形成带相反电荷的缺陷来维持电中性。因此，在 NaCl 中掺杂 $CaCl_2$ 时，一些补偿型的阳离子空位就会被吸引至带电的杂质中心附近。类似地，在 AgCl 中，由阳离子型弗伦克尔缺陷生成所致的带有相反电荷的间隙阳离子和阳离子空位也会通过静电引力被束缚在一起。此外，缺陷所致的局域应力也可能引起缺陷间的弹性相互作用。因此，一个大尺寸的置换离子就可能在其周围吸引一个空位来消除应力。实质上，在明确地考虑缺陷间的相互作用后，就有可能拓展稀溶液热动力学的应用范围。这就像在描述含有 Ni^{2+} 和 Cl^- 离子溶液过程中，既要单独考虑这两种离子，而且还考虑 $NiCl_4^{2-}$ 等由两种离子组成的复合离子。在本章，将**杂质中心**通过键合作用与带相反电荷的**补偿型离子缺陷**形成的复合缺陷称为缺陷复合体(defect complex)；而将两种**本征离子缺陷**的组合称为缺陷联合体(defect associate)。定义所示二者间的区别虽然有些主观，但易于理解与应用。在本章及后续内容中，将把缺陷复合体与缺陷联合体作为独立的且不同的缺陷来处理。本章仅讨论键合在一起的缺陷对。它是本书截至目前给出的最重要的例子。缺陷还可能以更复杂的方式组合在一起，本章中将不予讨论。

6.2 包含一个杂质中心和一个离子型缺陷的复合体

6.2.1 复合体的稳定性

在掺杂 $CaCl_2$ 的 NaCl 中，阳离子空位是其中的补偿型缺陷。当然，其他可动性更强的缺陷也有可能被吸引到带正电的杂质中心周围,具体如图 6.1 所示。由单个缺陷形成缺陷复合体的过程可由平衡反应方程式(6.1)所示。

$$Ca_{Na}^{\cdot} + V_{Na}' \rightleftharpoons (Ca_{Na}^{\cdot} V_{Na}') \tag{6.1}$$

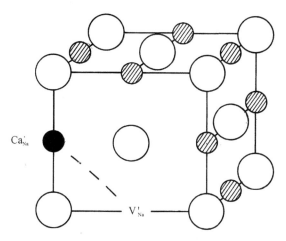

图 6.1 二价杂质阳离子和一价阳离子在 NaCl 结构中空位形成的缺陷复合体。
空心圈为阴离子,斜线圈为阳离子,短划线代表电荷相反缺陷间的静电作用力。
相对于晶胞的体积,适当缩减了各离子的尺寸

用圆括号将相关缺陷括起来后就可用来表示由这些缺陷形成的缺陷复合体。在本例中,复合体呈电中性,但具有一定的偶极距。相互独立的缺陷通过键合作用形成缺陷复合体的能力由所涉及缺陷的生成焓及其与构型熵之间的平衡关系来确定。缺陷复合体的形成将减少缺陷的总数,因此会直接影响体系的熵值。由于缺陷复合体的取向是任意的,因此会弱化整个体系的取向度,从而影响与取向度相关的构型熵。式(6.1)的质量作用表达式如式(6.2)所示。

$$\frac{[Ca_{Na}^{\cdot} V_{Na}']}{[Ca_{Na}^{\cdot}][V_{Na}']} = K_C(T) = K_C^{\circ} e^{\Delta S_C/k} e^{-\Delta H_C/kT} \tag{6.2}$$

随着温度的上升,复合体中缺陷间的键合最终会断开。因此,它们的形成焓 ΔH_C 的值应该为负值(也就是放热)。将式(6.1)左右对调,就得到该缺陷复合体的分解反应,相应的反应焓为正值。这里的生成焓实质上就是将两个缺陷键合成复合体所需的静电引力。作为一种一级近似,它近似等于复合体中两缺陷有效电荷间的库仑力。当然,其值应该根据缺陷周围晶格中离子的极化情况作出修正。从效果上来讲,它相当于复合体所涉及静电能的总和;其中的一部分使晶格出现极化,其余部分使两个缺陷键合在一起成为复合体。极化程度越强,则剩余的使两个缺陷键合在一起成为复合体的能量就越少。材料的介电常数是晶格极化程度的一种量度。因为缺陷复合体总会持续相当长的一段时间,所以可用静态介电常数来

度量其极化特性。然而,在这里并不能确定整块材料的介电常数是否可被用来准确表征缺陷复合体周围原子层面上的极化特征。如果可以的话,则缺陷复合体生成焓就近似等于用静态介电常数修正后的库仑力,具体如式(6.3)所示。

$$\Delta H_C \sim \frac{Z_1 Z_2 e^2}{k_s r} \tag{6.3}$$

其中,e 是单位电荷;Z_1 和 Z_2 分别是带正负标记的复合体组成缺陷有效电荷数,在本例中分别等于 $+1$ 和 -1;r 是复合体中两缺陷间的距离;k_s 是整个材料的静态介电常数。对于 NaCl 中的复合缺陷($Ca_{Na}^{\cdot} V_{Na}^{\prime}$),计算结果表明 ΔH_C 约为 -0.5 eV(50 kJ/mol)左右。此计算值与实验确定的碱金属卤化物中相应缺陷复合体的生成焓值吻合得非常好。这样,块体材料的介电常数就明显成为其中局域极化的一个合适的标志。如图 6.1 所示,复合体中两缺陷之间的距离仅是晶胞结构参数的一小部分,相邻阴离子的电子云可在两缺陷间的空间扩展。

下面给出了实验确定的几个体系中的缺陷复合体的生成焓。这些数据选自富兰克林(1972)和富勒(1972)精心编辑整理的热动力学参数。

(1) 碱金属卤化物或溴化物中掺 Sr 样品:($Sr_{Na}^{\cdot} V_{Na}^{\prime}$),$-0.5 \sim -0.6$ eV($-50 \sim -60$ kJ/mol)。

(2) 掺杂 Cd^{2+} 的 AgCl 样品:($Cd_{Ag}^{\cdot} V_{Ag}^{\prime}$),$-0.5$ eV(-50 kJ/mol)。

(3) 碱土金属卤化物中掺杂 O^{2-} 或 Na^+ 的样品:($Na_{Ca}^{\prime} V_F^{\cdot}$)或($O_F^{\prime} V_F^{\cdot}$),$-0.3 \sim -0.5$ eV($-30 \sim -50$ kJ/mol)。

(4) 碱土金属卤化物中掺杂 Y^{3+} 或 Gd^{3+} 的样品:($Y_{Ca}^{\cdot} F_I^{\prime}$),$-0.45$ eV(-43 kJ/mol)。

最后两个给出的是萤石结构化合物中缺陷复合体的实例。这种结构的晶体易生成阴离子型弗伦克尔缺陷,其中前一个是由带负电的杂质中心和阴离子空位构成的缺陷复合体,后一个是由带正电的杂质中心和间隙阴离子形成的缺陷复合体。

缺陷复合体也可能携带净电荷。例如,MgO 中掺杂少量 Na_2O 时有

$$Na_2O \xrightarrow{(2MgO)} 2Na_{Mg}^{\prime} + O_O + V_O^{\cdot\cdot} \tag{6.4}$$

然后,缺陷复合体生成反应如下:

$$Na_{Mg}^{\prime} + V_O^{\cdot\cdot} \rightleftharpoons (Na_{Mg}^{\prime} V_O^{\cdot\cdot})^{\cdot} \tag{6.5}$$

如果再有一个杂质阳离子与该复合体键合,就形成了一个包含三个缺陷的中性缺陷复合体($Na_{Mg}^{\prime} V_O^{\cdot\cdot} Na_{Mg}^{\prime}$)。然而,这已经超过了本章讨论之初限定的复杂程度。式(6.3)明确表明缺陷复合体的键合焓基本上随各缺陷携带净电荷的数目的增加而线性提高。

式(6.3)中缺陷的电荷数是绝对电荷数(absolute charges),而非由其离子模型确定的名义电荷数(nominal charges)。在最后一种情况下,复合体缺陷间键合中的共价成分的影响很大。而且,在定量计算上述复合体的生成焓时,需要在如上

所述的基础上建立更复杂的计算模型。

6.2.2 缺陷复合体的实验证据

研究者对缺陷复合体的了解始于以下几种实验测试过程。

(1) 离子输运特性测试实验：在非本征缺陷特征区域，补偿型缺陷的浓度已经由杂质的浓度固定。因此，在实验中，经常可以观察到所涉及固溶体的离子输运特性随着温度的降低而加速下降。产生这种现象的原因是越来越多的缺陷被固定于中性的、不可动的缺陷复合体中，从而降低了可动载流子数目。本书的下一章将对此作详细讨论。

(2) 弛豫测试：缺陷复合体具有偶极矩，它的取向会受外加电场的影响。因此，当温度足够高，可以使偶极子发生转动时，NaCl 中的阳离子空位就能围绕与之存在键合作用的杂质中心 $Ca_{Na}^{\cdot}$ 摆动，从而使偶极子取向尽可能与外场保持一致。基于这一特性产生的一个有趣的实验现象叫热激发电流（thermally stimulated current，TSC）。更准确点来说，这一现象应被称为热激活去极化（thermally stimulated depolarization）。将一块两端电极化①的晶体加热到缺陷可以重新转向、但缺陷复合体还没有分解的温度，然后施加电场，使它们的取向由原来的杂乱无章变成与电场方向一致，这就是所谓极化。然后，通过在施加电压的状态下让晶体冷却来将晶体极化状态保持到室温。接下来，去除电场，并将晶体与一个敏感的电流计相连后对晶体缓慢加热。当晶体被加热到其中的缺陷重新可动时，极化晶体中的偶极子会重新变得杂乱无章。伴随上述去极化过程，晶体中电荷的移动能够在外电路中形成电流。分析电流随时间的变化（或电流随温度的变化，这仍是一个与时间相关的函数）即可获得反映晶体中缺陷复合体浓度的信息；同时还可以获得使偶极子转向所需能量相关的信息。上述去极化过程的一个典型实验结果如图 6.2 所示。该实验的对象为掺杂了 $10^{-5} Er^{3+}$ 的 CaF_2（Scott 和 Crawford，1971）。图中两电流峰就是由于缺陷复合体（$Er_{Ca}^{\cdot\cdot} F_i'$）偶极子在去极化过程中的重新转动所致。其中的高温峰值对应着最近邻 F_i' 相对于 Er^{3+} 离子的旋转；低温区的峰值则标志着次近邻 F_i' 相对于 Er^{3+} 离子的旋转过程。偶极子在两次旋转过程中的转动激活能分别为 0.380 eV 和 0.167 eV（36.6 kJ/mol 和 16.1 kJ/mol）。

在合适的温度下，在上述晶体样品上施加交流电场后，上述偶极子的转动将表现得更加显著。在低频区，偶极子的运动还能跟得上电场的转换；每隔半个周期，偶极子转动一次。在整体上，整个极化反转对材料的介电常数及能量耗散（即所谓介电损耗）的贡献不大。在超高频区，偶极子的转动根本来不及响应交流电场的变化：偶极子还没来得及对一个方向的电场作出响应时，电场的方向就已经变成了相

---

① 电极化：在电功能陶瓷研究领域，常采用涂覆或烧银等工序，在陶瓷或晶体的端面形成可导电的电极。这个过程即所谓电极化。

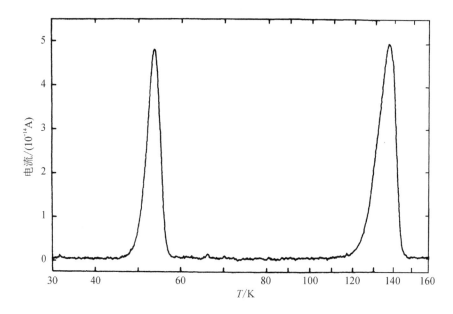

图 6.2 掺杂了 10^{-5} Er^{3+} 的 CaF_2 中的去极化电流。产生两峰值的原因分别是由于缺陷复合体($Er_{Ca}^{\cdot\cdot}$ F_i')偶极子中的最近邻和次近邻 F_i' 相对于 Er^{3+} 离子的旋转所致

[经美国物理学会授权,基于斯科特(Scott)和克劳福德(Crawford)1971年的研究结果重绘]

反方向。极化现象基本上对介电常数没有影响,同时,介电损耗仍然很低。然而,在中频区时,偶极子仅在一种程度上跟得上电场方向的转换,但随着频度的提高,偶极子的转向将越来越落后于电场方向的转换;极化对介电常数的贡献将随之降低;而且,偶极子越来越滞后的极化转向所致的电摩擦将使能量以热量的形式损失掉。因此,在中频区的中点左右,介电损耗将达到其极大值。上述过程就是一个典型的德拜弛豫现象。此类实验的一个典型结果如图 6.3 所示。

该实验以 Na^+ 离子掺杂的 CaF_2 为实验对象,实验结果以不同浓度样品在恒定温度下的 $\tan\delta$(介电损耗)随 $\lg f$(f 为电场频率)的形式给出(Johnson 等,1969)。图中峰值出现的原因被归结为氟空位围绕缺陷复合体(Na_{Ca}' $V_F^{\cdot}$)中杂质中心的摆动所致。对于理想的单弛豫过程,介电损耗峰值出现的条件是角频率($\omega = 2\pi f$)与弛豫过程特征时间常数 τ 的乘积等于1,即有

$$2\pi f_{max}\tau = \omega\tau = 1 \tag{6.6}$$

对于热激活的去极化过程,τ 与温度之间成指数关系,即有

$$\tau = \tau_0 e^{-\Delta H_0/kT} \tag{6.7}$$

其中,ΔH_0 是去极化过程中使偶极子重新转向时所需的激活焓。式(6.6)和式(6.7)的联立结果可表明,介电损耗取得最大值的频率直接与温度有关。

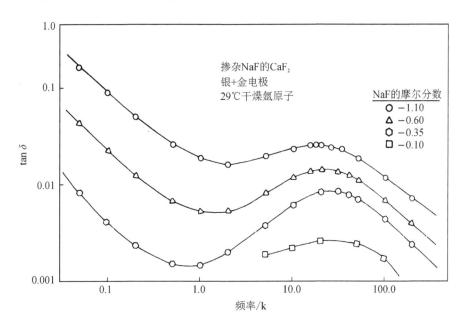

图 6.3 掺杂不同含量 NaF 的 CaF_2 晶体的介电损耗峰。损耗峰是由缺陷复合体 ($Na'_{Ca}V_F^{\cdot}$) 的重新取向所致。导致低频区损耗增加的原因可能是离子电导

[经爱思唯尔(Elsevier)授权,基于约翰逊(Johnson)1969 年等研究结果重绘]

$$\omega_{\max} = \frac{1}{\tau_0} e^{\Delta H_0/kT} \tag{6.8}$$

这是一个温度与时间作用相互叠加的典型范例。其中,系统的某种特征在固定频率下随 $1/T$ 的变化规律恰好与这种性质在固定温度下随 $\lg f$ 的变化相同。所以,如上所述的实验也可以在固定频率下,通过测量介电损耗随温度的变化来完成。在相应的结果中,介电损耗随温度的变化规律将与上面的非常类似。显然,根据 $\lg f_{\max}$ 随 $1/T$ 变化的阿伦尼乌斯图可求出在去极化过程中使缺陷复合体偶极子重新转向的激活焓的大小。对于图 6.3 所涉及的 Na^+ 掺杂的 CaF_2 晶体,该激活焓为 0.53 eV(51 kJ/mol)。

也可以从力学角度来描述上述介电极化过程。一个缺陷复合体相当于在外加应力场作用下的一个具有特定取向的内应力场。晶体对交变应力场的响应将与其对交变电场的响应类似。描述晶体对交变应力场反应时使用的"储能模量"(storage modulus)和"损耗模量"(loss modulus)就分别相当于介电常数中的实部和虚部(即所谓的介电损耗)。对上述过程的数学描述也相同。机械波在晶体中传导,并使之与一个机械换能器耦合。该机械换能器可以是与一个起频器连接的小型喇叭中的可动线圈。在晶体中传递的信号可以通过测量与晶体另一侧连接的喇叭中的电压来获得。该喇叭中的可动线圈与晶体另一侧喇叭中的可动线圈始终保持耦

合关系。这种测试有时也被称作内摩擦测定术。采用这种方法测量了与图6.3介电损耗测试用样品相同的Na^+掺杂CaF_2晶体,结果如图6.4(Johnson等,1969)所示。"Q"基本上为机械损耗的倒数。偶极子重新取向的激活焓为0.53 eV(51 kJ/mol),与介电损耗测试结果相同。图6.4还将实验结果与激活焓为0.53 eV(51 kJ/mol)的理想德拜弛豫过程中的计算值进行了对比。

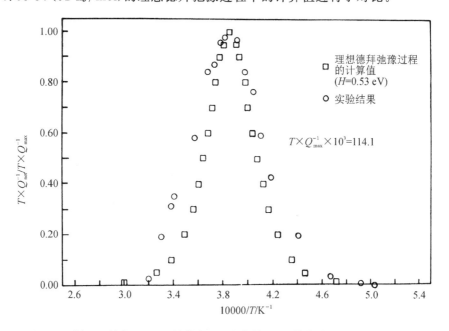

图6.4 1%NaF掺杂CaF_2机械能损耗(内摩擦)图。其中的纵坐标为能量损失的量度。图中空心圆圈为实验结果;空心方框为激活能为0.53 eV(51 kJ/mol)的理想德拜弛豫过程的计算值。

[经爱思唯尔授权,基于约翰逊等1969年的研究结果重绘]

(3)谱测试:证明缺陷复合体存在的最直接证据可能是来自于电子顺磁共振测量。在这种谱测试过程中,未配对电子过程自旋(processing spin)所致微波信号能量吸收的谐振条件被认为是磁场与晶体取向的函数。谐振条件对未配对电子周围的原子环境十分敏感,且与核磁矩之间存在相互作用。基于这种实验结果可明确计算出原子的周边环境。例如,可以确定配对的电子自旋是否靠近阳离子空位、这个空位是否是最近或次近邻阳离子位。由于不具有未配对电子,前面提到的CaO_2掺杂的NaCl样品不适用于这种测试方法。所以,有必要在其中添加具有未配对电子的过渡金属离子,如Mn^{2+}离子。该离子在d壳层具有5个未配对的电子。这种元素在碱金属卤化物的测量中经常被用作二价杂质离子。

6.3 本征离子缺陷联合体

6.3.1 卤化银中的弗伦克尔对联合体

我们已经讨论过了卤化银中阳离子型弗伦克尔缺陷的形成。其结果相当于将 Ag^+ 从它在正常状态下所处的晶体格点处移动到距原位置较远的一个间隙位置。显然,阳离子不能从其正常所处的格点处消失,然后在距原位置较远的一个间隙位置再次出现。缺陷形成的第一步必然涉及晶格中的阳离子移动到最近的间隙中,然后再扩散到距原格点较远的间隙位置。将阳离子从格点位移动到间隙位必然需要消耗一定的焓值(能量)。此后,空位和间隙离子之间会存在一定的静电引力,必须再额外消耗一定的能量才能将它们进一步分离。因此,我们可将上述过程分解成两步:首先,在相邻的位置上形成空位-间隙离子对,即所谓缺陷联合体;其次是将两个缺陷分开,分别移动它们到间距更远的格点上。每一步都可以被看成是一个单独的平衡反应。这个平衡反应同时具有自己的质量作用定律表达式和特征生成焓。上述的本征缺陷联合体的形成过程可用如下方程式来表示:

$$Ag_{Ag} + V_I \rightleftharpoons (Ag_I^{\cdot}\ V'_{Ag}) \tag{6.9}$$

$$\frac{[(Ag_I^{\cdot}\ V'_{Ag})]}{[Ag_{Ag}][V_I]} = K_A(T) = K_A^{\circ} e^{\Delta S_A/k} e^{-\Delta H_A/kT} \tag{6.10}$$

其中,ΔH_A 是理想晶格中该缺陷联合体的生成焓。联合体的分解过程可表示如下。

$$(Ag_I^{\cdot}\ V'_{Ag}) \rightleftharpoons Ag_I^{\cdot} + V'_{Ag} \tag{6.11}$$

$$\frac{[Ag_I^{\cdot}][V'_{Ag}]}{[(Ag_I^{\cdot}\ V'_{Ag})]} = K_D(T) = K_D^{\circ} e^{\Delta S_D/k} e^{-\Delta H_D/kT} \tag{6.12}$$

其中,ΔH_D 是联合体的分解焓。将平衡缺陷反应式(6.9)和(6.11)相加,然后让质量作用表达式(6.10)和(6.12)①相乘,所得计算结果就是如第 4 章所述的不存在相互作用的阳离子弗伦克尔缺陷的平衡缺陷反应式和质量作用表达式。对此进行进一步的说明可如图 6.5 所示。图中的水平方向代表焓的范围。从图中可以看出,无相互作用缺陷的生成焓实质上是缺陷联合体的生成焓及其分解焓的和。分解焓加上负号($-\Delta H_D$)可被看作是由单独缺陷形成缺陷联合体的生成焓。如第 4 章所示,阳离子弗伦克尔缺陷的平衡浓度主要由 $\exp(-\Delta H_{CF}/2kT)$ 来决定。而式(6.10)清楚地表明弗伦克尔缺陷联合体的浓度主要由 $\exp(-\Delta H_A/2kT)$ 决定。因此,如果 ΔH_A 小于 $\Delta H_{CF}/2$,复合体中缺陷的浓度将高于联合体外缺陷的浓度。从图 6.5 中可以看出,这相当于 $\Delta H_A < \Delta H_D$ 时的情况。

---

① 译者注:原著中是(6.11)。由于是两个质量作用表达式相乘,因此应为式(6.12)。

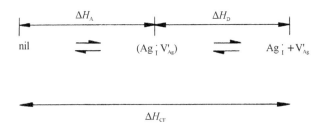

图 6.5　弗伦克尔缺陷和弗伦克尔缺陷联合体生成焓范围示意图

6.3.2　NaCl 中的肖特基缺陷联合体

虽然在具体物理过程方面可能有所不同,对 NaCl 中肖特基缺陷也可作与上节类似的处理。当一个 Ag^+ 离子移入其最近邻的间隙位置后,就会自动产生一个缺陷联合体。对于 NaCl 中的肖特基缺陷,读者可将其看成是阴、阳离子空位对和一些独立的、相互作用的缺陷从表面扩散到了晶体内部;或者读者也可以将其看成是一些单独存在的空位从表面扩散到了晶体内部,其中的一部分随后进入了已存在的联合体。从热动力学角度讲,二者的区别并不重要。上述过程可被分为以下两个阶段:

$$\text{nil} \rightleftharpoons (V'_{Na} V^{\cdot}_{Cl}) \tag{6.13}$$

$$[(V'_{Na} V^{\cdot}_{Cl})] = K_A(T) = K^\circ_A e^{\Delta S_A/k} e^{-\Delta H_A/kT} \tag{6.14}$$

$$(V'_{Na} V^{\cdot}_{Cl}) \rightleftharpoons V'_{Na} + V^{\cdot}_{Cl} \tag{6.15}$$

$$\frac{[V'_{Na}][V^{\cdot}_{Cl}]}{[(V'_{Na} V^{\cdot}_{Cl})]} = K_D(T) = K^\circ_D e^{\Delta S_D/k} e^{-\Delta H_D/kT} \tag{6.16}$$

类似地,上述整个过程可以用图 6.6 来进一步加以说明。其中展示的各参数的相互关系也与上面的卤化银中弗伦克尔缺陷联合体类似。

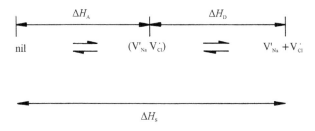

图 6.6　肖特基缺陷和肖特基缺陷联合体生成焓范围示意图

这些本征空位联合体的键合焓意味着什么?式 6.3 基于简化库仑静电引力模型建立,可计算出碱金属卤化物中阳离子空位-杂质中心复合体生成焓。该计算值已被证实与相关实验测试和理论计算的结果相符。当应用于本征缺陷联合体中

第6章 缺陷复合体和缺陷联合体

时,式(6.3)中唯一需要变化的参数就是 r,也即缺陷间的距离。其值要在前面的基础上减小 $2^{1/2}$ 倍。这就意味着肖特基缺陷联合体中空位间的键合焓仅为 -0.7 eV(-70 kJ/mol)。这与近 -1 eV(约 -100 kJ/mol)的实际值相比似乎低了许多。二者之间的差距主要是由于在考虑了晶格极化效应后,所选取的晶体介电常数不太合适所致。与缺陷复合体不同,在本征肖特基联合体的两缺陷之间空无一物,因为它们就处在两个相邻的晶格格点。而在缺陷复合体中,两个缺陷分别处于最近邻的两个阳离子格点上,相邻的阴离子的电子云已经进入了这两个缺陷间的空间。

6.3.3 更复杂的体系

以上内容讨论了 Ag 及碱金属卤化物中缺陷复合体的形成过程,所涉及的基本原则亦可应用于其他任何体系。因为,任何材料体系中总会含有一定浓度的本征缺陷联合体;虽然,在一些情况下,它们的浓度经常可能非常低,以至于不会显著影响相关材料的性能。在一些体系中,缺陷联合体可携带一定量的净电荷;其数目也可能不等于带相反电荷的本征缺陷。因此,对于分子式为 M_2O_3 的某种氧化物来说,如果肖特基缺陷是其中的优势本征缺陷,同时假定其中的缺陷联合体仅为一些缺陷对,则缺陷联合体的形成过程可由式(6.17)来表示。

$$\text{Nil} \rightleftharpoons (V_M''' V_O^{\bullet\bullet})' + V_O^{\bullet\bullet} \tag{6.17}$$

这个联合体带有一个单位的电荷。而且,一些缺陷配对后,还会剩下一些单独存在的缺陷。这显然是一种比前面介绍的更复杂的情况。然而,到目前为止,笔者还没有碰到任何体系的材料需要作这样的处理。

6.3.4 本征缺陷联合体证据

(1)扩散与离子输运。一方面,在具有肖特基缺陷的卤化物中,离子不但可以通过单独的空位来进行扩散,而且也可以通过空位复合体来进行扩散。另一方面,离子输运能力仅与单独的带电的空位有关。也就是说,不具有净电荷的缺陷联合体将不具备离子输运能力。因此,如果有足够浓度的缺陷相互键合的联合体,晶体中的扩散将会比离子输运能力反映出来的水平高。

(2)阴离子扩散。在第5章中,读者已经了解到,在 KCl 等化合物中存在肖特基缺陷,而且阴离子空位的浓度会持续地随着 Sr^{2+} 等置换型二价阳离子浓度的提高而减少。Cl^- 通过阴离子空位的扩散速率也会随之降低。然而,图 6.7 中表明扩散速率在最初确实是逐渐减小;但在 Sr 浓度继续提高的过程中基本保持不变(Fuller 等,1968)。产生这种现象的原因被认为是阴离子也可以通过键合在一起的本征空位联合体中的空位来扩散,而联合体的浓度并不随杂质的含量而改变。这反过来也明确表明不能通过添加异价元素来改变中性缺陷的浓度。

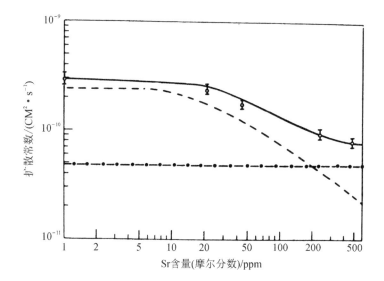

图 6.7 KCl 中扩散常数随 SrCl$_2$ 浓度的变化。虚线表示通过独立的阴离子空位的扩散,点划线表示通过Ⅰ型键合的肖特基空位对的扩散

(经美国物理学家授权,基于富勒 1968 年的研究结果重绘)

6.4 杂质对缺陷复合体及联合体浓度的影响

6.4.1 非本征缺陷复合体

图 6.8 为不同含量 SrCl$_2$ 掺杂 KCl 晶体中独立阴、阳离子空位理论计算浓度的阿伦尼乌斯图(Beaumont 和 Jacobs,1966)。作图过程中假定肖特基缺陷生成焓为 2.26 eV(218 kJ/mol),并取熵相关项 $\Delta S_S/k=5.4$。由于不能准确确定复合缺陷的熵相关项,因此,只能近似确定自由能为 0.42 eV(40 kJ/mol)。换言之,这里的自由能相当于表象焓,熵相关项在此被忽略。在图中可清晰地区分简单本征缺陷特征区和非本征缺陷特征区。由于缺陷复合体的生成,在低温区和外来杂质浓度高的样品中,阳离子空位浓度在总体上低于简单非本征缺陷的浓度且逐渐减小。恰当推导其中的相关性将有助于读者的理解。

为进一步分析 KCl-SrCl$_2$ 体系,还需要下列方程式,具体包括:肖特基缺陷生成反应方程式及其质量作用表达式、表征缺陷引入反应的方程式、缺陷复合体反应生成方程式及其相应的质量作用定律表达式,再加上电中性表达式。虽然,前述相关内容中已经给出了上述方程式,然而为方便起见,按如上所述顺序给出了这些方程式。

$$\text{nil} \rightleftharpoons V'_K + V^{\cdot}_{Cl} \tag{6.18}$$

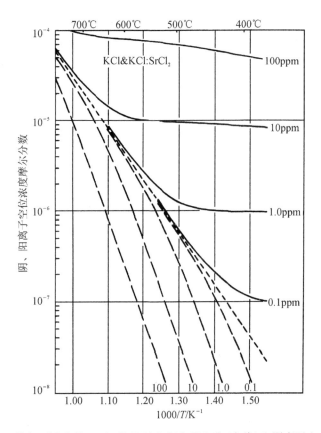

图 6.8 掺杂不同含量 $SrCl_2$ 的 KCl 中阳离子空位(实线)和阴离子空位的计算浓度示意图。计算前假定肖特基缺陷生成焓为 2.26 eV(218 kJ/mol),相应的熵相关项 $\Delta S_S/k = 5.4$。复合缺陷的自由能被确定为 0.42 eV
[经美国物理学会授权,基于博蒙特(Beaumont)和雅各布斯(Jacobs) 1966 年的研究结果重绘]

$$[V_K'][V_{Cl}^\cdot] = K_S(T) = K_S^\circ e^{\Delta S_S/k} e^{-\Delta H_S/kT} \tag{6.19}$$

$$SrCl_2 \xrightarrow{(2KCl)} Sr_K^\cdot + V_K' + 2Cl_{Cl} \tag{6.20}$$

$$Sr_K^\cdot + V_K' \rightleftharpoons (Sr_K^\cdot V_K') \tag{6.21}$$

$$\frac{[(Sr_K^\cdot V_K')]}{[Sr_K^\cdot][V_K']} = K_C(T) = K_C^\circ e^{\Delta S_C/k} e^{-\Delta H_C/kT} \tag{6.22}$$

$$[V_K'] \approx [Sr_K^\cdot] + [V_{Cl}^\cdot] \tag{6.23}$$

接下来按本征缺陷、非本征缺陷和缺陷复合体三个特征区来分别讨论。

(1) **本征缺陷特征区**。在这个温度最高的范围内,相对于本征缺陷的浓度,杂质的浓度可被忽略。因此,电中性表达式可近似表述为

$$[V'_K] \approx [V^{\cdot}_{Cl}] \quad [V^{\cdot}_{Cl}] \gg [Sr^{\cdot}_K] \tag{6.24}$$

将上式与式(6.19)联立并化简,可得独立阳离子空位在温度最高的本征缺陷浓度特征区中浓度的表达式。读者对此应熟悉。

$$[V'_K] \approx [V^{\cdot}_{Cl}] \approx K_S^{1/2} \approx (K_S^{\circ})^{1/2} e^{\Delta S_S/2k} e^{-\Delta H_S/2kT} \tag{6.25}$$

将如式(6.25)所示的阳离子空位浓度代入如式(6.22)所示的质量作用表达式后,即可求出本征缺陷特征区域内缺陷复合体的浓度,具体如式(6.26)所示。

$$[(Sr^{\cdot}_K V'_K)] \approx K_C K_S^{1/2} [Sr^{\cdot}_K]$$

$$\approx K_C^{\circ} (K_S^{\circ})^{1/2} [Sr^{\cdot}_K] e^{(\Delta S_C + \frac{\Delta S_S}{2})/k} e^{-(\Delta H_C + \frac{\Delta H_S}{2})/kT} \tag{6.26}$$

缺陷复合体的浓度随杂质浓度、本征阳离子空位和复合体键合焓的提高而增加。需要注意,上式中的 ΔH_C 为负数。复合体键合越紧密,则其中的指数项的数值就会越大。

(2)非本征缺陷特征区。在中温区,相对于杂质的浓度,阴离子空位的浓度可被忽略。此时,电荷中性表达式可近似为

$$[V'_K] \approx [Sr^{\cdot}_K] \quad [Sr^{\cdot}_K] \gg [V^{\cdot}_{Cl}] \tag{6.27}$$

相应的阴离子空位的浓度可以表示为

$$[V^{\cdot}_{Cl}] \approx \frac{K_S}{[Sr^{\cdot}_K]} \approx \frac{K_S^{\circ}}{[Sr^{\cdot}_K]} e^{\Delta S_S/k} e^{-\Delta H_S/kT} \tag{6.28}$$

至此,缺陷复合体对单独带电(individual charged)空位的浓度没有任何影响。联立式(6.22)和(6.27)可得缺陷复合体在非本征缺陷特征区的浓度为

$$[(Sr^{\cdot}_K V'_K)] \approx K_C [Sr^{\cdot}_K]^2 \approx K_C^{\circ} [Sr^{\cdot}_K]^2 e^{\Delta S_C/k} e^{-\Delta H_C/kT} \tag{6.29}$$

非本征缺陷特征区中,复合体浓度随外来杂质浓度的增长比其在本征缺陷特征区的增长幅度更大。

(3)复合体特征区。在极低的温度下,几乎所有的阳离子空位和杂质中心都会进入缺陷复合体。其中一小部分的动态分解过程可由式(6.21)的反向式来表示。只要分解的量不多,复合体的浓度就可近似由杂质的总体浓度 $[Sr]_{total}$ 来表示:

$$[(Sr^{\cdot}_K V'_K)] \approx [Sr^{\cdot}_K]_{total} \tag{6.30}$$

虽然,$[Sr^{\cdot}_K]$ 已经不能代表杂质的总浓度,而仅是其中的一小部分。电中性条件主要由复合体分解产生的带一个有效电荷的缺陷来维持,仍可由式(6.27)来表示。联立式(6.22)、式(6.27)和式(6.30)可推导出如下所示的阳离子空位浓度表达式:

$$[V'_K] \approx \left[\frac{[Sr^{\cdot}_K]_{total}}{K_C}\right]^{\frac{1}{2}} \approx \left[\frac{[Sr^{\cdot}_K]_{total}}{K_C^{\circ}}\right]^{\frac{1}{2}} e^{-\Delta S_C/2k} e^{\Delta H_C/2kT} \tag{6.31}$$

将这个表示阳离子缺陷浓度的表达式与式(6.19)联立,即可推导出如下的阴

离子空位浓度表达式：

$$[V_{Cl}^{\cdot}] \approx \frac{K_S K_C^{1/2}}{[Sr_K^{\cdot}]_{total}^{1/2}} \approx \frac{K_S^{\circ}(K_C^{\circ})^{1/2}}{[Sr_K^{\cdot}]_{total}^{1/2}} e^{\left(\Delta S_S + \frac{\Delta S_C}{2}\right)/k} e^{-\left(\Delta H_S + \frac{\Delta H_C}{2}\right)/kT} \tag{6.32}$$

在本区域内，阴离子空位浓度下降的幅度甚至会高于非本征缺陷特征区。由于已经假设了复合体分解几乎可忽略，因此，它们的浓度将不随温度变化，具体由式(6.30)来表示。

式(6.27)和式(6.31)的对比表明：在非本征缺陷特征区，阳离子空位浓度随着杂质总浓度的提高表现出线性增长规律；在复合体特征区，它的增长比率仅为杂质总浓度的平方根。所以，随着杂质总浓度的提高，所损失的自由阳离子空位浓度将变得越来越重要。如图6.8所示，当杂质浓度仅为10^{-7}时，非本征缺陷特征区几乎扩展不到最低温度区，而且有没有什么证据表明生成了缺陷复合体。当杂质浓度提高到10^{-6}时，非本征缺陷特征区拓展得很大，但仍没有多少复合体生成。当杂质浓度继续提高到10^{-5}，由于复合体形成所致阳离子空位的减少变得十分明显；杂质浓度变化对缺陷浓度的影响将一直持续到高温区；换言之，这种情况下不存在纯粹的本征缺陷特征区。当杂质浓度提高到10^{-4}，本征缺陷特征区消失，在整个温度区间内，将大量形成缺陷复合体。然而，即使是杂质浓度达到最高时，也只有一半的非本征阳离子空位会进入缺陷复合体。这种情况在温度下降到最低时也不会改变。

6.4.2 本征缺陷联合体

$(V_{Na}'V_{Cl}^{\cdot})$等电中性本征缺陷联合体的情况要比刚介绍的非本征缺陷复合体简单得多。从式(6.13)和式(6.14)中可以看出，本征缺陷联合体的浓度由后面的质量作用表达式来决定。该表达式是一个与联合体生成焓、生成熵以及温度有关的函数。联合体的浓度与杂质的浓度无关，它们也不会影响独立本征缺陷的浓度。这里，不带电的缺陷联合体只会静静地呆在那里，不会与其他带电或不带电的缺陷发生相互作用。如果真像如式(6.17)所示的假想情况那样，缺陷联合体携带了净电荷，它就会与其他缺陷发生相互作用。然而，实际研究还没有发现有类似的现象。

参考文献

Beaumont, J. H., and P. W. M. Jacobs. Energy and entropy parameters for vacancy formation and mobility in ionic crystals from conductance measurements. *J. Chem. Phys.* 45:1496–1502, 1966.

Fuller, R. G. Ionic conductivity (including self-diffusion). In *Point Defects in Solids*, Vol. 1, *General and Ionic Crystals*, J. H. Crawford Jr. and L. M. Slifkin, Eds. New York: Plenum Press, 1972, Chapter 2.

Fuller, R. G., C. L. Marquardt, M. H. Reilly, and J. C. Wells. Ionic transport in potassium chloride. *Phys. Rev.* 176:1036–1045, 1968.

Franklin, A. D. Statistical thermodynamics of point defects in crystals. In *Point Defects in Solids*, Vol. 1, *General and Ionic Crystals*, J. H. Crawford Jr. and L. M. Slifkin, Eds. New York: Plenum Press, 1972, Chapter 1.

Hayes, W., and A. M. Stoneham, *Defects and Defect Processes in Nonmetallic Solids*. New York: John Wiley & Sons, 1985.

Johnson, H. B., N. J. Tolar, G. R. Miller, and I. B. Cutler. Electrical and mechanical relaxation in CaF_2 doped with NaF. *J. Phys. Chem. Solids.* 30:31–42, 1969.

Stott, J. P., and J. H. Crawford Jr. Dipolar complexes in calcium fluoride doped with erbium. *Phys. Rev. Lett.* 26:384–386, 1971.

第 7 章

离子输运

7.1 引子

前面章节已经通过扩散和离子电导这两种形式来为详细讨论离子输运过程准备了必要的基础。上述过程均以离子缺陷为基础。如果没有离子缺陷,在离子型晶体中就不会有显著的扩散或离子电导现象出现。扩散是涉及固态反应的一种基本过程。从作为高炉炉衬的耐火砖,到作为多层陶瓷电容器中介电层的铁电陶瓷,这些重要产品的生产和研究过程中均会涉及扩散及其相关理论。以离子电导化合物为基础的离子型电解质现已在现代汽车排气集管用电化学氧活度传感器和高温燃料电池领域得到了广泛应用。氧化皮在暴露于高温空气中金属表面的生成过程也涉及离子的扩散和传导。离子缺陷的迁移也可能是许多器件在电场或应力场作用下失效的主要机理。因此,离子缺陷类型和浓度的确定就可能为许多技术和应用领域的进步提供基础。在固体化合物中,对离子型缺陷结构的调控也可为设计符合性能要求的材料与防止老化提供了新的机遇。

7.2 扩散基本概念

7.2.1 菲克第一定律

扩散是系统对浓度梯度的反映,也就是消除浓度梯度,使系统重新回到均一平衡状态的一种方式。在最简情况下,粒子的流量与其浓度梯度成正比,其比例常数即所谓扩散常数。这种关系常被称为菲克第一定律,用于描述任意方向上的扩散。具体可由下式表示:

$$J_i = -D_i \frac{dc_i}{dx} \tag{7.1}$$

其中，J_i 是某物质 i 的扩散通量，dc_i/dx 是浓度梯度，D_i 是物质 i 在给定温度下在某材料中的扩散常数。如果 J_i 的单位为物质 i 的最小单位数①/$(cm^2 \cdot s)$，浓度梯度的单位是物质 i 的最小单位数/cm^4[物质 i 的最小单位数/$(cm^3 \cdot cm^{-1})$]，则扩散常数的单位为 cm^2/s。它实质上是单位梯度上物质 i 最小单位的通量。菲克第一定律关系式是众多线性响应关系式中的一种，主要适用于描述在相对较小激励下的响应；系统的响应与激励呈线性关系。以 $I = \sigma E$ 表述的欧姆定律便是如此。其中，电流密度 I 与电场强度 E 成正比，比例常数 σ 为电导率，是单位场强下的电流密度。这样的例子还有胡克定律，表达式为 $\varepsilon = G\sigma$。其中，应变 ε 与所施加的应力 σ 成正比；比例常数 G 为弹性顺度，即单位应力下的应变。(胡克定律的经典表达形式是 $\sigma = E\varepsilon$。其中，E 为杨氏模量，也可被称为弹性常数，表示产生单位应变时的应力。)本书对扩散过程的唯象处理将用菲克第一定律的形式来表示，适用于稳态扩散。例如，通过薄膜的扩散。如果想给出瞬时或与时间有关的浓度分布，就需要在特殊的边界条件下来求解菲克第二定律。这已经超过了本书所需的范畴。想了解相关分析过程的读者可参考扩散方面的标准参考书。

浓度梯度为常数的简单扩散过程如图 7.1 所示。这个图可清楚地解释菲克第一定律中负号的含义：扩散物质以最小单位沿浓度梯度减小的方向扩散。从矢量

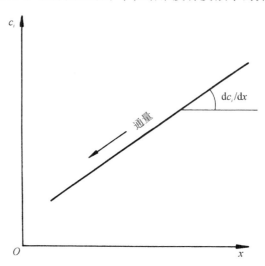

图 7.1 梯度为常数时某物质的浓度随位置的变化。
在正的浓度梯度条件下，扩散方向为梯度的反方向

---

① 译者注：原著中为 particles。这里意译为物质 i 的最小单位数。如果物质 i 为离子型化合物，则最小单位数为离子数。

角度讲,就是在浓度梯度的反方向上扩散。

7.2.2 扩散机理

想了解离子型缺陷在扩散过程中的作用,就必须先从原子尺度考虑扩散的机理。几种最为重要的离子扩散机理如下所示。

(1)空位机理。一个离子可以通过移入相邻的由其他相同离子留下的空位来进行扩散。按照这种机理,一个离子在一个空位移至与之相邻的位置,从而使它能在扩散方向上移动一步之前,就不具有可动性。空位继续在该离子周围存在时,就可能让它在扩散方向上继续前进一步。空位当然也可以移出该区域。这样,该离子就只有等待其他空位到来后才能继续扩散。图 7.2(a)展示了一列离子通过空位机理扩散的例子。缩时摄影术①可以清楚地看出空位是向左移动的,空位位移可非常方便地被用来描述扩散过程。然而,从扩散离子的角度来看,移动方向恰好相反。如果扩散的物质是杂质离子或是与某稀溶体中溶剂相同的放射性示踪离子,则空位的四处移动速度将远高于所监测扩散物质的移动。在碱金属卤化物或具有 NaCl 结构的大部分氧化物中,不管其中的阴、阳离子是否是本征或外来离子,它们均会通过空位机理进行扩散。

(a) ✕✕✕→✕ ⟶ ✕✕　✕✕

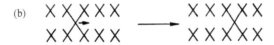

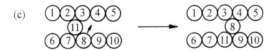

图 7.2 不同扩散机理的分步示意图。(a) 空位机理。
(b)间隙离子机理。(c)间隙扩散机理

(2)间隙离子机理。以这种机理进行扩散时[具体如图 7.2(b)所示],缺陷与扩散的物质相同。所以,它们均向同一方向移动。当间隙离子跳入一个空位及占据了正常晶格格点时,以上述机理进行的扩散就会暂时终止。然而,由于间隙离子浓度总会保持动态平衡,以这种方式进行的扩散总会重新开始。离子晶体中,本机理不如随后的机理重要。

---

① 每隔一段时间拍一张照片,然后将所得照片进行对比的摄影方法。

(3)间隙扩散机理。这种机理实质上是上面间隙离子机理的一种变形,具体如图 7.2(c)所示。对其中的每一个离子进行编号,这样读者就可以看清每个离子的运动状态。这可以看成是一种位移过程:间隙离子移入一个正常晶体格点,将格点中原来的离子挤入间隙位置。这样,在下一个间隙离子将刚移入正常格点的离子再次挤入间隙位置之前,这个间隙离子只有向前扩散一个原子间距。如果不能区分每一个离子,则通过缩时摄影术展示的离子扩散序列将与上面的情况类似。然而,如果扩散物质可被分辨,如上面的放射性示踪离子,则两种情况的结果就不相同。实质上,间隙扩散机理自身分为两种。一种是如图 7.2(c)所示的非共线性型,其中的间隙离子与晶格格点上离子的扩散路径互成一定角度。另一种是共线性型,间隙离子直接将格点上的离子推入同方向的下一个间隙位。间隙扩散机理是卤化银中阳离子的主要扩散方式。

7.2.3 扩散常数

为推导可被用于加深对扩散过程理解的质量作用表达式,需要对图 3.5 进行适当的改动,结果如图 7.3 所示。该图表明了在晶格某一方向上,系统焓值在晶格参数 a 范围内的变化。两格点间的势垒高度为 h_0。物质 i 的浓度梯度由 dc_i/dx 来表示。所以,如果格点 1 上的浓度为 c_i,则格点 2 的浓度就应该为 $c_i + dc_i/dx$。物质 i 在向左的方向上就会有净扩散通量。该净通量就应该等于向右总通量(正方向)减去向左总通量的差,具体如下:

$$J_i = \vec{J}_i - \overleftarrow{J}_i \tag{7.2}$$

格点 1 上的通量就应该等于该格点上的物质 i 的浓度 c_i 再乘以该点上的离子尝试跨越格点间势垒进入相邻格点的概率。该概率等于离子在该晶格上的振动

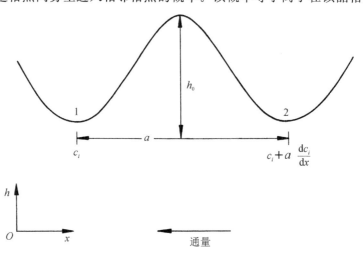

图 7.3 焓值随晶格位置的变化示意图。物质 i 的浓度在向右的方向上增加

频率 v_i 与成功跳跃的步幅 a、成功跳跃的概率的乘积。如第 3 章中的讨论所示，后面的这部分是既定离子在具有足够能量后跨越势垒的概率，可由玻尔兹曼项来表示。玻尔兹曼项是以所需焓值 h_0 和热能 kT 比的负数 $(-h_0/kT)$ 为幂的幂指数。向左通量中的尝试的频率、跳跃的距离和尝试成功的概率均与向右通量的相同。然而，离子的浓度是不同的。因此有

$$J_i = c_i a v_i e^{-h_0/kT} - \left(c_i + a \frac{dc_i}{dx}\right) a v_i e^{-h_0/kT} \tag{7.3}$$

含有 c_i 的两项抵消后得：

$$J_i = -a^2 v_i e^{-h_0/kT} \frac{dc_i}{dx} \tag{7.4}$$

将上式与式(7.1)所示的菲克第一定律相比较，显然扩散常数可表示为

$$D_i = a^2 v_i e^{-h_0/kT} \tag{7.5}$$

可看出上式最终的单位为扩散常数应有的单位(cm^2/s)。上述简化处理所得结果与更复杂的推理所得结果相同。扩散常数常由下面更具有概括性的式子来表示：

$$D = D_0 e^{-Q/kT} \tag{7.6}$$

可以看出上式中 D_0 等于 $a^2 v$，激活能 Q 相当于 h_0，即扩散所涉及的两个等同格点间的焓值势垒。

为了精确分析扩散实验，还需要对上面刚推导出来的简单关系式进行修正，其中之一就是需要引入相关系数的概念。这个系数实质上是更准确地考虑了扩散离子在格点间的跨越顺序。例如，在空位机理模式下，一个离子在跳跃入相邻的空位后，总是再跳起来一下，然后再跳入这个空位中。所以，后发生的这一次跳跃并不是完全随机的。这种可能性可以被定量化。然而，在这里所做的表象化处理过程中，没有必要将它考虑进来。

7.3 晶态固体中的离子电导

如果在某固体上施加电压后可以观察到电流，这并不意味着随后就能确定其中载流子的种类。在目前讨论的主题范围内，上述结论的更为准确的说法是还不能确定其中的载流子究竟是电子还是离子。离子型晶体中，有关离子电导的准确证据是由德国学者图班特(Tubandt)在1914、1920和1921年以卤化银为对象的几次实验中首先获得。他搭建了一个如图7.4所示的简单电解质电池。这个电池的阴、阳极均为金属银。两电极间是由AgBr等卤化银构成的片状压缩体。以上组件在被叠压成电池之前都分别进行了称重。在200℃下，让电池在一段时间内通过直流电流。然后，分离电池的各组件并单独称重。称重结果显示阴极有一定

的失重；阳极有所增重；与此同时，AgBr 片的重量却基本保持不变。显然，阴极中的 Ag 通过 AgBr 转移到了阳极上。这与电解液电池中的情况相同。此时，上述重量的变化可由下式来准确表示：

$$\Delta W = \frac{QM_{Ag}}{F} \tag{7.7}$$

其中，Q 是以库仑为单位的总电荷数；M_{Ag} 是银的克当量，为 107.88 g/当量；F 为法拉第常数，为 96500 C/当量；ΔW 是阴极上的失重或阳极上的增重，单位为 g。上述关系表明，在实验误差允许范围内，电路中的所有电流都由 Ag^+ 离子来承载。AgBr 的作用是充当了一个理想的离子导体，也即离子电解质。

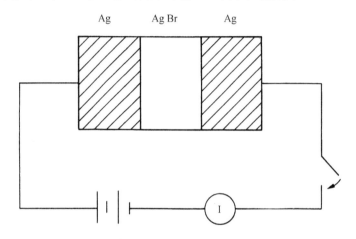

图 7.4 图班特在 1914、1920 和 1921 年测量卤化银中离子输运数使用的电池模型

后来，研究者又以多种离子电导率足够高、能使两电极间出现可测输运质量的晶态固体为实验对象成开展了类似实验。在一些实验中，如 Ag_2S 实验，虽然最终出现了预期的质量输运，但其总量要比根据所传输电荷总量计算的少。产生这种现象的原因是实验中同时出现了离子和电子两种形式的电导。这些开创性的实验进一步促进了人们对固体中电子输运现象的理解。

总电导率 σ_T 是所有电荷载流子贡献的总和：

$$\sigma_T = \sigma_{Ag} + \sigma_{Br} + \sigma_e + \sigma_h \tag{7.8}$$

上式的右侧清楚地表明 Ag^+、Br^-、电子和空穴对总电导的贡献。这里假定了所有电极对电导没有任何阻碍作用（也就是说电极对离子和电子如何产生和它们的放电等均没有影响）。如果阴极被铂等惰性金属代替，银离子源消失，由银离子所承载的电流也会很快消失，这个过程也被称为极化（polarization）。如果定义每种载流子 i 承载电流占总电流的比例为 t_i，也即传输数或输运数，总电导就会等于

$$\sigma_T = t_{Ag}\sigma_T + t_{Br}\sigma_T + t_e\sigma_T + t_h\sigma_T$$

$$= (t_{Ag} + t_{Br} + t_e + t_h)\sigma_T \tag{7.9}$$

显然所有可动载流子的输运数之和必须等于1。在实验精度允许范围内,图班特以 AgBr 为研究对象的实验中 Ag^+ 的输运数就等于1。在一根铜线中,其离子输运数等于0。这里的输运数就可以非常方便地表明每种载流子对于整个电导的贡献。

7.3.1 电导率

电导率是电流密度与所施加电压间的线性关系式中的比例常数。

$$I_i = \sigma_i E \tag{7.10}$$

其中,I_i 为载流子 i 所致的电流密度,A/cm^2;E 是所施加的电场强度,V/cm。因此,电导率 σ_i 的单位就应该是 $(\Omega \cdot cm)^{-1}$。其倒数,即电阻,也非常常用。式(7.10)是归一化欧姆定律的一种形式。其中的电导率为单位电场作用下的电流密度。

电导率正比于载流子浓度 c_i(单位:载流子数$/cm^3$)。如果定义某种载流子携带的电荷数为 $z_i e$,z_i 为单位载流子携带的电荷数,e 为单位电子电量 1.6×10^{-19} C,μ_i 为这种载流子在单位电场作用下的迁移率[①],则 σ_i 可用下式表示:

$$\sigma_i = c_i z_i e \mu_i \tag{7.11}$$

可以看出,μ_i 的单位为 $cm^2/(V \cdot s)$,可具体表示为 $(cm/s)/(V/cm)$。这说明 μ_i 实质上是载流子在单位电场作用下的速度。式(7.11)所代表的情形就像是一个人站在州际高速公路上方的天桥上来测量其下高速公路上汽车的载客量。显然,载客量与高速公路上汽车的流量、每个汽车中的人数和汽车的速度这三个因素相关。由于上面的迁移率等于单位电场作用下的速度,所以,速度就应该等于迁移率与电场的乘积。

在以上的迁移率讨论中,假定了离子以恒定速度移动,而且其速度与外加电场成正比。然而,电场作用在一个电荷上后表现为力的作用,即 $F = eE$,而一个力作用在某物质上后该物质会被加速,即 $F = ma$。所以,一个可在电场下自由移动的带电载流子就会被不断的加速。基于离子并非以连续的方式(通过一系列有时间间隔的跳跃)移动的事实,即可化解这个似是而非的困局。也就是说,离子的移动都是间歇式的。它们移动的速度由每次跳跃的距离、跳跃的频率决定,而不是由其在每次跳跃时的速度来决定。

为继续讨论离子电导率,需要对如图 7.3 所示的晶体中焓值随晶体格点位置的变化图进行修改,并以此为基础推导扩散常数。作出修改后,无浓度梯度晶体在电场 E 作用下,其焓值随晶格格点位置的变化示意图如图 7.5 所示。

---

① 迁移率(mobility),部分国内早期文献也将之称为淌度。

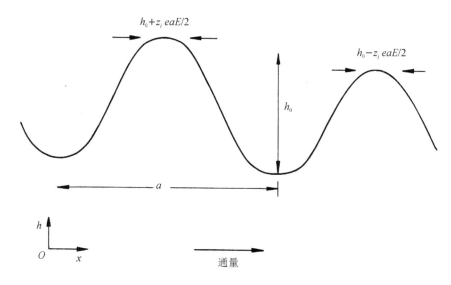

图 7.5 无浓度梯度晶体在电场 E 作用下焓值随晶格位置的变化图

外加电场将给呈周期变化的焓值施加一个偏置值,结果使图中右侧的势垒高度相对于偏压为零时的降低,而相对于左侧的会升高。势垒变化的原因是外加偏压 E 改变了各晶格格点上的焓值。E 作用在有效电荷 $z_i e$ 上,格点平衡位置到势垒顶点的距离为 $a/2$,$aE/2$ 就是在这段距离上降低的电势差。向右的净电流将等于通过右侧势垒(势垒高度较偏压为零时降低)与通过左侧势垒(势垒高度较偏压为零时升高)的电流的差值。具体如式(7.12)所示:

$$I_i = \vec{I}_i - \overleftarrow{I}_i \tag{7.12}$$

在每一个方向,电流将与载流子的浓度 c_i 及其携带的有效电荷 $z_i e$ 和尝试跨越势垒的频率 v_i、一次成功跨越势垒过程中迁移的距离 a,以及成功跨越的频率成正比。由于电场的作用,离子成功跨越右侧势垒的机率将会提高,成功跨越左侧势垒的机率将降低。式(7.12)可被写成

$$I_i = c_i z_i e a v_i \mathrm{e}^{-\left(h_0 - \frac{z_i e a E}{2}\right)/kT} - c_i z_i e v_i \mathrm{e}^{-\left(h_0 + \frac{z_i e a E}{2}\right)/kT} \tag{7.13}$$

式(7.13)也可被表述如下:

$$I_i = c_i z_i e a v_i \mathrm{e}^{-h_0/kT}\left(\mathrm{e}^{\frac{z_i e a E}{2kT}} - \mathrm{e}^{\frac{-z_i e a E}{2kT}}\right) \tag{7.14}$$

为进一步简化上式,可使用下面的恒等式:

$$\mathrm{e}^x - \mathrm{e}^{-x} = 2\sinh x \tag{7.15}$$

于是,式(7.13)可转化为

$$I_i = 2 c_i z_i e a v_i \mathrm{e}^{-h_0/kT} \sinh \frac{z_i e a E}{2kT} \tag{7.16}$$

正弦函数可由下列级数展开：

$$\sinh x = x + \frac{x^3}{3!} + \frac{x^5}{5!} + \cdots \tag{7.17}$$

其中，

$$x = \frac{z_i e a E}{2kT} \tag{7.18}$$

当外加电场足够小时，会有

$$\frac{z_i e a E}{2kT} \ll 1 \tag{7.19}$$

则小电场前提下，电流强度可近似为

$$I_i \approx \frac{z_i^2 e^2 c_i}{kT} a^2 v_i e^{-h_0/kT} E \tag{7.20}$$

将上式与式(7.10)比较，可以看出电导率就是电场强度 E 的系数。

$$\sigma_i \approx \frac{z_i^2 e^2 c_i}{kT} a^2 v_i e^{-h_0/kT} \tag{7.21}$$

式(7.21)和式(7.11)的比较则可说明离子的迁移率可由下式表示：

$$\mu_i \approx \frac{z_i e a^2}{kT} v_i e^{-h_0/kT} \tag{7.22}$$

当电场足够小，如式(7.19)所示的低电场近似表达式成立时，电流密度就与电场强度成正比。换言之，欧姆定律在这里也成立。

这里需要注意，电导率对温度的依赖关系主要由零电场强度下的势垒高度决定。这里的势垒高度与如式(7.5)所示的扩散常数表达式中所展现的势垒高度相同。式(7.22)与式(7.5)相比可以清楚表明离子迁移率与扩散常数之间的关系：

$$\frac{\mu_i}{D_i} = \frac{z_i e}{kT} \tag{7.23}$$

上式也就是所谓的能斯特-爱因斯坦（Nernst-Einstein）关系式。利用这个关系式，就能根据实验测定的电导率结果来计算扩散常数，也可以根据扩散常数来计算电导率。以上述形式表示的关系式的推导需要基于下列事实：将扩散常数看作是单位梯度上的通量；将离子的迁移率看作是单位电场作用下的速度。总而言之，上述示意性的模型可以揭示电导过程的许多物理内涵。

由式(7.21)可见，电导率在小电压区域随温度的变化并不完全满足指数规律，而是与温度的倒数和一定的系数的乘积成指数关系。因此，电导率对数值随 $1/T$ 变化的阿伦尼乌斯图就不能精确给出离子的迁移焓。当焓值较高时，误差不会很大。然而，如果得出更加精确的结果，通常需要作 $\lg \sigma T$ 随 $1/T$ 的变化图。该图中拟合直线的斜率仅与焓值有关。由于温度没有在如式(7.5)所示的扩散常数表达式指数项前的系数中出现，这种图就不适合用于确定扩散常数。

在高外场偏压作用下,如式(7.19)所示的近似表达式将不再成立。离子电导行为将表现为非欧姆特性。然而,此时反电场方向上的电流相对正方向的电流可以忽略。因此,式(7.14)中的第二个指数项就可被忽略。该式就可被简化为

$$I_i = z_i e c_i a v_i e^{-\left[\frac{h_0 - z_i(ea/2)E}{kT}\right]} \tag{7.24}$$

因此,在高电场限制条件下,电流将与电场成指数关系。实际中,以铝或钽等阀金属[①](valve metal)为基础的电化学法生长氧化物薄膜实验结果与上述关系吻合得非常好。这些实验中的离子流可几乎全部用于薄膜生长。在电场强度为 $10^6 \sim 10^7$ V/cm 范围内,每平方厘米面积上的离子电流密度为毫安级。上述电流与电场间的强指数依赖关系使在给定电压作用下获得的膜的厚度非常有限。以钽为例,在每伏特电压作用下,所获得氧化物膜的厚度仅为 2 nm。这种高质量的绝缘薄膜是整个电化学电容器产业的基础。在本书主题范围内,将主要考虑在更小电场强度下离子缺陷的行为。换言之,本书的讨论将局限于低电场欧姆区。

7.4 本征与非本征离子电导

7.4.1 掺杂 $CaCl_2$ 的 NaCl

第 4 和 5 章已经详细介绍了纯 NaCl 和掺杂 $CaCl_2$ 的 NaCl 中的缺陷化学问题。由于这些材料几乎是理想离子导体(如果不将它们像有些物理研究者那样,在钠蒸气中加热),因此,可以非常方便地用它们来做进一步讨论离子电导的模型系统。图 7.6 以柯克(Kirk)和普拉特(Pratt)在 1967 年获得的一组真空实验数据(Hayes 和 Stoneham,1985)为基础稍作调整后绘制。

关于图 7.6 所展示的实验结果,有一件有趣的事。当时研究者"声称"实验用样品为纯 NaCl 单晶晶体。然而,其研究结果中却清晰地存在着本征缺陷与非本征缺陷特征区。这反映出实际研究中不可能获得理想纯样品;声称样品为纯样品也非常危险。笔者觉得在这里应使用"未掺杂"这个形容性词组来表示在样品中没有人为有意添加的杂质。因此,将图 7.6 中的实验数据看作是以含有一定二价离子杂质的 NaCl 为实验对象获得的实验数据,并将二价离子杂质统一命名为:$Ca_{Na}^{\bullet}$。

为方便起见,下面给出在讨论中已经给出过的一些重要关系式。NaCl 中肖特基缺陷的质量作用定律表达式为

$$[V'_{Na}][V^{\bullet}_{Cl}] = e^{\Delta S_S/k} e^{-\Delta H_S/kT} \tag{7.25}$$

在本征缺陷特征区所涉及的两种缺陷浓度近似相等(电中性),可以用下式

---

① 电化学领域中的一个概念,指能在一定电化学条件下控制电流单向流动的金属。

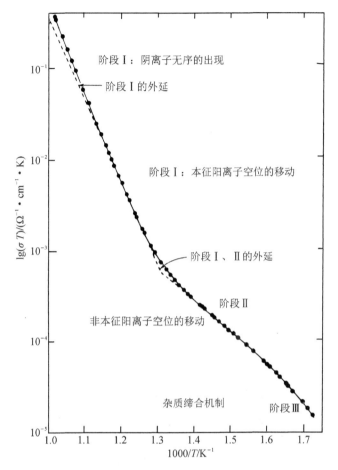

图 7.6 柯克和普拉特在 1967 年测得的 NaCl 的离子电导率
[经约翰·威利父子公司授权,基于海斯(Hayes)和斯托纳姆(Stoneham)1985 年的修正结果重绘]

表示:

$$[V'_{Na}] \approx [V^{\cdot}_{Cl}] \approx e^{\Delta S_S/2k} e^{-\Delta H_S/2kT} \tag{7.26}$$

在非本征缺陷特征区,基于电中性条件,阳离子空位的浓度由杂质含量确定,因此,有

$$[V'_{Na}] \approx [Ca^{\cdot}_{Na}] \tag{7.27}$$

将上式代入上面的肖特基缺陷质量作用表达式,可得阴离子缺陷的浓度为

$$[V^{\cdot}_{Cl}] \approx \frac{1}{[Ca^{\cdot}_{Na}]} e^{\Delta S_S/k} e^{-\Delta H_S/kT} \tag{7.28}$$

根据式(7.22),离子的迁移率 μ_i 可由下式来表示:

$$\mu_i \approx \frac{\mu_i^{\circ}}{T} e^{-h^{\circ}/kT} \tag{7.29}$$

根据富勒在 1972 年编撰的手册,与 NaCl 相关的参数取值具体如下所示:

$\Delta H_S = 2.45$ eV (236 kJ/mol)

$\Delta S_S/k = 9.3$

$h_c = 0.65$ eV (63 kJ/mol)

$h_a = 0.86$ eV (83 kJ/mol)

h_a 和 h_c 依次分别代表阴、阳离子空位移动所需的焓值。相应数值表明阳离子具有比阴离子更高的可动性。质量作用表达式中的所有浓度均是以阳离子格点为基础的相对浓度。在这里,为了计算电导率,需要体积浓度。体积浓度可以根据每立方厘米中的阳离子格点计算。根据 NaCl 的密度(2.165 g/cm³)和摩尔重量分数(58.44 g/mol),可求出每立方厘米有 2.23×10^{22} 个阴(阳)离子。

目前,在如式(7.29)所示的离子迁移率表达式中,唯一未知的是其中的指数项前因数。对于阳离子空位,指数项前因数(也即迁移率)可基于图 7.6 中的本征缺陷特征区的实验数据来获得。在选取的数据区中,$\sigma T = 0.2 (\Omega \cdot cm)^{-1}$,温度取 $1/T = 1.17 \times 10^{-3}$ K^{-1};这相当于 855 K(582℃)和电导率为 $1.17 \times 10^{-5} (\Omega \cdot cm)^{-1}$。在上述条件下,根据式(7.26)计算的空位浓度为 6.32×10^{-6} 或 1.41×10^{17} cm^{-3}。单位电荷电量取 1.6×10^{-19} C,根据式(7.11)计算的阳离子空位迁移率为 5.19×10^{-4} cm²/(V·s)。将此值代入式(7.29),可计算出阳离子空位浓度的指数前因数 μ_c° 的值为 3000[cm²/(V·s)]K。在以上数据和结果的基础上,无法采用类似的方法计算阴离子空位浓度。我们在这里只能假设其值与阳离子的大致相同,也就是说等于 3000[cm²/(V·s)]K。根据如式(7.22)所示的迁移率表达式可以看出:除了尝试跳跃频率略有不同外,两种不同的空位的指数前因数基本相同。

在本征缺陷特征区,阴、阳离子空位对 NaCl 的离子电导贡献可分别由下面的式(7.30)和式(7.31)所示。

$$\sigma_c \approx \frac{e\mu_c^\circ}{T} e^{\Delta S_S/2k} e^{-\left(\frac{\Delta H_S}{2} + h_c\right)/kT} \tag{7.30}$$

$$\sigma_a \approx \frac{e\mu_a^\circ}{T} e^{\Delta S_S/2k} e^{-\left(\frac{\Delta H_S}{2} + h_a\right)/kT} \tag{7.31}$$

在非本征缺陷特征区,两者分别等于:

$$\sigma_c \approx \frac{e\mu_c^\circ}{T} [Ca_{Na}^\cdot] e^{-h_c/kT} \tag{7.32}$$

$$\sigma_a \approx \frac{e\mu_a^\circ}{T} \frac{1}{[Ca_{Na}^\cdot]} e^{\Delta S_S/k} e^{-(\Delta H_S + h_a)/kT} \tag{7.33}$$

缺陷浓度和电导率随以 $[Ca_{Na}^\cdot]$ 表示的二价杂质浓度变化的 lg-lg 图如图 7.7 和图 7.8 所示。图中分别展示了 600℃和 800℃下的两组计算结果(由于 NaCl 的熔点为 801℃,后面一组实验结果是在非常精心的实验设计与实施条件下才得到

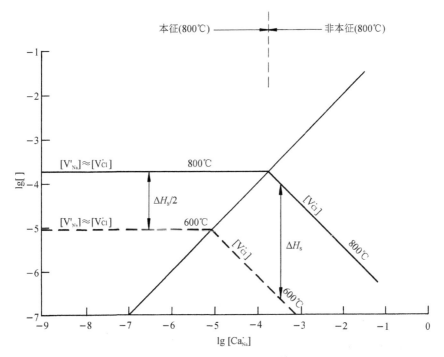

图 7.7 两种温度下,NaCl 中缺陷浓度随 Ca^{2+} 含量变化的 lg-lg 图

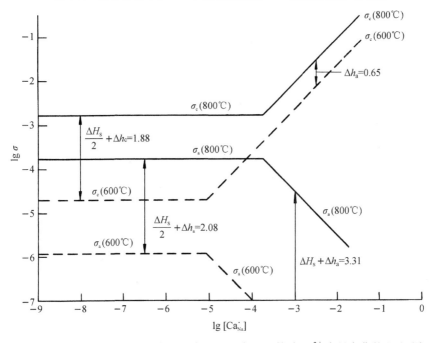

图 7.8 两种温度下,阴、阳离子对离子电导率的贡献随 Ca^{2+} 含量变化的 lg-lg 图

的)。在以上两个表达式中,实验结果对温度依赖属性由焓相关项决定。图7.8在不同缺陷特征区分别给出了焓相关项的具体取值。在这里需要注意,根据平面几何的要求,标示有 ΔH_S 线段的长度要为 $\Delta H_S/2$ 的两倍。杂质的含量在 $10^{-9} \sim 10\%$ 范围内。其中,浓度下限在实验中无法实现,而上限也明显超过了二价离子在NaCl中的溶解度。所以,lg-lg图有时会因这些无意义的区间而误导读者。

在图7.7的本征缺陷特征区,阴、阳离子浓度随杂质浓度的变化由同一直线表示。而在图7.8中,由于两种离子的迁移率不同,它们对电导率贡献的变化表现为两条平行的直线。这里需要注意,具有更高迁移焓的阴离子随着温度的提高,其迁移的速率提高得更快。因此,随着温度的提高,两种空位对电场率贡献上的差异逐渐减少。

两种空位的浓度和它们对电导率贡献的阿伦尼乌斯图如图7.9和图7.10所示。在图7.10中,为了将指数前因数中的温度项从斜率中去除,电导率以 σT 来

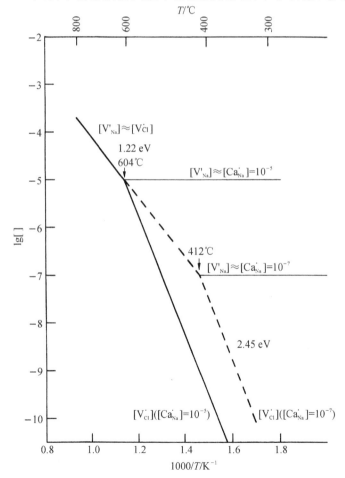

图7.9 不同 Ca^{2+} 浓度条件下,NaCl中阴、阳离子浓度变化的阿伦尼乌斯图

表示。在图中给出二价杂质阳离子浓度分别为 10^{-5} 和 10^{-7} 时的两组结果。实际上,计算柯克和普拉特样品中的有效二价阳离子的浓度并不难,结果显示浓度为 10^{-6}。这恰好是典型的精心提纯碱金属卤化物中杂质的浓度。在图 7.10 中可以明显地看出:该样品在随着温度的降低而逐步进入非本征缺陷特征区的过程中,阴离子空位浓度下降的速度有多么快。在本征缺陷特征区,阴离子空位对电导率的贡献还可维持在 10% 左右;在 400℃ 时,它的浓度就已经降到了 10^{-6} 以下。

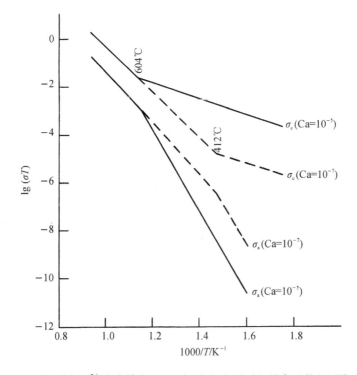

图 7.10 两种不同 Ca^{2+} 浓度掺杂 NaCl 中阴、阳离子对电导率贡献的阿伦尼乌斯图

在上述分析中没有涉及柯克和普拉特研究中的两个特殊之处。第一个特殊之处是在最高温度范围内,实验结果在前期线性增长区基础上又出现了一定的上扬。导致这种情况出现的原因是在这一温度范围内,阴离子空位对电导率的贡献又出现了显著的提高。然而,图 7.10 表明,两种离子空位对电导率的集合贡献并不是很显著。第二个特殊之处是阴离子在最低温度区对电导率贡献率的快速下降。产生这种结果的原因是形成了前一章提到的由二价杂质离子和阳离子空位形成的缺陷复合体。在极低温度区间,几乎所有的杂质中心都将进入缺陷复合体。这些缺陷复合体随着温度的提高又会按下式逐步分解:

$$(Ca_{Na}^{\cdot} V_{Na}')\rightleftharpoons Ca_{Na}^{\cdot} + V_{Na}' \tag{7.34}$$

分解过程中质量作用表达式为

$$\frac{[\text{Ca}_{\text{Na}}^{\cdot}][\text{V}_{\text{Na}}']}{[(\text{Ca}_{\text{Na}}^{\cdot}\text{V}_{\text{Na}}')]} = K_{\text{D}}' e^{-\Delta H_{\text{D}}/kT} \qquad (7.35)$$

由于电中性条件可仍由式(7.27)来表示,因此,所涉及区域内阳离子空位的浓度将为

$$[\text{V}_{\text{Na}}'] \approx (K_{\text{D}}')^{1/2} [(\text{Ca}_{\text{Na}}^{\cdot}\text{V}_{\text{Na}}')]^{1/2} e^{\Delta H_{\text{A}}/2kT} \qquad (7.36)$$

其中,解离焓 ΔH_{D} 已经被 $-\Delta H_{\text{A}}$ 代替,ΔH_{A} 是缺陷生成焓(也就是这种复合缺陷的键合焓)。在此区域内,电导率将主要由下式来决定:

$$\sigma_{\text{c}} \approx \frac{e\mu_{\text{c}}^{\circ}}{T}(K_{\text{D}}')^{1/2}[\text{Ca}]_{\text{t}}^{1/2} e^{(\Delta H_{\text{A}}-h_{\text{c}})/kT} \qquad (7.37)$$

其中,$[\text{Ca}]_{\text{t}}$ 是二价阳离子的总浓度。复合体对缺陷浓度的影响已如图 6.8 所出。

在上述采用缺陷化学工具对输运数据的分析中,有一点非常重要,即:从热力学角度来考虑,所研究系统的变化基本与理想状态一致。这意味着使用以稀溶液热力学条件为前提条件的简单质量作用表达法是正确的。所采用的模型也非常成功地给出了与实验结果非常相近的结果。在这里讨论的例子中,缺陷的浓度很少能超过 10^{-4}(0.01%)。然而,读者将看到这种研究方法可成功用于更高缺陷浓度范围。

7.4.2 掺杂 CdBr_2 的 AgBr

卤化银是另一类已被充分研究的材料体系。如前所述,它们特别柔软且易于延展。因此,以这些材料制备实验样品非常容易。将铸造的锭子进行轧制和切割,就可以制备出实验所需的薄膜样品。此外,由于此类化合物中的缺陷生成焓和迁移焓都非常低,因此,它们的离子电导率是目前已知固体材料中最高的。研究此类化合物的另外一个原因是由于卤化银中的缺陷在光学成像过程中发挥着非常重要的作用。

卤化银中最容易形成的缺陷是阳离子型弗伦克尔缺陷。对此,本书第 4 章和第 5 章已经给予了较为详细的讨论。与 NaCl 的情况类似,为了方便讨论,这里将再次列出一些重要的关系式。AgBr 中阳离子弗伦克尔缺陷的质量作用表达式如下所示:

$$[\text{Ag}_{\text{I}}^{\cdot}][\text{V}_{\text{Ag}}'] = e^{\Delta S_{\text{CF}}/k} e^{-\Delta H_{\text{CF}}/kT} \qquad (7.38)$$

在本征缺陷特征区,近似相等(电中性条件)的上述两种缺陷的浓度可由下式表示:

$$[\text{Ag}_{\text{I}}^{\cdot}] \approx [\text{V}_{\text{Ag}}'] = e^{\Delta S_{\text{CF}}/2k} e^{-\Delta H_{\text{CF}}/2kT} \qquad (7.39)$$

在非本征缺陷特征区,电荷中性条件将转变为

$$[\text{V}_{\text{Ag}}'] \approx [\text{Cd}_{\text{Ag}}^{\cdot}] \qquad (7.40)$$

间隙阳离子的浓度可由下式给出:

$$[Ag_I^·] \approx \frac{1}{[Cd_{Ag}^·]} e^{\Delta S_{CF}/k} e^{-\Delta H_{CF}/kT} \tag{7.41}$$

缺陷的迁移率可仍用式(7.29)来表示。

在 AgBr 中缺陷的形成与移动相关的热动力学参数研究中,研究者尚没有获得与 NaCl 中类似的准确且一致的结果。然而,即便如此,以下在富兰克林于 1972 年编辑基础上整理给出的热力学参数值是基本合理的。由于相关文献中没有生成焓的数据,这里就使用了基于两组 AgCl 实验确定的数值。在后面的分析中将会用到下列热力学参数:

$\Delta H_{CF} = 1.16$ eV (112 kJ/mol)

$\Delta S_{CF} = 10$

$h_I = 0.1$ eV (10 kJ/mol)

$h_V = 0.3$ eV (30 kJ/mol)

200℃ 和 400℃ 条件下,AgBr 中缺陷浓度随 Cd 浓度的变化如图 7.11 所示。除了在一处有数值上的明显差异外,这幅图在整体与如图 7.7 所示的 NaCl 的非常相似。虽然,这里显示的用于研究 AgBr 特征行为的温度比 NaCl 研究中低得多(AgBr 研究中为 200℃ 和 400℃;NaCl 研究中为 600℃ 和 800℃),AgBr 中的缺陷浓度要比 NaCl 中的大一到两个数量级。这主要是因为 AgBr 中缺陷的生成焓比

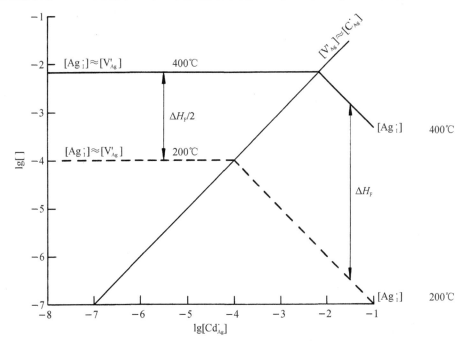

图 7.11 AgBr 中缺陷浓度在两种温度条件下随 Cd^{2+} 浓度变化的 lg-lg 图

NaCl 中缺陷的低。

根据两种本征缺陷的浓度和迁移率，可计算出它们对电导率的贡献。对于其中的后者(V'_{Ag})，这里采用了 1949 年泰尔托(Teltow)在 375℃测定 AgBr 本征缺陷特征区中的电导率实验确定值：0.185 $(\Omega \cdot cm)^{-1}$。以此为基础，再加上计算出的间隙阳离子的浓度，可计算出该温度下迁移率为 0.0122 $cm^2/(V \cdot s)$；根据式(7.29)和以上与间隙离子迁移相关的焓值数据，可计算出指数前因数 μ_c° = 47.4 $cm^2 \cdot K/(V \cdot s)$。由于缺乏相关数据，这里假定该因数对于阳离子空位也成立。

计算出的两种缺陷对总电导率的贡献随掺杂浓度的变化如图 7.12 所示。图中所示的变化规律与 NaCl 中的显著不同。实质上，图中的结果表明电导率在随 Cd 浓度变化的过程中应该有一个最小值。泰尔托于 1949 年获得的实验结果的点线图如图 7.13(a)所示，相同结果的 lg-lg 图如图 7.13(b)所示。

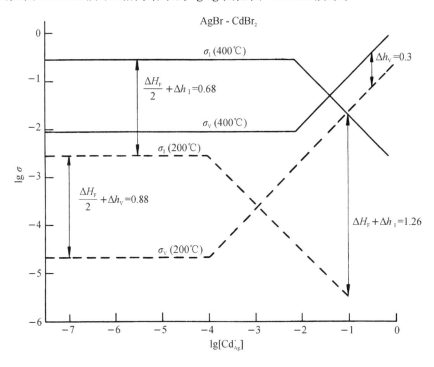

图 7.12　两种温度下 AgBr 中由于间隙阳离子和空位所致的离子电导率随 Cd^{2+} 浓度的变化

和预期的一样，一定温度下确实存在电导率的最小值；其值的大小随温度的降低而降低。上述实验结果与理论预测之间表现出强烈的相关性在 1949 年就已经被确定下来。这也是缺陷化学理论成立的强有力证据。为什么本例存在电导率极

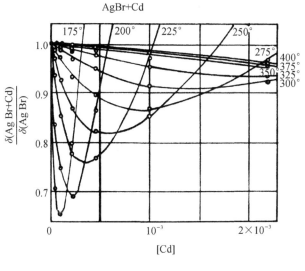

(a) 点线图

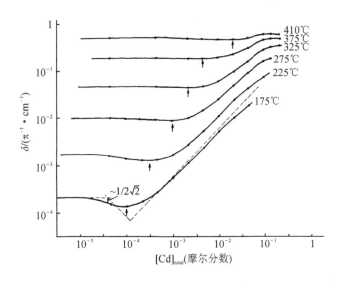

(b) lg-lg 图

图 7.13 不同温度条件下，AgBr 离子电导率随 Cd^{2+} 浓度变化
[经威利 VCH(STM) 出版社授权，基于泰尔托 1949 年的结果重绘]

小值，而在 NaCl 中却不存在？在 NaCl 中，杂质含量的升高提高了其中如阳离子空位等可动缺陷的浓度；在整个的成分范围内，NaCl 的电导率主要由这种缺陷来决定。在 AgBr 中，可动缺陷-间隙阳离子的浓度随着杂质含量的提高而减少；同

110 时,可动性更小的缺陷-阳离子空位的浓度出现上升。所以,随着杂质含量的提高,AgBr 的离子导电性会由间隙离子主控型转变为阳离子空位主控型。AgBr 中两种本征缺陷的浓度及其迁移率均比 NaCl 中的高。因此,即便在最低实验温度之下,AgBr 电导率也高于 NaCl。

111   AgBr 中缺陷浓度随温度变化的阿伦尼乌斯图如图 7.14 所示。该图在外表上又与 NaCl 的非常相似,图中各线段的斜率也非常相似。然而,这种表面现象却具有一定的欺骗性。因为,图中的温度坐标已经在 NaCl 的基础上被压缩了 2 倍。需要注意,当二价离子的浓度为 10^{-5} 时,NaCl 的本征缺陷特征区只能持续到温度降低到 604℃时;而在 AgBr 中,在相同掺杂浓度条件下,本征缺陷特征区可一直持

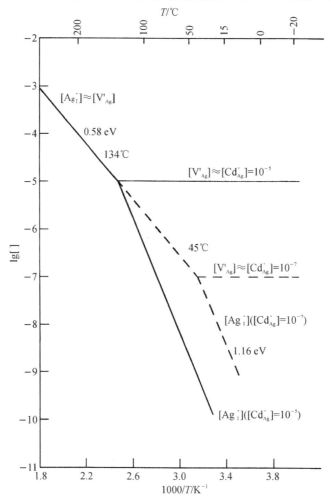

图 7.14 两种 Cd^{2+} 浓度(10^{-5}、10^{-7})的 AgBr 中缺陷浓度变化的阿伦尼乌斯图

续到温度下降到 134℃时。这实质上是 AgBr 中本征缺陷浓度高的一个反映。

以 lgσT 表示的电导率随温度变化的阿伦尼乌斯图如图 7.15 所示。此图与 NaCl 的也存在差异，主要表现在随温度的降低，AgBr 的电导行为由间隙主导型转变成了空位主导型。间隙离子在非本征缺陷特征区的电导率随温度的降低也出现下降，与其相关的复合焓为 1.26 eV(121 kJ/mol)；与此同时，空位电导下降的主要原因是它所具有的数值为 0.3 eV(30 kJ/mol)的迁移焓。Cd 浓度为 10^{-5} 时，AgBr 中的电导行为会在 65℃时转变为空位主导型；Cd 浓度为 10^{-7} 时，发生上述转变的温度会进一步下降到 −10℃。

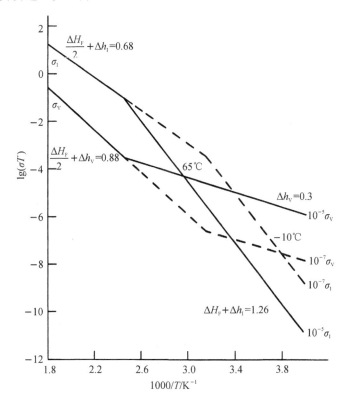

图 7.15 AgBr 中两种 Cd^{2+} 浓度下间隙阳离子和阳离子空位电导随温度变化的阿伦尼乌斯图

最后，在图 7.16 中对 NaCl 和 AgBr 两个体系进行了比较。AgBr 的电导率在总体上比 NaCl 的高四到五个数量级。在 60℃时，二者电导率最接近。即便如此，NaCl 的也比 AgBr 低约 1000 倍。

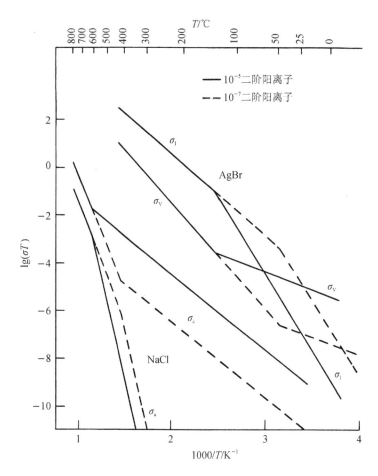

图 7.16 NaCl 和 AgBr 在两种不同的二价离子浓度条件下各种缺陷主导的离子电导率的对比

7.5 快离子导体

一些晶体具有非常高的离子电导率,这反映出其中的缺陷浓度很高。某些晶体的离子电导率甚至可以达到熔盐和溶液的水平。这样的材料被统称作为快离子导体。(它们曾被称作为超导体。但这个名称会与传统电子超导体相混淆。当温度降低到某特征转变温度以下时,传统电子超导体中的电阻会完全消失从而达到超导状态。)图 7.17 以阿伦尼乌斯图的形式给出了几种快离子导体的实例(Hayes 和 Stoneham,1985)。其中,还给出了用于对比的具有常规电导行为的化合物 LiF 的相关数据。它的电导率只会在熔点左右附近才会出现大幅提升。此时,LiF 实际上已经由晶态转化为熔盐状态。图中所示的其他电导率数据均是相关物质在固态时的电导率。在大多数情况下,在温度达到一个转变温度后,这几种物质的电导率才会大幅提升。而且,上述转变温度均远高于室温。这使得这些物质的高电导特性很难在实际中得到应用。虽然,β-氧化铝的离子电导率比图中其他两种快离子导体低,但它却能在低温区仍能保持很高电导率。

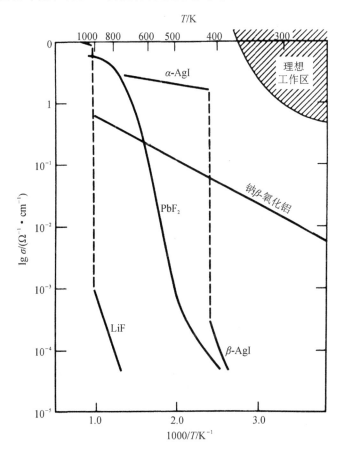

图 7.17　几种快离子导体电导率与 LiF 对比的阿伦尼乌斯图。LiF 的电导率只在熔点附近才会大幅提升。由于结构转变的缘故,其他几种物质的电导率在固态时就会大幅提升

(经约翰·威利父子公司授权,基于海斯和斯托纳姆 1985 年的研究结果重绘)

7.5.1　碘化银

碘化银是最早被发现的快离子导体,也是快离子导体的经典范例。在很久以前,它的这种特性就已为人所知(Tubandt 和 Lorenz,1914)。室温下,碘化银具有纤锌矿结构。由于碘离子的尺寸非常大,因此,银离子可以进入碘离子的六方密堆子晶格中的四面体间隙。在其结构转变温度 147℃ 和熔点 552℃ 之间,碘离子子晶

格转变为体心立方；Ag^+ 位于其中的四面体点。在每一个单位晶胞中只有两个阳离子，但四面体点却有 12 个，如图 7.18 所示。这些四面体点间的焓势垒非常低，因此 Ag^+ 可在这些点上自由移动。其结果相当于阳离子的子晶格已经在仍为刚性的阴离子子晶格中处于熔化状态。这种情况也可以被看作是阳离子弗伦克尔缺陷的一种极端情况。由于在熔化状态下，离子的传导途径变得不如晶态中那样有序，AgI 在熔化后离子电导率还会有少许下降。AgI 及其他一些化合物在相变后才可具有快离子电导特征。在相变温度，它们的焓值会大幅上升。这种现象反映出其中的一种子晶格处于几乎完全无序的状态。

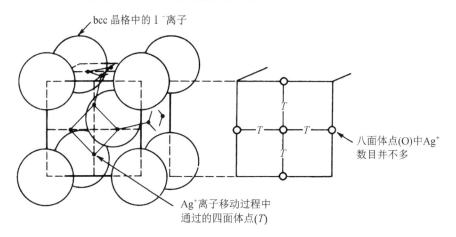

图 7.18　高温 AgI 晶胞示意图。在该晶胞中的 12 个等同四面体配位阳离子格点中，仅有两个被阳离子随机占用

（经约翰·威利父子公司授权，基于海斯和斯托纳姆 1985 年的研究结果重绘）

7.5.2　萤石结构氟化物

与 AgI 类似，一些具有萤石结构的大尺寸金属阳离子（如 Ba^{2+}、Sr^{2+} 和 Pb^{2+}）的氟化物和氯化物中也会出现高温相变。这些化合物发生相变时，它们的阴离子子晶格处于几近完全无序的状态。这是此类化合物具有快离子电导特性的根本原因。这种现象也代表着在此类化合物中存在大量的阴离子弗伦克尔缺陷。以 PbF_2 为例的此类化合物的电导特性如图 7.17 所示，其中的相变温度为 439℃，这个温度比 PbF_2 的熔点（885℃）低 400 多摄氏度。对于此类化合物来说，这是一个不同寻常的、非常大的快离子电导温度范围（439～885℃）。这类化合物的常见快离子电导温度范围只有 200℃ 左右。在相变过程中，此类化合物的比热会出现大幅上升。产生这种现象的原因同样是系统无序程度增加后，其熵值也大幅提升。

7.5.3　β-氧化铝

β-氧化铝实质上是理论组分为 $Na_2O\text{-}11Al_2O_3$ 的铝酸钠。在其结构（见图

7.19)中,尖晶石结构层和其间的桥氧原子平面间隔排列。桥氧原子平面层具有很大的开放性,是主要的离子传导平面。在这个快离子传导面内,钠离子可处于其中的几种不同类型的格点位置上。和前面介绍的情况相同,在这个平面内,钠离子可进入的格点数远多于钠离子的数目;而且,格点间的低势垒使阳离子具有很高的迁移率。阳离子在这个平面内可进行二维传导。在垂直于此快离子传导面的方向上,阳离子的传导可被忽略。与前面介绍的快离子导体不同,β-氧化铝所具有的快离子电导特性可一直保持到低温区。分子组成为 $Na_2O\text{-}MgO\text{-}5Al_2O_3$ 的化合物——β''-氧化铝与β-氧化铝非常类似;它具有更高的离子传导特性。毋庸置疑,产生这种现象的原因与该化合物具有较高浓度的 Na 离子有关;同时,β''-氧化铝中的钠离子存在形式也与β-氧化铝的类似。研究者已经对β''-氧化铝进行深入的研究,主要用作钠硫电池中的电解质。在这两种材料中,Na 的浓度均显著高于其相应的化学计量比。这似乎也成为在两种材料中实现高离子电导性的必要条件之一。

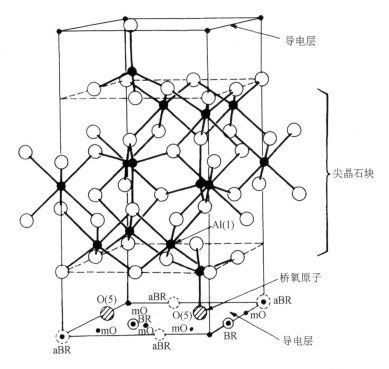

图 7.19　β-氧化铝结构示意图。图中示出了其中的尖晶石结构层,
同时示出了含有高迁移率 Na^+ 的导电层
(经约翰·威利父子公司授权,基于海斯和斯托纳姆 1985 年的研究结果重绘)

可以通过离子交换法(如将材料浸入含有其他离子的熔盐)将上述几种快离子

电导化合物中的钠离子进行置换。如果用 K^+ 进行置换,则置换后的离子电导率会稍稍降低。其主要原因是 K 的离子半径较大,在电导过程中受到更大的阻力。用 Li^+ 置换时,电导率仍然会下降。在这种情况下,离子的半径虽然更小,但它们在移动过程中,将受到相邻的尖晶石结构层中的氧原子更大的引力。因此,导致了电导率下降。

参考文献

Franklin, A. D. Statistical thermodynamics of point defects in crystals. In *Point Defects in Solids*, Vol. 1, *General and Ionic Crystals*, J. H. Crawford Jr. and L. M. Slifkin, Eds. New York: Plenum Press, 1972, Chapter 1.

Fuller, R. G. Ionic conductivity (including self-diffusion). In *Point Defects in Solids*, Vol. 1, *General and Ionic Crystals*, J. H. Crawford Jr. and L. M. Slifkin, Eds. New York: Plenum Press, 1972, Chapter 2.

Hayes, W. and A. M. Stoneham. Lattice defects. In *Defects and Defect Processes in Nonmetallic Solids*. New York: John Wiley & Sons, 1985, Chapter 3.

Kirk, D. L., and P. L. Pratt. *Proc. Br. Ceram. Soc.* 9:215, 1967.

Nowick, A. S. Defect mobilities in ionic crystals containing aliovalent ions. In *Point Defects in Solids*, Vol. 1, *General and Ionic Crystals*, J. H. Crawford Jr. and L. M. Slifkin, Eds. New York: Plenum Press, 1972, Chapter 3.

Teltow, J. *Ann. Phys*. 5:63, 1949

Tubandt, C., and S. Eggert. *Z. Anorg. Chem.* 110:1969, 1920.

Tubandt, C., and S. Eggert. *Z. Anorg. Chem* . 115:105, 1921.

Tubandt, C., and E. Lorenz. *Z. Phys. Chem.* 87:513, 1914.

第 8 章

本征电子缺陷

8.1 引子

本征电子缺陷与从固体材料的化学键中通过热激发进入更高能级的电子有关。此类电子是纯物质、化学计量比半导体或绝缘体化合物中唯一的载流子来源。读者应该还记得,符合化学计量比的材料既包括那些简单化合物(无论其是 MgO 等二元化合物,还是 $MgAl_2O_4$ 以及原子比为整数的更高阶化合物),也包括按一定化学计量比形成的多组分固溶体。例如,由 $(1-x)TiO_2 + x/2Al_2O_3$ 共同构成的 $Ti_{1-x}Al_xO_{2-x/2}$ 固溶体。如读者将要看到的那样,绝缘体或半导体中的基态由通常充满的价带和通常全空的导带共同组成。相对于基准态中电子均处于可能的最低能级,导带中的电子与价带中的空穴都可被看作是缺陷。

为了讨论电子缺陷,读者有必要去了解一些固体能带结构的基本概念,但没有必要深入了解或达到可以进行数学推导的水平。因此,本书将只从表观层面讨论相关概念。

8.2 能带理论的发展

这里将首先讨论电子是如何通过化学键将两个简单原子组合成键的。这具有重要指导意义。现在考虑如图 8.1 所示的两个相距很远的氢原子,它们具有完全相同的 1s 轨道,其各填充了一个电子。换言之,它们均处于半满状态。接着,使它们之间的距离逐渐减小,最终二者的 1s 轨道将会出现重叠。泡利不相容原理不允许同一系统中出现两个完全相同的电子轨道。因此,在成为分子之前,上述两个 1s 轨道在能量方面必须形成一定差异:一个电子轨道进入相对较高的能级,另外一个进入低能级。具体如图 8.1 所示。形成 H_2 分子后,两个原子轨道转变成为两个分子轨道。此后,就不能区分出这两个轨道是属于该分子中的哪个原子。来自于两个原子的两个电子以反自旋方式填入低能级,也即成键轨道,形成在基态将两个氢原子键合成氢分子的共价键。剩下的高能级,也即反键轨道,就处于全空状态。为证实氢分子中空轨道的存在,可通过给分子中输入足够的能量使其转变为激发态,成键轨道中的一个电子就可被激发到此前处于全空的反键轨道;当这个电子再返回到基态时,就会释放出反应系统特征的辐射;基于这种特征辐射即可证实空轨道的存在。这个简单的双原子分子就为我们展示出第四个重要的守恒定律:

4. 电子轨道守恒:某系统中的轨道数直接由组成原子的电子轨道数确定,同时必须保持守恒。

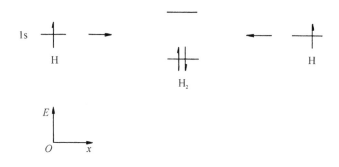

图8.1 两个氢原子形成共价键的过程

上面的例子中,整个系统在形成分子前,是两个原子、两条电子轨道,最终形成一个总共具有两条电子轨道的分子。组合成分子后,系统中电子轨道总数等于成为分子前各组分原子中电子轨道的总数。电子轨道守恒对于系统中的任意原子都成立。

接下来讨论上述守恒定律在钠原子形成金属钠中的应用。每个钠原子的电子结构为$1s^2/2s^22p^6/3s^1$。这种结构相当于在惰性气体氖原子稳定电子结构的基础上再加上一个价电子。整个形成过程中,3s电子轨道相互作用的方式与上例氢原子中1s电子间的相互作用方式相同,具体如图8.2所示。

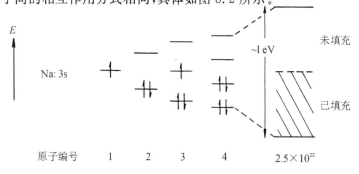

图8.2 基于钠原子3s电子的能带形成过程

初始状态下，钠原子具有一个 3s 轨道，其中仅填充一个电子。体系中再加入一个钠原子后，原来的 3s 轨道能级必须分裂，两个电子进入分裂后较低能级轨道。随着更多原子进入系统，基于 3s 轨道分裂出的轨道数始终与进入系统的原子数相等。然而，它们之间的能级差逐渐减小。这个逐步升高的能级中包含的子能级数也逐步增多。每 1 cm^3 的金属钠总共需要 2.5×10^{22} 个钠原子，就会包含 2.5×10^{22} 个由 3s 电子轨道衍生出的子能级。能量最低与能量最高子能级间的能级差仅为 1 eV(约 100 kJ/mol)左右。因此，其中的每个子能级必然十分相近。在室温时，各子能级之间的差别无任何实际意义；两子能级之间的热激发能仅为 0.025 eV(2.4 kJ/mol)。因此，这些子能级的集合实质上就构成了一系列能量连续分布的电子轨道，即所谓能带。在本例中，该能带与单个钠的 3s 电子层一样，也只有一半被电子充满。

对于任何对电导有贡献的电子，它自己的能量必须足够高。一个电场作用到一个电子上时，将产生大小为 $F=Ee$ 的力的作用。这个力作用在质量为 m 的物体上时，将产生一个加速度 a，即满足关系式 $F=ma$。有加速度即意味着速度的提高。这要求动能 $E_k=(1/2)mv^2$ 也随之提高。如果一个电子不能提高其能量，它就不能响应对外加电场。由于总会有电子处于如图 8.2 所示能带已填充部分的顶部，且其上方能带还有未被填充部分。因此，就会有电子向上跃迁入上述未被填充的能带中。处于已填充能带下半部分能级较低的电子，不能对外加电场作出响应。只有那些位于能量仅低于满带顶部几个 kT 能级中的电子才能对电导有所贡献。未充满的能带的性质是决定金属本性的本质特征。带电载流子的浓度基本上与温度无关。

接下来采用类似方法分析下面一种元素。Mg：$1s^2/2s^22p^6/3s^2$，结果如图 8.3 所示。本例中，各原子的 3s 轨道处于全满。金属 Mg 中，基于各原子的 3s 轨道形成的能带应同样处于全满状态。这将导致金属 Mg 成为绝缘体或半导体。因此，下一个能量较高的 3p 空轨道就必须并入现有 3s 轨道的能级，并与之交叠。最终，在已填充 3s 能级顶部电子的上方依然存在连续分布的能级；这些电子也仍可通过加速来响应外加电场。Mg 就如我们所预期，像典型的金属那样对外加电场作出响应。对于外层电子结构为 $1s^2/2s^22p^6/3s^23p^1$ 的铝，基于 3s 轨道的能带全满，下一个基于 3p 轨道的能带未被充满。因此，铝这种材料表现为金属。

硅的外层电子结构为 $1s^2/2s^22p^6/3s^23p^2$。它情况略有不同。为使该元素单质的键合最大化，它的 3s 和 3 个 3p 轨道杂化形成 4 个等同的 sp^3 轨道。每个轨道指向正四面体的一个顶角。每个杂化轨道中就含有一个来自于该原子自身的一个价电子；同时，与相邻的原子共享一个价电子。最终，在第一个硅原子周围形成四个共价键。这些被充满的轨道整合构成能带，被称为价带。下一个能量更高的能带没有与之重叠。在由 sp^3 杂化轨道衍化而来的满带顶部和上方无电子、通常

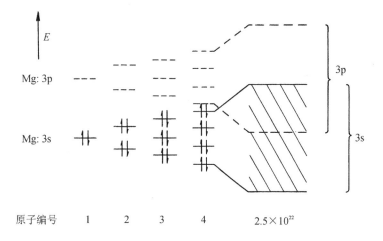

图 8.3 基于 Mg 原子 3s 电子的能带形成过程。通常状态下由 3s 轨道发展而来的满带与基于 3p 轨道发展而来的空带部分重叠

被称为导带的能带底部存在一个间隙,具体如图 8.4 所示。这个间隙通常被称作为禁带,用 E_g 来表示。在这个系统中没有杂质时,只有在受到光或热的激发时,价带顶的电子才能跨越禁带进入通常为全空的导带成为可动载流子。这是半导体

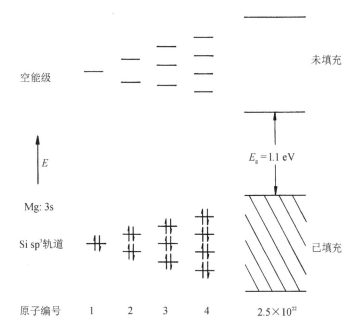

图 8.4 基于硅 3s、3p 电子形成导带与价带的过程

或绝缘体典型特征。半导体和绝缘体之间的差别仅体现在禁带宽度上。上述激发过程不仅可以形成一个在导带中自由移动的电子；而且，还会在价带顶部留下一个空轨道，使电荷的输运成为可能。因为，相邻轨道中的电子可以进入这个常被称为空穴的空轨道。在电场作用下形成一定的电流后，空穴在价带中就会向与电子移动方向相反的方向移动。其效果就相当于一个具有正电荷（实质上是失去了一个负电荷）和质量为正的带电粒子在移动。要区别对待进入导带的电子与价带中的空穴：它们是两类不同的缺陷；它们的迁移率不同，输运电荷的能力也因此存在差异。

8.3 质量作用方法

显然，本征电子缺陷与弗伦克尔缺陷有类似之处。它们都涉及物质的一部分从其平常所处的热力学标准态移动到更高能量状态，其原位置就被空了下来，成为空位或空穴。对于电子的激发过程，可用下式表示。

$$\text{nil} \rightleftharpoons e' + h^{\cdot} \tag{8.1}$$

其中，e' 代表进入导带的电子，$h^{\cdot}$ 表示此过程在价带中产生的空穴。无论是进入导带的电子或是价带中的空穴，本书均将它们当作是缺陷。因此，这里延用了代表有效电荷的缺陷符号。对于任何可行的热力学平衡反应，其质量作用表达式可表示为：

$$np = K_{\text{I}}(T) = K_{\text{I}}^{\circ} e^{-E_g/kT} \tag{8.2}$$

其中，按照惯例，n 和 p 分别作为 $[e']$ 和 $[h^{\cdot}]$ 的简记符号。它们的物理含义分别代表电性为负和正的两种载流子的浓度。这是一个典型的热激活过程。其中的禁带宽度 E_g 代表了生成上述两种缺陷需要跨越的势垒高度。如果式(8.1)是电子和空穴的唯一来源，则它们的浓度应相等。因此：

$$n \approx p \approx K_{\text{I}}^{1/2} \approx (K_{\text{I}}^{\circ})^{1/2} e^{-E_g/2kT} \tag{8.3}$$

这个表达式显然又与弗伦克尔缺陷的类似。

禁带的概念最早由物理学家提出。此后的不久，有研究者发现禁带宽度与温度相关，并可以用下式来表示：

$$E_g = E_g^0 - \alpha T \tag{8.4}$$

其中，E_g^0 为绝对零度时的禁带宽度，α 是它的线性温度系数。又过了很长一段时间，研究者才注意到上式与吉布斯自由能的表达式 $\Delta G = \Delta H - T\Delta S$ 非常相似。因此，这里的 E_g 即自由能，E_g^0 即焓，α 为如式(8.1)所示反应的熵。这样，E_g^0 就相当于本征电子的激发焓，有时也被称作 0 K 时的禁带宽度。同理，ΔH 就是绝对零

度时的吉布斯自由能。这样,式(8.3)就可以由许多读者更熟悉的一个表达式来表示:

$$n \approx p \approx (K_1^0)^{1/2} e^{\Delta S_1/2k} e^{-E_g^0/2kT} \tag{8.5}$$

这仅是不同研究领域存在的众多用不同的符号及表达式表示的同一现象实例中的一个。

虽然本征离子型缺陷有多种(如阳离子弗伦克尔缺陷、阴离子弗伦克尔缺陷和肖特基缺陷等),但是所有非金属固体中的本征电子型缺陷却只有如式(8.1)所示的这一种。

8.4 费米函数

严格描述固体中电子状态需要用费米-狄拉克统计热力学。虽然,这在缺陷化学的大部分研究中并不是必须的,读者最好还是能够理解它的应用及简化所需的前提条件。上述理论的核心关系式是费米函数 $f(E)$。其含义代表了能量为 E 的轨道被占据概率的大小。因此,如果能量为 E 的轨道数为 $N(E)$,其中有 $n(E)$ 个被占据,则有

$$n(E) = f(E) N(E) \tag{8.6}$$

费米函数通常可用下式来表示:

$$f(E) = \frac{1}{e^{E-E_F/kT} + 1} \tag{8.7}$$

其中,E_F 是一个参考能量,被称为费米能级。这个能级被占据的概率是电子自身能量 E 与费米能级差的函数。当 $E = E_F$ 时,则 $f(E) = 1/2$;也就是说,此时电子占据费米能级的概率是 50%。联立式(8.6)与式(8.7),并化简可得

$$\frac{n(E)}{N(E) - n(E)} = e^{-(E-E_F)/kT} \tag{8.8}$$

这也是质量作用表达式的一种形式。它给出了已被占据能级与未被占据能级的比例。当 $n \ll N$ 时,也即 $E - E_F \gg kT$,费米函数可以化简为用于表示空能级的玻尔兹曼函数:

$$\frac{n(E)}{N(E)} = e^{-(E-E_F)/kT} \tag{8.9}$$

这意味着我们已经进入了如图 8.5 所示的热能玻尔兹曼分布的高能量区。对此的讨论主要是为了说明费米函数与质量作用表达式非常相似,仅是在书写形式上有所区别而已。

对于本征电子缺陷,导带中的电子将主要位于其底部。因此,导带边 E_C 的空

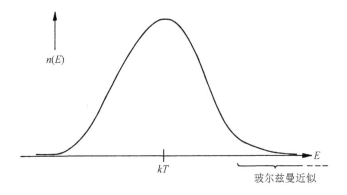

图 8.5 玻尔兹曼分布,主要用于说明玻尔兹曼近似成立的高能级区间

轨道数 N_C 就成为这里的一个非常重要的参数。未来电子在其中的填充将决定载流子的浓度。应用玻尔兹曼近似关系式,电子载流子的浓度可表示为

$$n = N_C e^{-(E_C - E_F)/kT} \tag{8.10}$$

同理,可以写出空穴的表达式为

$$p = N_V e^{-(E_F - E_V)/kT} \tag{8.11}$$

其中,N_V 为价带 E_V 顶部有效空穴密度(也就是通常状态下被电子填充的轨道数)。空穴被占据的概率是费米能级 E_F 与空穴能组差的函数。将式(8.10)与式(8.11)左右分别相乘、约去其中的费米能级后,所得结果与本征电子缺陷质量作用表达式相同:

$$np = N_C N_V e^{-(E_C - E_V)/kT} \tag{8.12}$$

其中,$E_C - E_V = E_g$。费米-狄拉克统计与质量作用表达式之间的关系因此得到了清晰诠释。如果所关注的电子轨道与费米能级接近,则玻尔兹曼近似就不再成立。如果想获得精确的结果,就必须使用完整费米函数。这里需要注意,对于本征离子缺陷,也可以采用与费米能级类似的理论来处理。此外,在这里再次强调,读者需要理解物理学界和这里更常用的化学领域研究方法之间的关系。

将式(8.10)和式(8.11)与式(8.3)比较表明:$(E_C - E_F) = (E_F - E_V) = E_g/2$。也就是说,对于这里所研究的本征电子缺陷,$E_F$ 应位于如上所述带隙宽度的 1/2 处。

费米函数以 E_F 为中心对称,可从 0(全空状态)变化到 1(全满状态)。在绝对零度附近,它随着温度的升高以近似平方函数曲线规律增长。费米函数与简单能带叠加示意图如图 8.6 所示。至此,E_F 会位于导带与价带间隙的 1/2 处的原因才真正明了起来:导带中电子的浓度与价带中空穴的浓度在此处恰好相等。在禁带

内,费米函数虽然可以取得有限值,但是一个纯材料的禁带中却没有可供填充的空轨道。因此,在禁带内,决定电子数量的 $f(E)N(E)$ 的乘积为 0。图 8.6 清楚地表明,导带中电子的浓度和价带中空穴的浓度将随着禁带宽度的减小而增高。由于表征导带中电子轨道和价带中空穴状态的函数 $N_C(E)$ 和 $N_V(E)$ 无论在大小和形状上均存在明显差异,E_F 仅会在禁带围绕中值出现一定的波动。与此同时,从严格意义上讲,导带中电子的浓度应为费米函数和轨道密度函数的积分。

$$n = \int_{E_C}^{\infty} f(E)N(E)\mathrm{d}E \tag{8.13}$$

其中,因为费米函数随着能量的提高逐渐趋近于零,上式中的积分上限可认为是无穷大。结合在把电子看作自由费米气体基础上所得的电子轨道密度表达式和玻尔兹曼近似,式(8.13)积分后结果为

$$n = \left(\frac{4\pi m_e kT}{h^2}\right) \mathrm{e}^{-(E_C - E_F)/kT} \tag{8.14}$$

这里,m_e 是电子的有效质量。对此,后续内容将予以详细介绍。h 为普朗克常数。E_F 偏离禁带中值的幅度将主要由电子和空穴的有效质量比来确定。

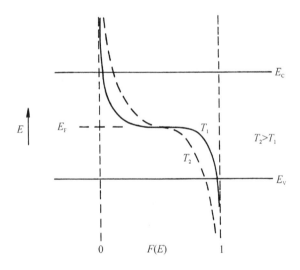

图 8.6 T_1、T_2 两温度下的费米函数与简单能带叠加示意图,其中 $T_2 > T_1$。函数可从等于 0 的高能量状态(相当于全空状态)变化到等于 1 的低能量状态(相当于全满状态)

8.5 空穴、波和有效质量

空穴、波和有效质量的概念不易理解,下面予以进一步说明。为什么一个空穴

(也即遗失的电子)的行为就像是它带有一定的质量？为什么电子与空穴的有效质量与它们名义上的质量不同？这两个问题的答案包含在用经典力学来描述波动力学的过程中。接下来给出一些相关的简化关系式。在准备本节随后内容的过程中，笔者受克特尔(Kettel)的《固体物理导论》(1966)相关内容启发很大。

某粒子[①]的动量 $p=mv$ 与其动能 $E_k=1/2mv^2$ 有关。同时，由于物质的波动性本质，动量还与波长有关。

$$p=\sqrt{2mE_k}=\frac{h}{\lambda}=\frac{hk}{2\pi} \tag{8.15}$$

其中，k 即波数，定义为 $k=2\pi/\lambda$。因此，动能随动量变化的经典示意图就表现为抛物线状，如图 8.7 中动量为负值的一侧所示。然而，粒子的波动性本质和晶体的周期性之间存在相互作用。当布喇格衍射条件被满足时就会有

$$n\lambda=2d\sin\theta \tag{8.16}$$

这里，d 为特定晶向上的原子间距，θ 是入射粒子波的传播方向与晶格中一系列平行晶面的夹角。波在晶体中将不会沿原来的入射方向传播，而会被衍射，具体如图 8.8(b)所示。在入射波的动量从零开始逐步提高的过程中，当 $n=1$，$\theta=90°$时，将首次出现衍射。然而，由于电子(即上述入射粒子)与离子的核心所带电荷电性相反，它们之间的静电势能也会影响入射粒子的总能量。

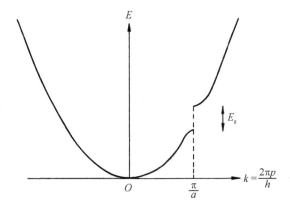

图 8.7 能量随动量的变化。图左侧为仅考虑动能时能量与动量间的抛物线依赖关系；图右侧的间断表明布喇格衍射发生时能量间的相互作用。在该特定动量条件下，能量的变化即为带宽

如图 8.9 所示，当入射波的波长(动量)满足布喇格条件时，随着入射电子波相

---

① 译者注：这里的"粒子"可以是能在晶体里产生衍射的电子、X 射线光子或中子等。在后文中，作者以电子为例。

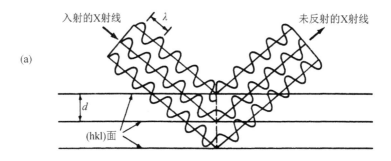

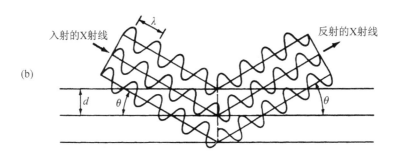

图 8.8 布喇格衍射的晶格示意图。(a)源于相互干涉的消光。(b) 在传播方向上相位一致条件下的反射

（经麦格劳-希尔公司授权，基于史密斯 1986 年的研究结果重绘）

对于晶格间距的相位变化，入射波的能量可在一定范围之内变化。在某一给定位置，波幅的平方代表着电子在该位置上出现的概率。因此，如果入射电子波与晶格间相位关系恰好如图 8.9(a)所示时，入射电子的传播大多从原子之间穿过，其静电能达到最小。在图 8.9(b)中，电子多经过离子的核心，势能的贡献将达到极大值。因此，相对于具有某一个特定动量值的电子波，如果衍射阻止其继续沿原方向传播，电子波将展现为具有一系列不同的总能量。因此，原本平滑的抛物线必须断开，就像图 8.7 的右半部所示。此时，在具有满足布喇格条件动量的条件下，不能继续在晶体中沿原方向传播的入射电子波能量分布展宽范围相当于禁带宽度。需要注意，由于晶格中的原子间距是晶体取向的函数，因此这里的带隙宽度将由入射波在晶体中的传播方向决定。如果只考虑电导能力，材料具有最小的带隙宽度是至关重要的。

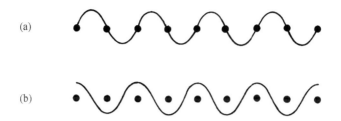

图 8.9[①] 满足布喇格条件前提下,入射电子波与周期性晶格的相互作用。
(a)电子波在晶格离子间传播。(b)入射电子波经过离子核心传播

在经典力学中,动能对动量的一阶微分等于粒子的速度:

$$\frac{dE_k}{dp} = \frac{2p}{2m} = v \tag{8.17}$$

动能对动量的二阶微分等于质量的倒数:

$$\frac{d^2 E_k}{dp^2} = \frac{1}{m} \tag{8.18}$$

因此,如果在如图 8.7 左侧所示的经典力学范畴内,随着动量的增加,电子的速度(曲线的斜率)会持续提高,它的质量也保持恒定。如果在如图 8.7 右侧所示的考虑衍射的前提下,随着电子动量的提高并接近禁带边缘时,它的速度开始持续下降并最终在禁带边缘接近于零。产生这种现象的原因是由于电子波的波长已经接近产生衍射的条件;作用在电子上的力越大,它越难继续向前传播。最终,其速度逐渐下降,并最终趋于零。在经典力学条件下,$F = ma$。因此,如果一个正的作用力导致了出现了负加速度结果,则质量必须为负。在这个范围内,如式(8.18)所示的动能对动量的二次微分也为负值(曲线出现向下的转折)。这进一步证实上述质量为负的推断。同时,在禁带边缘附近,图中的曲线可由抛物线近似,其弧线的凹面向下且曲率更大。在这个区域,电子就像具有了一个负的质量,而它的绝对质量仅为其真实质量的一小部分。因此,在禁带边缘相当于失去了一个电性及质量均为负的电子,然后转化为一个具有正的质量和正电荷的空穴。在禁带上方,随着动量的提高,电子的速度再次逐渐提高。与此同时,上述二次微分为正,电子的质量也为正。但是,它不等于电子的真实静止质量。

怎么会出现这样杂乱的让人摸不清头脑的情形呢? 这主要是因为在将入射电子波作为自由电子费米处理过程中,仅考虑了电子的波动本质性。换言之,主要考虑了动能。当我们意识到电子与晶格中带正电的离子格点核心间的相互作用同样

[①] 译者注:影印版中,(a)、(b)图与现在的位置恰好相反。但根据文中的描述,应该将这两幅图的位置调整到目前这种状态。

会影响动能时,就出现了两种选择:其一是明确考虑对动能有贡献的静电相互作用后重新推导计算;其二是修正最终结果来获得正确结果。考虑上述相互作用的势能时,电子有效质量和真实质量的比可作为最后系列表达式中的一个修正因素。这是为了避免上述相互作用带来的困难而考虑的一个折中处理。

在缺陷化学的大部分应用领域中,玻尔兹曼近似公式都成立;质量作用定律也具有足够的精确度。式(8.1)和式(8.2)或式(8.5)是最为实用的关系式。

8.6 电子电导率

在本征半导体中,电子和空穴的浓度相等。二者对电导均有重要贡献。总电导率为

$$\sigma_T = ne\mu_n + pe\mu_p \tag{8.19}$$

其中,μ_n 和 μ_p 分别是电子与空穴的迁移率。基于式(8.3),上式可被改写成:

$$\sigma_T = (\mu_n + \mu_p)eK_I^{1/2}e^{-E_g/2kT} \tag{8.20}$$

从中可以看出,两种载流子对电导的相对贡献比仅与它们的相对迁移率有关。通过回忆之前对离子电导率的讨论,读者会可以记起以 $cm^2/(V \cdot s)$ 为单位的迁移率实质上是单位电场作用下的速度$(cm/s)(V/cm)$。这就意味着稳态下,速度与外加电场成正比,而不是像在自由空间中的带电体那样,速度与外电场所致的加速度成正比。与离子的情形类似,上述结果是电子非连续运动的结果。然而,导致出现这种结果的原因略有不同。电子和空穴可在理想晶格中自由迁移。然而,晶体中一但出现偏离理想周期性的情况,就会对电子和空穴的迁移形成散射。因此,杂质、缺陷、位错、晶界、甚至是晶格振动都会影响电子和空穴的迁移。只有在不断的散射间歇,上述两种载流子才能被短暂加速,最终形成一个平均速度。晶格振动之所以会阻碍上述两种载流子的移动,是处于振动状态的离子或原子偏离了其理想状态下晶格格点位置。在低温条件下,对上述两种载流子的散射主要源于杂质和缺陷。然而,随着温度的上升,晶格振动加强,并逐渐成为最强的散射因素。因此,用一幅示意图来表示电子的迁移率与温度的关系,如图 8.10 所示。在低温区,电子的迁移率基本上与温度无关。这是因为当晶格振动处于最小值时,杂质及其他偏离理想状态的晶体格点的静态缺陷是此时散射电子的主要因素。在更高温度区间,逐步提高的晶格振动才能成为导致电子迁移率降低的主要原因。高温区,半导体中载流子迁移率的变化通常可用下式表示:

$$\mu = \mu_0 T^{-3/2} \tag{8.21}$$

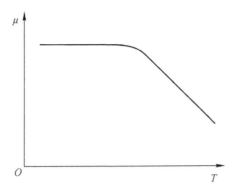

图 8.10 金属中电子迁移率随温度变化的示意图

如果是金属,电流将主要由费米能级附近的半充满能带中的电子来承担;载流子的浓度基本与温度无关。金属电导随温度的变化就主要由电子的迁移率来决定。于是,杂质含量不同的某种金属样品电阻率随温度的变化就将如图 8.11 所示。在低温区,电阻率与温度无关,而主要由杂质浓度来决定;在高温区,晶格振动成为主控因素,因此所有样品的电阻率均相同。在这个区域,电阻率随温度的典型变化为线性变化。在杂质控制区,在一定的参考温度下,晶格振动会转而成为主要散射因素。这些特定参考温度下测得的电阻率比值常被简称为电阻率比。它可被作为衡量被测样品中杂质相对含量的一个依据。电阻率比不能明确告诉我们被测样品中的杂质究竟是哪一种物质。但是,该方法简便易行,有助于研究者对被测样品中杂质的总含量形成整体认识。

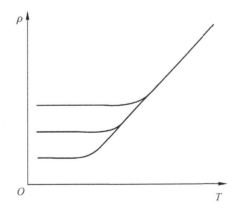

图 8.11 杂质含量不同的三种金属电阻随温度的变化。杂质的相对含量可由高低温下的"电阻率比"来测得

本征半导体及绝缘体电导率的大小主要由载流子的浓度来决定,也就是由式 $\exp(-E_g^0/2kT)$ 来决定。元素周期表中包含硅和锗等元素半导体在内的ⅣA族元素的禁带宽度值、典型载流子迁移率及其室温电阻率汇总如表 8.1 所示。表中同时列举了各元素的熔点,用以说明与禁带宽度的关系。金刚石是非常好的绝缘体。铅作为一种金属,其中不存在禁带,且最靠上的能带仅处于部分充满状态。锡具有两种晶体结构:低于 13℃时,它具有与同族轻金属元素相同的金刚石结构(灰锡),禁带非常小,具体如表中所示;高于 13℃时,锡将转变为四方结构,禁带消失。因此,该材料转变成一种金属(白锡)。这里需要注意,随着原子序数的提高,禁带降低。这是一个非常重要的趋势。为说明禁带宽度在决定载流子浓度方面的重要作用,用图 8.12 给出了相关元素禁带宽度的指数函数 $\exp(-E_g^0/2kT)$ 随温度变化的阿伦尼乌斯图。材料的外观同样与禁带宽度有关。金刚石之所以为透明是可见光的能量比较低,不能激发其中的电子跃迁至禁带之上。因此,金刚石也不能吸收可见光。硅和锗对可见光均不透明。这主要是因为它们的禁带宽度均比较小,导致在可见光区产生光吸收。然而,由于红外线光子的能量太小,以上两种材料在红外波段均为透明材料。铅是典型的不透明金属。因此,绝缘体多倾向于呈现透明或白色;而那些禁带宽度比较小的材料和金属,通常为不透明或颜色较深。

表 8.1 Ⅳ族元素的热动力学及输运参数

元素	熔点/℃	E_g/[eV(kJ·mol^{-1})]	迁移率/[cm^2·(V·s)$^{-1}$]		ρ_{RT}/(Ω·cm)
			μ_n	μ_p	
C	>3550	5.33 (513)	1800	1200	10^{14}
Si	1410	1.14 (110)	1600	400	230000
Ge	937	0.67 (64.5)	3800	1800	43
Sn(灰)	232	0.08 (8)			10^{-4}
Pb	328	金属			10^{-6}

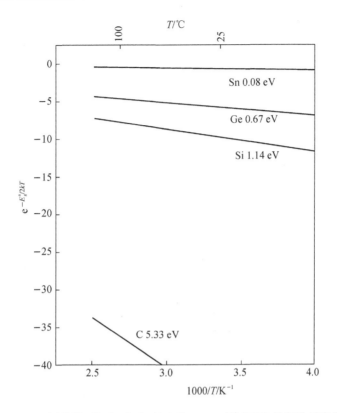

图 8.12　C(金刚石)、Si、Ge 和 Sn(灰)的 $\exp(-E_g^0/2kT)$ 的阿伦尼乌斯图

8.7　跳跃机制

已讨论的电导均属于能带内传导,即由导带中的电子或价带中的空穴来完成,并只受到偏离理想晶格缺陷散射的阻碍。在许多氧化物中,载流子移动受到的阻碍作用较小,可通过在局域化能级间的一步步跳跃来完成。由于跳跃需要基于热激发来完成,因此,载流子的迁移率随温度的升高依指数规律增长。上述过程通常被称为跳跃机制(hopping mechanism)。在这种情况下,载流子的迁移率如下式所示:

$$\mu = \mu_0 T^{-3/2} e^{-E_h/kT} \tag{8.22}$$

其中,E_h 为跳跃所需的激活能。在跳跃间隔,电子或空穴的宿主可以是阳离子或阴离子,还可以是杂质离子。然而,最后一种情况要求杂质离子间的距离要足够小。如果宿主离子键合作用较强,周围的离子存在足够强的极化,极化云必须随着载流子的跳跃而迁移。这样的宿主中心通常被叫作小极子。当宿主离子与周围离

子键合作用较弱(常被称作大极子),极化现象也并不严重时,载流子的迁移会与典型能带电导行为融合。通常,很难预测某一系统中的电导究竟基于哪一种机理。因此,我们就必须去寻找实验证据。如果某浓度的载流子激活能总小于电导激活能,其间的差异就可能主要是由于热激活迁移率所致(上述差异也可能是由于在导带输运的离子化的电子对带电载流子拖拽所致)。

8.8 化合物的能带结构

已有讨论总体相对抽象,唯一提及的实际半导体是ⅣA族元素半导体材料。用它们作范例说明一些基础概念既简便又易行。然而,本书主要关注的是无机化合物的性质。因此,非常有必要了解能带模型这些材料中的应用。

在半导体和绝缘材料中,导带是正常状态下能量处于最低状态全空能级的集合;而价带通常是由能量最高的已经充满电子的能级组成。这些基本原理怎样应用于化合物中呢?这里,还可以用NaCl作为一个简单范例。假设可以用数目相等的钠原子和氯原子(注意,不是离子!)制备出一种材料。其中,两种原子所处的位置与NaCl晶体中两种离子所处的位置完全相同。先不用考虑这种材料有多么不稳定。其能级分布图可能与图8.13(a)所示的类似。图上方能带由Na的3s轨道汇集而成,处于半满状态;同时,在图下方有一个由Cl的3p轨道集合而成的仅部分被充满的能带。如果现在让电子处于完全自由状态,并任由让它们自己找到各自的平衡状态,则所有的Na的3s电子将跌落入Cl的仍空着的3p轨道。这样,由Na的3s电子组成的导带就会处于名义上的全空状态;与此同时,由Cl的3p轨道形成的价带将成为名义上的满带。这种情形如图8.13(b)所示。电子通过离子化跨越禁带要求将一个电子由Cl^-阴离子的3p轨道迁移到Na^+阳离子的3s轨道。这个方案可行性不高,因为电子从Na原子迁移至Cl原子,从而形成两种元素的离子才是这种晶态固体中最可能且最为常见的情形。因此,上述促使电子从阴离子迁移至阳离子所需的焓就会很高。这也意味着禁带宽度会很大。禁带宽度显然与Na原子离子化的难易程度和Cl原子的电子亲和力相关。上述情形也可以从离子化反应,也就是从使化学键断裂的角度来审视。从这个角度考虑,一个研究者可能会想到晶格能应与禁带宽度相关。二者的关系如图8.14所示。

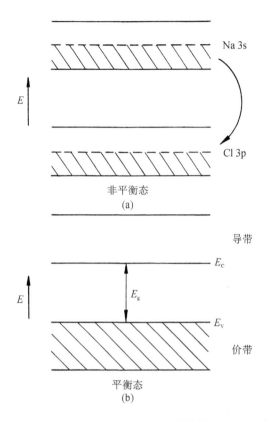

图 8.13　NaCl 中价带与导带的形成。(a)以虚构的 Na 和 Cl 原子基础。
(b)价电子从 Na 原子后移动至 Cl 原子后能带的结构

图 8.14 中给出了多种材料禁带宽度随每化学当量(chemical equivalent)的原子化热[①](heat of atomization)的变化(用化学当量归一化的目的是给出以分子式为单位的化学键数目)。图中所示强烈的相关性表明了固体化合物组成元素的化学性质与化合物电学特性之间的紧密联系。

总而言之,化合物中禁带宽度随着组成化合物元素电负性差值的增加而扩大。其主要原因是组成元素电负性差值变大会增大离子间相互作用对成键的贡献,键合能也会因此而升高。

---

① 译者注:原子化热指使化合物中的化学键断裂,使化合物转变成相应组成原子所需供给的热量。如果化合物为晶态物质,原子化热就相当于该晶态物质的晶格能。

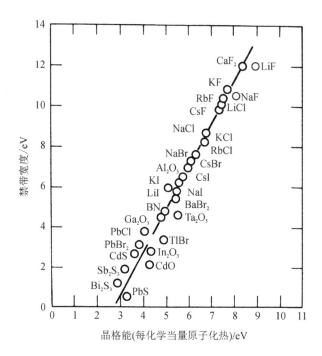

图 8.14　不同材料禁带宽度随材料每化学当量原子化热的变化
[经有关编辑授权,基于科斯塔德(Kofstad)的研究结果重绘]

8.9　化学性质与禁带

　　以上对于化合物中禁带的描述基本上属于定性描述,在理论上尚不严谨,然而却具有简单实用的优点。对于我们最为感兴趣的化合物(卤化物及氧化物),如果阳离子具有和它前面的稀有气体元素一样的电子结构,那么,价带就将以具有稀有气体元素外层电子结构阴离子的最外层全满电子轨道为基础形成。这种情况与前节介绍的 NaCl 类似。如果是氧化物,价带就将以被充满的 O 离子 2p 轨道为基础形成。在对电学特性的影响方面,与导带与价带之间的能级差相比,导带与价带所具有能量的绝对值并不是太重要。上述能带的绝对值只有在不同材料的对比过程中才是重要的。为方便起见,研究中常使用的电子能量是以真空能级为参照量的相对能量:将一个电子从其所处的轨道移动到很远的自由空间所需要的能量。对于最外层已被占据的轨道,这相当于化合物的逸出功(work function)。虽然,不同氧化物间可能会存在些许的差别,但在总体上,价带中由 O 原子的 2p 轨道发展而来的能级与更高的真空能级之间差距都类似。在氯化物中,由 Cl 原子的 3p 轨道集合形成的价带电子能级在价带边的位置也应类似。在某种化合物中,如果使一个原子成为离子所消耗的能量(离子化能)比较小(如 Na,5.14 eV,495 kJ/mol),则从导带底部将一个电子移至真空能级所需的能量也不会很大。因此,导带底部应该位于价带顶部之上相对较高的位置,形成相对宽的禁带宽度。对于 NaCl,禁带宽度稍高于 8 eV(770 kJ/mol)。如果是 Al_2O_3,Al 原子的第三离子化能为 28.4 eV(2730 kJ/mol),相应的禁带宽度为 6.5 eV(630 kJ/mol)。然而,对于 TiO_2,Ti 原子的第四离子化能为 43.2 eV(4160 kJ/mol)。由这些轨道发展而来的导带在真空能级之下较深的位置上,更接近价带,使禁带宽度仅为 3 eV(300 kJ/mol)。图 8.15 给出了 Al_2O_3 和 TiO_2 禁带结构对比的示意图。

以上对价带、导带相对能量和由此所致禁带宽度的近似还算不上精确,而且肯定还会受到化合物基体的影响。然而,在这里所考虑的范围内,基体对价带和导带的影响类似。只要由此造成价带和导带能量的波动远小于禁带宽度,相对于这里讨论的目的,上述近似就是合理的。"有用!"是判断上述近似讨论为合理的最充分理由。

接下来介绍的部分过渡金属阳离子不具有稀有气体原子的电子结构。它们的 d 轨道中还有电子(例如:Fe^{2+},$3d^6$;Co^{2+},$3d^7$;Ni^{2+},$3d^8$)。这些电子的能级高于 O 原子 2p 轨道的能级。因此,价带将主要源于阳离子的满电子 d 轨道。这会降低禁带宽度。而导带将主要由阳离子的空 d 轨道来组成。NiO 中,Ni 的第二离子化能为 18.2 eV(1750 kJ/mol),导带就具有相对较高的能量;然而,价带的能量也比较高,所以禁带的宽度就只有 3 eV(300 kJ/mol),具体仍如图 8.15 所示。

随着原子序数的增加,原子逐渐增大,金属元素的离子化能随之减小。外层电子结构相同时,随着原子序数的增加,禁带宽度也随之增加。例如,Ta_2O_5 的禁带宽度就大于 Nb_2O_5。原子序数与禁带宽度的关系还可以按如下方法来考虑。如果阳离子空轨道构成了导带,而且这个阳离子有容易形成的低氧化态,因此,它就倾向于再接受一个电子。这样,导带就不会很高(如 Ti^{4+} 和 Nb^{5+},Al^{3+} 和 Mg^{2+} 不属于这种情况)。如果离子的满电子轨道构成了价带,而且它还拥有可能的更高氧化态,因此,它将容易失去电子。这样,价带的位置就会相对较高(如 Ni^{2+} 和 Fe^{2+},O^{2-} 和 Cl^- 不属于这种情况)。这样,事实就变得很清楚,**如果组成化合物的所有元素仅有一个稳定的氧化态,则该化合物的禁带就将比较宽,该材料就将是一种绝缘体**。如上所述的禁带宽度与元素化学性质之间的关系可用于预测由相关元素组成化合物的电学特性。化学知识确实是有用的。

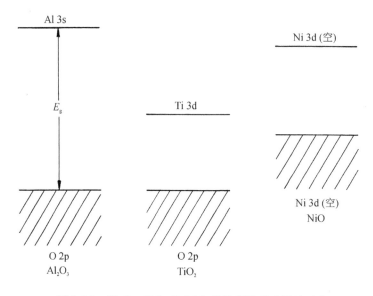

图 8.15　Al_2O_3、TiO_2 和 NiO 禁带宽度示意图的对比

8.10　小结

本小节主要用固体能带模型来描述本征电子缺陷。它显著不同于在此之前的在质量作用定律基础上对本征离子缺陷的描述,然而结果却非常相似。质量作用定律同样可用于电子缺陷。前面介绍的本征离子缺陷的种类有几种,而本征电子缺陷却仅有一种。对于这种缺陷,可用如式(8.1)所示的离子化反应和如式(8.2)所示的质量作用定律表达式来描述。

出现下列条件时,禁带宽度将增加:

(1)阳离子生成过程中,最后一步的离子化能减少;

(2)原子最外层处于填充状态的轨道中电子的离子化能增加;

(3)化合物键合能量提高;

(4)组成化合物的阴、阳离子间的电负性提高;

(5)组成导带的低氧化态阳离子的电子轨道变得更不稳定;

(6)在价带由某种离子满电子轨道组成的前提下,该离子中有更多高氧化态变得不稳定。

在后续内容中,读者将会看到禁带宽度的大小在决定化合物的非化学计量及化合物的性能方面同样非常重要。化合物的上述性质可非常方便地通过化合物组成元素已知的化学性质来预测。

参考文献

Kittel, C. *Introduction to Solid State Physics*, 3rd ed. New York: John Wiley & Sons, 1966.
Kofstad, P. *Nonstoichiometry, Diffusion, and Electrical Conductivity in Binary Metal Oxides*, New York: Wiley-Interscience, 1972, Chapter 4, Fig. 8.
Smith, W. F. *Principles of Materials Science and Engineering*, 2nd ed., New York: McGraw-Hill, 1986, Fig. 3.28.

第 9 章

非本征电子缺陷

9.1 引子

第 5 章讨论非本征离子型缺陷的过程中,仅局限于满足化学计量比的组分,其中含有掺杂的材料实质是由符合化学计量比的二元化合物组成的固溶体。在上述条件下,电子和空穴只有通过离子化跨越禁带才能产生;换言之,上述化合物只涉及了本征电子型缺陷。目前为止,本书为读者展示的缺陷化学世界还仅限于晶态固体的内部,并没有考虑晶体所处的环境。在某些特定的热动力学状态下,晶体将必然与周围环境达到平衡状态。本书接下来内容中就会考虑含有掺杂的晶体在与周围气体环境相互作用后的结果,所作讨论以晶体中存在一定非金属成分(氧化物中的氧、氯化物中的氯)作用为前提。在上述内容基础上,将引出非化学计量比这个重要概念。

虽然没有明确说明,之前讨论实质上均假设了在每个温度下的平衡状态均只涉非金属元素的变化。而且无论所涉及的非金属元素怎样变化,最终都不改变化合物成分的化学计量比。在上述情形中,变价杂质中心和补偿型离子缺陷保证了材料在整体上仍保持电荷中性。本节内容将主要讨论其他一些极端例子。在这些例子中,与周围气体环境的相互作用会导致晶体中的非金属成分出现增减,直至晶体中的补偿型缺陷被具有等量电荷的电子或空穴完全取代为止。对于晶体中的这种重要转变,将会在随后第 11 章对掺杂晶体非化学计量比的讨论中予以详细阐述。

9.2 与气体环境的相互作用

相对于无掺杂的晶体,含有变价掺杂晶体中的阴、阳离子比总会出现或多或少的变化。在纯粹的非本征离子型缺陷化合物中,非金属元素会出现增多或减少,并会导致生成离子缺陷。因此,NaCl 中引入 $CaCl_2$ 掺杂后会转变为 $Na_{1-2x}Ca_xCl$,因 Ca^{2+} 离子携带的多余的正电荷将由等量的阳离子空位来补偿。含有 TiO_2 的 Nb_2O_5 会转变为 $Nb_{2-x}Ti_xO_{5-\frac{x}{2}}$。因 Ti^{4+} 离子的取代而缺少的正电荷将会由相当于所掺杂离子一半数量的氧空位来补偿。在有限的几种只存在非本征电子型缺陷的例子中,晶体中过剩的非金属元素将会被排出,然后在其中产生带等量电荷的电子;晶体中非金属元素出现了不足,也会从周围环境中"吸取",并由此产生带等量电荷的空穴。对此,最好能通过一些特殊的事例来予以说明。

在第 5 章中,读者应注意到 Nb_2O_5 掺入 TiO_2 的方式有两种。为方便起见,下面再次给出了式(5.13)和式(5.14)。

$$Nb_2O_5 \xrightarrow{(2TiO_2)} 2Nb_{Ti}^{\cdot} + 4O_O + O_I'' \tag{9.1}$$

$$2Nb_2O_5 \xrightarrow{(5TiO_2)} 4Nb_{Ti}^{\cdot} + 10O_O + V_{Ti}^{4'} \tag{9.2}$$

将非本征离子型缺陷转变为非本征电子型缺陷,最简单的是从如式(9.1)所示的含有阴离子缺陷的反应开始。如果其中过剩的间隙氧以中性氧分子的形式从晶体中排出,就会在晶体中留下带等量电荷的电子。具体过程如下式所示:

$$O_I'' \longrightarrow \frac{1}{2}O_2 + V_I + 2e' \tag{9.3}$$

将式(9.1)与式(9.3)合并可得晶体中上述缺陷形成总反应式:

$$Nb_2O_5 \xrightarrow{(2TiO_2)} 2Nb_{Ti}^{\cdot} + 4O_O + \frac{1}{2}O_2 + 2e' \tag{9.4}$$

至此,研究对象就转变为非化学计量比材料。因为,其组分已经不等于最初两种化学计量比组元的加和;其中的电子数目多于单纯由离子化过程激发而跨越禁带的电子。这样,就会导致氧离子在解离成为氧原子后溢出晶体,电子被保留在晶体中。为保持整个晶体的电中性,离开或进入晶体的物质也应为中性状态。以式(9.2)为基础,按 TiO_2 的化学计量比除去晶体中的 Ti 空位,可获得与上面过程类似的结果:

$$V_{Ti}^{4'} + 2O_O \longrightarrow O_2 + 4e' \tag{9.5}$$

将式(9.2)与(9.5)相加再除以 2,同样可以得到式(9.4)。以阴离子缺陷反应为基础、从得失氧的角度来阐释上述过程的好处就在于不必让晶体增加或减少其内部晶格格点的数目。

下面用溶解在 TiO_2 中的 Al_2O_3 来讨论受主掺杂的影响。相对于要取代的氧化物,受主氧化物中每个阳离子拥有的氧离子更少。这样,形成非本征离子型缺陷可能途径有以下两种:

$$Al_2O_3 \xrightarrow{(2TiO_2)} 2Al_{Ti}' + 3O_O + V_O^{\cdot\cdot} \tag{9.6}$$

$$2Al_2O_3 \xrightarrow{(3TiO_2)} 3Al'_{Ti} + 6O_O + Al_i^{\cdots} \qquad (9.7)$$

这里,可以忽略 Ti^{4+} 离子取代 Al^{3+} 间隙离子的可能性。其主要原因是前者的浓度显著高于后者;而且,TiO_2 样品还可以通过从周围环境吸氧来消除氧空位。

$$V_O^{\cdot\cdot} + \frac{1}{2}O_2 \longrightarrow O_O + 2h^{\cdot} \qquad (9.8)$$

在上面这种情形中,中性氧原子进入晶体后,可通过从价带中获取两个电子来成为离子。价带中的电子是晶体中能量最高、最容易获取的电子。这样,就可以在价带中生成两个空穴。它们可以补偿失去的氧空位所携带的正电荷。上述通过生成补偿型电子缺陷来引入受主掺杂的过程可通过合并式(9.6)和式(9.8)的结果来表述。

$$Al_2O_3 + \frac{1}{2}O_2 \xrightarrow{(2TiO_2)} 2Al'_{Ti} + 4O_O + 2h^{\cdot} \qquad (9.9)$$

相同的结果可通过按化学计量比在式(9.7)的基础上填加一整套 TiO_2 晶格格点来获得。

$$Al_i^{\cdots} + O_2 \longrightarrow Al'_{Ti} + 2O_O + 4h^{\cdot} \qquad (9.10)$$

将式(9.7)和式(9.10)相加再除以 2,同样可以获得式(9.9)。

通过失去相对于宿主氧化物多余的氧可引入带有补偿型电子的施主氧化物;通过补充相对于宿主氧化物缺少的氧可为引入带有补偿型空位的受主掺杂铺平道路。处于上述两种情况中的任意一种,晶体均会转变为非化学计量比晶体;其阴、阳离子比将不再等于组分物质的加和。在最终形成的固溶体中,阴、阳离子的子晶格均会转变为理想状态。本结论适用于几乎所有的金属化合物(例如,卤化物、硫化物等)。

至此,区分变价元素是属于施主掺杂还是受主掺杂的原因就已经清楚。变价元素作为受主掺杂时,可为固溶体提供机会从周围环境获取非金属离子,同时形成相应数量的空穴。这与受主掺杂溶入固溶体(如 B_2O_3 溶入 TiO_2)后导致其中产生空穴的现象类似。变价元素为施主掺杂时,可为固溶体提供机会失去其中的部分非金属离子,同时产生相应数量的电子。这与 As 溶入 Si 等引入施主掺杂时的情况相同。

现在,读者应清楚地认识到引入变价掺杂的方式共有三种,可能的补偿型缺陷也有三种:可能出现阳离子型缺陷,也可能出现阴离子型缺陷,还可能出现电子缺陷。由于施主掺杂意味着正电荷中心,因此补偿型缺陷可以是:阳离子空位、间隙阴离子和电子。对于受主掺杂,相应的补偿型缺陷可能是:间隙阳离子、阴离子空位和空穴。

与常碰到的情况一致,任何体系都将选择那些从能量角度讲最为有利的补偿型缺陷。补偿型缺陷的选择对于任何掺杂材料的输运特性都具有重要的作用。特别是电导率,它会随着某个体系由离子型补偿缺陷转变为电子型时,出现几个数量级大小的变化。

9.3 补偿型缺陷的选择

我们已经讨论了如何在两种补偿型离子缺陷中作出选择,并强调了所作选择与最容易出现的本征离子缺陷间应有的一致性。本节讨论的主题是如何在体系中最容易出现的离子型缺陷和可能出现的电子型缺陷中作出选择。在掺杂 $CaCl_2$ 的 NaCl 中,带正电的施主中心究竟会被阳离子空位补偿,还是由电子来中和?在掺杂 TiO_2 的 Nb_2O_5 中,受主掺杂具有的负电荷应由氧空位还是空穴来抵消?在这里,非常有必要了解元素的化学性质及其与相应化合物中电子轨道的关系。

在 Na 与 Cl_2 反应生成 NaCl 的过程中,Na 原子失去电子,Cl 原子得到电子,从而形成了两种组分元素的离子。在晶态的 NaCl 中,价带以 Cl 原子的 3p 轨道为基础,由充满的阴离子电子轨道构成;导带以 Na 原子的 3s 轨道为基础,由阳离子失去电子后形成的空轨道构成。在 NaCl 的导带中添加一个电子与将一个 Na^+ 离子转变为中性的 Na 原子类似。这种转变在 NaCl 的晶体环境中并不是非常有可能发生的。研究者可以做这样一个简单的实验:将一个电子置于导带中相当于一个原子中那样的电子轨道上后,是否能够产生相应元素的一种可能获得的氧化态?由于钠在其化合物中经常以 Na^+ 离子的形式出现,因此,对上面问题的回答就是不行。因此,在此类化合物中,特别是存在其他更具有能量角度优势的选择时,不会有研究者会希望在其导带中发现电子。在 NaCl 中,正如其所具有的不太高的肖特基缺陷形成焓所示,一价的阳离子空位非常容易形成。考虑上面问题的另外一种方法是衡量本征离子型缺陷和电子型缺陷的相对量。在 NaCl 中,禁带的宽度是肖特基缺陷的生成焓大小的数倍。所以,在对变价杂质元素的补偿过程中,电子型缺陷就不会比离子型缺陷更为有利。此处可能会有一点混乱。每一种相对较大的无序结构生成焓实质是其所涉及的能量不同、电性相反的两种具体缺陷的集合[①]。而且,其中一种缺陷可能比另一种更容易形成,但两者之间的对比通常还是有用的。

对于价带可作类似的讨论。在 NaCl 的价带中添加一个空穴等效于将一个 Cl^- 转变为一个 Cl 原子;从能量的角度考虑,也不太容易实现。再者,Cl^- 离子是氯元素唯一的稳定状态。因此,在由 Cl 3p 轨道集合而成的价带上就不大可能出

---

① 译者注:如已在第 4 章题目的注释所示,与缺陷对应的两个英文单中,"disorder"表述的缺陷范围比"defect"大。如本征离子型缺陷对应的英文为"intrinsic ionic disorder",它又可能包含阴、阳离子型弗伦克尔缺陷等更为具体的缺陷。这些具体缺陷,对应的英文就是"defect"。

现空穴。

上述讨论可建立在有一定定量关系的热力学基础上。式(9.3)实质上代表着施主掺杂的 TiO_2。由于失氧,使其中的缺陷补偿反应由间隙氧补偿型转变为电子补偿型。可定义反应的特征焓为 ΔH_e;其值越小,上述杂质就越容易用电子来补偿。类似地,式(9.8)代表着受主掺杂的 TiO_2。由于得氧,使杂质补偿反应由氧空位补偿型转变为空穴补偿型。该反应的特征焓可定义为 ΔH_h。两式相加后可得:

$$V_O^{\cdot\cdot} + O_I'' \rightarrow O_O + V_I + 2e' + 2h^{\cdot} \tag{9.11}$$

该反应的特征焓就应为 $\Delta H_e + \Delta H_h$。式(9.11)同时也是特征焓为 E_g^0 的本征电子离子化反应的两倍与特征焓为 ΔH_{AF} 的本征阴离子缺陷生成反应的差。因此:

$$\Delta H_e + \Delta H_h = 2E_g^0 - \Delta H_{AF} \tag{9.12}$$

为了方便起见,在上述推导中假设了阴离子弗伦克尔缺陷是 TiO_2 最容易形成的本征缺陷。在第12章中将要讨论的实验结果表明阳离子型弗伦克尔缺陷形成的概率更大。这是一个实用范例,可用于表现杂质补偿反应由离子型转变为电子型的转变焓与本征离子及电子缺陷生成焓关系。对于一个一价的阴离子,一个阴离子缺陷将由一个电子型缺陷取代,禁带宽度特征焓在上述关系式中就会只出现一次。这个关系式强调了氧化物中禁带宽度的重要性。研究者可能会将 NiO 与 MgO 对比。它们具有相同的晶体结构,阳离子半径相近。因此,两种氧化物中易形成的理想肖特基缺陷的生成焓也应类似。然而,NiO 具有典型过渡金属氧化物的禁带宽度 3~4 eV(300~400 kJ/mol);MgO 的禁带宽度为 7~8 eV(700~800 kJ/mol)。因此,两种氧化物中杂质补偿反应由离子补偿型转变为电子补偿型过程焓值的总和就约 6~10 eV(600~1000 kJ/mol);NiO 中的要稍小于 MgO。虽然,这里还区分不了受主和施主条件下的焓值,然而,就平均而言,在 NiO 中电子型缺陷补偿反应确实应更容易,其主要由于不同的禁带宽度所致。如果在这里假设(虽然没有得到验证),焓值差可在受主掺杂和施主掺杂的两种情形中平均,1000℃时,电子型补偿反应在 NiO 中易发生的程度是在 MgO 的 $10^{12} \sim 10^{20}$ 倍(根据 exp(6~10 eV)/2kT 计算而得)。如第8章所述,禁带宽度与阳离子取得其他可能氧化态的难易程度有关。进一步对比如上所述两种不同氧化物中的不同情形表明,将研究结果归一化到以取代一个单电荷为单位时会变得更加易于理解。换言之,所给出的关系式应以用一个单电子或空穴取代一个电荷单位的补偿型离子缺陷所需消耗的焓为基础。因此,对于如上引述的例子,式(9.3)、式(9.8)、式(9.11)和式(9.12)都可以除以2,从而得出

$$\Delta H_e' + \Delta H_h^{\cdot} = E_g^0 - \frac{\Delta H_{AF}}{2} \tag{9.13}$$

其中,与焓相关每一项中的上标表示已将它们以一个电荷为单位进行了归一化处

理。将 NiO 与 MgO 进行对比，二者 $\Delta H'_e$ 和 $\Delta H'_h$ 之间的差距大约在 3～5 eV（300～500 kJ/mol）。读者可以自己来决定在 TiO_2 中形成阳离子弗伦克尔缺陷是否更具有优势。在这种情况下，式（9.13）的右半侧应为 $E_g^0 - \Delta H_{CF}/4$。其中，ΔH_{CF} 为生成一对间隙阳离子和阳离子空位所需的焓值。在随后的第 12 章中给出的 TiO_2 中 ΔH_{CF} 的建议值为 5 eV（500 kJ/mol）。TiO_2 的禁带宽度为 3 eV（300 kJ/mol）。这也就意味着 $\Delta H'_e$ 和 $\Delta H'_h$ 之间仅相差约 2 eV（200 kJ/mol）。因此，考虑到 Ti^{4+} 离子的易还原性和 TiO_2 中用电子来补偿施主掺杂的易行性，变价杂质的电子型补偿对 TiO_2 应更为有利。

所谓主族元素，是指那些不具有部分充满的 d 或 f 轨道的元素，通常只有一个稳定的氧化态（如碱金属、碱土金属和铝）。它们的导带由全空的 s 和 p 轨道集合而成。在其中与原子外层轨道类似的某个能级中添加一个电子并不能让这些元素处于一个稳定的氧化态。因此，此类化合物中，电子型缺陷从来不会比任何一种带负电的离子型缺陷更容易形成。[相对于主族元素常见的单氧化态，有一个值得注意的特别的例外：外层电子构型为 $(n-1)d^{10}ns^2np^x$ 的"惰性对（inert pair）"元素。其中，n 常等于 5 或 6，x 可能为 1、2 或 3。这些元素可以形成涉及全部外层价电子的氧化态（例如 $n=6$ 时的 Tl^{3+}、Pb^{4+} 和 Bi^{5+}，$n=5$ 时的 Sn^{4+}）。然而，与此同时，它们还可以形成无须 6s（$n=6$）或 5s（$n=5$）电子参与的稳定氧化态。上述不参与成键的 5s 或 6s 电子即所谓"惰性对"电子（如 Tl^+、Pb^{2+} 和 Sn^{2+}）]。

氧及卤族元素的阴离子也只有一种稳定的氧化态。因此，如果某化合物价带由这两种阴离子被填充的外层电子轨道构成，空穴就不是从能量角度最容易形成的缺陷。如上所述的主族元素的氧化物和卤化物都属于这种情况。因此，在掺杂 MgO 的 Al_2O_3 中，任一研究者应都能想到氧空位或间隙阳离子作为补偿型缺陷应该比空穴更加有利。

在 d 轨道逐渐被充满的过渡金属化合物中，情况会更复杂。然而，研究主族元素及其化合物的化学实验方法同样适用于过渡金属元素氧化物。它们可被划分为两个小组。在第一小组中，阳离子包括 d 轨道电子在内的所有价电子均参与成键；元素具有和周期表中族数相同的稳定氧化态（如 Ti^{4+}、Nb^{5+} 和 W^{6+} 等），相应离子具有与它之前稀有气体原子一致的电子结构。在所形成的 TiO_2、Nb_2O_5 和 WO_3 等氧化物中，能带中最靠上的充满电子的轨道是阴离子轨道，也正是这些轨道组成了价带。如上所述，相比于与之等效的离子缺陷，空穴的形成并不占优。因此，在掺杂 Al_2O_3 的 TiO_2 中，补偿型缺陷并不是空穴，而是氧空位或间隙阳离子。如随后的第 12 章所示，实验证据更倾向于支持后者。如 Ti_2O_3、TiO、Nb_2O_4 和 WO_2 等氧化物所示，上述氧化物中的阳离子均可被还原到更低的氧化态。这相当于在上述元素原子的 d 轨道中重新填加了电子。这些化合物的导带是由阳离子的空 d 轨道组成的。因此，在由这些元素组成的氧化物导带中填加电子似乎要比在其中形成等效的补偿型离子缺陷更具有优势。所以,在掺杂 Nb_2O_5 的 TiO_2 中,在条件合适时(在后续内容中会予以说明),对于带正电的施主中心,以电子作为补偿型似乎更有优势。此类的化合物有时会被称为还原型半导体,主要原因就是由于其中含有可被还原的阳离子。由于失去氧或其他非金属元素会导致生成电子型缺陷来补偿施主杂质,因此化合物均会具有一定的电导率。

在第二小组过渡族金属元素中,阳离子处于各自的最低的稳定氧化态,d 轨道中仍然有电子[如 $Cr^{3+}(3d^3)$、$Mn^{2+}(3d^5)$、$Fe^{2+}(3d^6)$ 和 $Ni^{2+}(3d^8)$]。它们是 d 轨道含有多个电子过渡元素的典型代表。因此,从能量角度讲,这些元素不可能使用所有的 d 电子形成离子键。和前面已经提及的例子类似,含有这些元素阳离子的化合物的导带是由上述元素原子的空轨道构成的。其中,占主体的是空 d 轨道。然而,在能带中位置最高的全满轨道仍然是 d 轨道。它们是构成价带的主体,而不是像如前所述的化合物那样由全满的阴离子轨道构成价带。由于阳离子不能继续被还原(至更低的氧化态),所以导带中就不能继续容纳电子。在 Cr_2O_3 掺杂的 NiO 中(这里的情形实质上与 Ni-Cr 合金表面氧化皮的形成类似),形成阳离子空位补偿型缺陷就比用电子来补偿更具有优势。然而,这些元素的阳离子均可通过失去电子而继续氧化(如从 Mn^{2+} 到 Mn^{3+},从 Fe^{2+} 到 Fe^{3+})。因此,由全满 d 轨道形成的价带中可容纳空穴。所以,在掺杂 Li_2O 的 NiO 中,空穴是最具有优势的补偿型缺陷。由于此类化合物含有可被继续氧化的阳离子,所以也被称为氧化型半导体。通过从外围环境中吸收的氧或其他非金属元素可让此类化合物具有显著的电导特性。

对于像 Cu 等具有两种主要的氧化态的金属元素,它们可能具有两种典型性能。所以,在 Cu_2O 中,Cu^+ 可进一步被氧化到 Cu^{2+},但它不能被还原到一个更低的氧化态。因此,在对如 Zn^{2+} 等施主离子进行补偿时,电子就可能仍会比离子型缺陷更具有优势。在这里需要注意,Cu_2O 中不大可能出现受主型掺杂,因为,既不会有阳离子所携带的电荷数目小于 1,也不会有阴离子负电荷数目超过 2。在 CuO 中,Cu^{2+} 可进一步被还原到 Cu^+,在补偿 Cr^{3+} 等杂质中心方面,电子可能比离子缺陷更具有优势。Cu^{2+} 还有可能被氧化到 Cu^{3+},虽然这个过程可能有些困难。在高温超导体 $YBa_2Cu_3O_7$ 的高氧活度区,补偿型缺陷是空穴。这是该超导体的基本特性之一。和 Mn^{3+} 离子类似,Cu^{2+} 离子是既可被氧化,又可被还原离子的典范。在含有这些阳离子的化合物中,施主和受主两种掺杂都可以由电子型缺陷来补偿。

总而言之,在含有不可还原元素的固溶体中,电子不大可能在导带出现,并成为其中的主要缺陷;相应地,在含有不可氧化元素的固溶体中,空穴就不大可能成为价带中的一种主要缺陷。接下来,将主要阳离子的氧化物和卤化物中可能出现的补偿型缺陷汇总如下所示:

(1) **不可能被电子或空穴等电子型缺陷补偿的**（即不能被氧化,也不能被还原）:

主族:碱金属:Li^+,Na^+,K^+,Rb^+和Cs^+;

碱土金属:Mg^{2+},Ca^{2+},Sr^{2+}和Ba^{2+};

其他:Al^{3+},Sc^{3+},Y^{3+},La^{3+}和Si^{4+}。

(2) **施主掺杂时,可由电子来补偿的**（阳离子可被还原至更低的氧化态,但不可被氧化至更高的氧化态）:

过渡金属:Ti^{4+}、Zr^{4+}、Nb^{5+}、Ta^{5+}、Mo^{6+}和W^{6+}。

(3) **受主掺杂时,可由空穴补偿的**（阳离子可被氧化到更高的氧化态,但不能被还原至更低的氧化态）:

过渡金属:Cr^{3+}、Mn^{2+}、Fe^{2+}、Fe^{3+}、Co^{2+}和Ni^{2+}。

(4) **无论是施主掺杂还是受主掺杂,均可用电子型缺陷补偿的**（阳离子可被氧化,也可被还原至更低的氧化态）:

过渡金属:Cu^{2+}、Mn^{3+}和Fe^{3+}。

(5) **施主掺杂时,不能由电子来补偿的**（阳离子不能被还原至更低的氧化态）:

过渡金属:Cr^{3+}、Mn^{2+}、Fe^{2+}、Co^{2+}、Ni^{2+}、Cu^+和Ag^+。

(6) **受主掺杂时,不能由空穴来补偿的**（阳离子不能被氧化至更高的氧化态）:

过渡金属:Ti^{4+}、Zr^{4+}、Nb^{5+}、Ta^{5+}、Mo^{6+}、W^{6+}和Zn^{2+}。

9.4 电子补偿的化学结果

掺杂Li_2O的NiO中的补偿型缺陷是空穴。相应的补偿反应可以通过向化学计量比的两种反应物中继续添加氧来完成。

$$Li_2O + \frac{1}{2}O_2 \xrightarrow{(2NiO)} 2Li'_{Ni} + 2O_O + 2h^\cdot \quad (9.14)$$

系统中氧含量的增加就代表真的发生氧化。在由Ni 3d轨道发展而来的价带中,空穴的出现等价于发生将部分Ni^{2+}氧化成Ni^{3+}的固态平衡反应。这本身是一个比较难的氧化反应,Ni^{3+}因此成了一种强氧化剂。相应地,在有附加氧的前提下,Li_2O掺杂的NiO固溶体也具有氧化能力。例如,它可以溶于盐酸,并通过氧化作用来释放其中的氯气。

$$2Ni^{3+} + 2Cl^- \longrightarrow 2Ni^{2+} + Cl_2 \quad (9.15)$$

在固溶体中,更为准确的表示方式为

$$2h^\cdot + 2Cl^- \longrightarrow Cl_2 \quad (9.16)$$

同理,晶格过剩氧的溢出将促使电子成为其中的补偿型缺陷,之后掺杂Nb_2O_5的TiO_2的还原能力会与Ti^{3+}离子类似。从化学的角度讲,上述固溶体无论是得到或失去非金属元素,均是真实的氧化或还原反应。相对于化学计量比的二元组分化合物,非金属元素的得失也意味着真正的增重或失重。

9.5 杂质中心与电子和空穴的相互作用

如前所述,在掺杂 Nb_2O_5 的 TiO_2 中,$Nb_{Ti}^{\cdot}$ 中心可由电子来补偿。由于电子型补偿缺陷的作用就是平衡杂质中心携带的多余电荷,因此杂质中心总带正电;它与电子间也总会存在引力作用。如果电子被强烈地吸附在施主杂质中心周围,或空穴被强烈地束缚在受主杂质中心附近,上述电子或空穴就不会对整个材料的电导有所贡献。因此,电子型补偿缺陷是否被杂质中心所束缚在决定所涉及体系的电学特性方面具有重要的作用。在将上述推理过程推广应用于其他化合物之前,有必要研究 Si 等简单元素半导体中的施主或受主掺杂具体情况。笔者在此借鉴了基特尔在 1966 年发表的《固体物理导论》。这里再次声明,以示感谢!

9.5.1 元素半导体中的施主态与受主态

Si 的电子结构为

$$1s^2/2s^2 2p^6/3s^2 3p^2$$

在固体硅中,3s 和 3p 轨道通过杂化形成四个等同的 $3p^3$ 轨道。它们分别指向正四面体的四个角。其中,每个 $3p^3$ 轨道中的一个电子和相邻 Si 原子的等同轨道共享,使 Si 晶体具有金刚石结构,具体如图 9.1(a)所示。Si 之后元素 P 的电子结构为

$$1s^2/2s^2 2p^6/3s^2 3p^3$$

如果用一个 P 原子置换一个中性的 Si 原子,P 原子可以复制 Si 原子的轨道杂化,但最终会多余一个电子。P 原子周围的键合情况如图 9.1(b)所示。如果将其中多余的一个电子移去,就会形成带一个正电荷的杂质中心。在远离该杂质中心时,电子必须找到一个合适的轨道。对于这个电子,能量最低的轨道应位于导带的底部。具体如图 9.2(a)所示。如果该电子被吸附在 P 原子周围并与之形成键合,杂质中心就必须代表着一种在禁带中导带下的局域化低能级。这种情况具体如图 9.2(b)所示。则上述两种状态的能量差就等于键合状态中的杂质中心离子化能。这重要参数可由下面的离子化反应来表示:

$$P_{Si} \rightleftharpoons P_{Si}^{\cdot} + e' \tag{9.17}$$

相应的质量作用表达式为

$$\frac{[P_{Si}^{\cdot}]n}{[P_{Si}]} = K_D e^{-E_D/kT} \tag{9.18}$$

式中,E_D 为如图 9.2(b)所示的施主中心的离子化能。

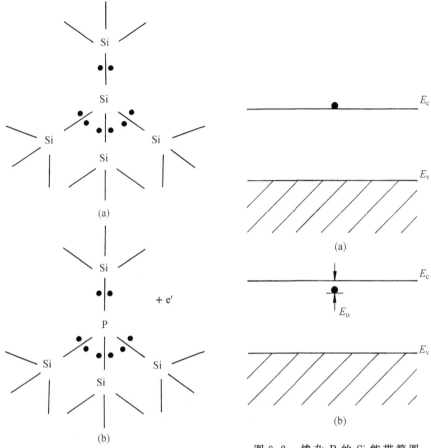

图 9.1 (a)金刚石结构 Si 中四面体形 sp^3 成键示意图。(b)Si 中某个 P 原子的键合及其周围的一个多余电子

图 9.2 掺杂 P 的 Si 能带简图。(a)导带中的多余电子示意图;(b)禁带中杂质中心的浅施主能级示意图

在键合状态下,上述多余的一个电子在围绕带正电荷的杂质中心周围的轨道运转。这种情况与氢原子类似,因此常被称为氢态(hydrogenic state)。二者的主要区别在于:氢原子中的电子与质子之间为全空空间;在掺杂 P 的 Si 中,如果电子以一定的半径围绕中心的 P 原子运动,它们间的静电引力就会受材料中可极化部分的影响。在这里,我们仍可利用基体 Si 的介电常数作为上述极化程度的量度。由于电子在轨道中总在高速运动,因此,应采用 Si 在高频下的介电常数。氢原子的离子化能,即将一个电子移到距质子无限远时所需的能量,为 13.6 eV(1310 kJ/mol)。为考虑此处 Si 晶格中极化效应的影响,需将上述离子化能除以 Si 高频介电常数的平方,同时还要用电子的有效质量来加以修正。囚此,Si 中的施主杂质

中心的离子化能就可用下式来表示：

$$E_D \sim \frac{13.6}{k^2} \frac{m^*}{m} \text{ eV} \tag{9.19}$$

其中，m^* 和 m 分别是电子的有效质量和静止质量。由于电子并不像在氢原子中那样被非常紧密地束缚在施主杂质中心，它的运行轨道更大。在氢原子中，1s 电子的轨道半径是 0.0526 nm。对于 Si 中的杂质中心，上述多余电子运行轨道半径需在氢 1s 电子轨道半径的基础上用 Si 的高频介电常数及其电子有效质量来修正：

$$r_D \sim 0.0526k \frac{m}{m^*} \text{ nm} \tag{9.20}$$

在几种施主掺杂（第五主族元素）Si 和 Ge 中，E_D 和 r_D 的近似值汇总如表 9.1 所示。由此可见，成键电子和带正电杂质中心之间的距离是原子间距的数倍。由于这个原因，位于中心的离子究竟属于哪一种元素实质上并不重要；它就相当于一个带正电的电荷。所以，对于上述所有置换元素，上述离子化能均类似。类似地，由于轨道半径较大，在计算电性相反的电子和杂质中心间的引力时，也有必要用基体材料的介电常数去修正。

表 9.1　Si 和 Ge 中施主杂质成键轨道的离子化能与轨道半径

元素	离子化能/eV			r_D/nm
	P	As	Sb	
Si	0.045	0.049	0.039	3.0
Ge	0.012	0.013	0.0096	8.0

从表 9.1 可以看出，在 Si 和 Ge 中，几种施主杂质的离子化能并不是很大，非常接近室温下的平均热（average thermal energy）：$kT=0.025$ eV，$T=300$ K。因此，在室温时，Si 和 Ge 中所有施主掺杂都会被离子化；相应的电子浓度近似等于施主掺杂的浓度。

受主掺杂具有类似的影响。这里所谓的受主掺杂是指比 Si 少一个价电子的 B、Al、Ga 和 In 等第三主族元素。B 的电子构型为 $1s^2/2s^2 2p^1$。当它取代一个通过 sp^3 杂化轨道键合在一起的 Si 原子时，就会比正常的晶格中的 Si 原子少一个电子。具体如图 9.3(a)所示。

如果其周围的一个电子填入这个缺少一个电子的成键轨道，就会在电子原来所在地方形成一个空穴。这个空穴带一个单位的正电荷，与中心带负电的受主中心相互吸引，具体如图 9.3(b)所示。如果空穴与杂质中心键合在一起，所形成的轨道半径与上述多余电子绕带正电的施主中心运转所需的轨道半径类似。与受主

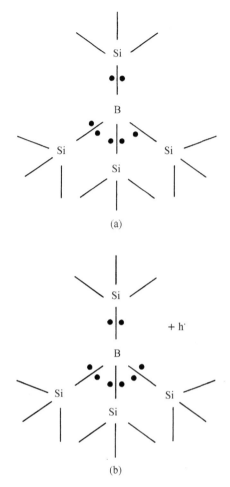

图 9.3 (a)Si 中置换 Si 的 B 原子周围的成键示意图,表明其缺少一个价电子。(b)Si 中置换 Si 的 B 原子通过从价带获取一个电子并在其中留下一个空穴来满足四面体成键要求

中心键合在一起的空穴可通过从价带中激发一个电子进入空穴,并在价带中留下一个可动的空穴的离子化过程来获得可动性。从另外一个角度来看,上述过程也可以看成是将一个与杂质中心键合在一起的空穴向下激发进入价带。

$$B_{Si} \rightleftharpoons B'_{Si} + h^{\cdot} \qquad (9.21)$$

上述过程的质量作用表达式为

$$\frac{[B'_{Si}]p}{[B_{Si}]} = K_A e^{-E_A/kT} \qquad (9.22)$$

其中,E_A 是受主杂质中心的离子化能。其典型值如表 9.2 所示。从中可以看出,表中所列数值大小与如前所述施主掺杂的类似。受主掺杂时,成键状态下和离子化后两种情况下的能带结构简图如图 9.4 所示。

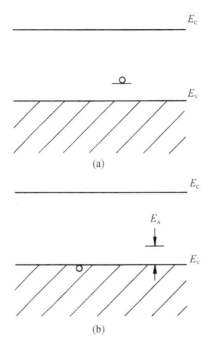

图 9.4　含受主掺杂的 Si 的能带简图。(a)束缚于禁带中的浅受主能级中的空穴。(b)通过离子化过程将空穴向下激发进入价带示意图(或让价带中的一个空穴向上跃迁进入禁带中的浅受主能级)

表 9.2　Si 和 Ge 中受主杂质中心的离子化能

元素	电子化能/eV			
	B	Al	Ga	In
Si	0.045	0.057	0.065	0.160
Ge	0.010	0.010	0.011	0.011

9.5.2　载流子浓度与电导率

电子型缺陷的质量作用表达式与离子型缺陷的(如 AgBr 中的阳离子弗伦克尔缺陷)非常类似。因此,电子和空穴浓度随着 Si 中施主掺杂浓度的变化就会和如图 7.11 所示的掺杂 Ca 的 AgBr 中阳离子空位和间隙离子的类似。两种电子型缺陷浓度变化的阿伦尼乌斯图也应该和图 7.14 相仿:同样会分为本征缺陷区、非本征缺陷区和缺陷复合体(complex)区。图 9.5 给出了施主元素掺杂的 Si 中电子与空穴浓度变化的阿伦尼乌斯图。其中沿用的定义与讨论离子缺陷时的略有不同,将大部分电子被束缚在施主中心周围的低温区称作离子化(ionization)区。在这个区域里,电中性条件和载流子浓度由离子化反应的质量作用表达式(9.18)来决定。因此,有

$$n \approx [D^{\cdot}] \tag{9.23}$$

$$n \approx (K_D [D]_T)^{1/2} e^{-E_D/2kT} \tag{9.24}$$

$$p \approx \frac{K_i}{(K_D [D]_T)^{1/2}} e^{-\left(E_g^0 - \frac{E_D}{2}\right)/kT} \tag{9.25}$$

其中,[D]为广义施主杂质中心浓度。本征电子型缺陷的质量作用表达式可由下式给出:

$$np \approx K_i e^{-E_g^0/kT} \tag{9.26}$$

随着温度的升高,电子浓度在等于施主浓度时达到一个平台区。

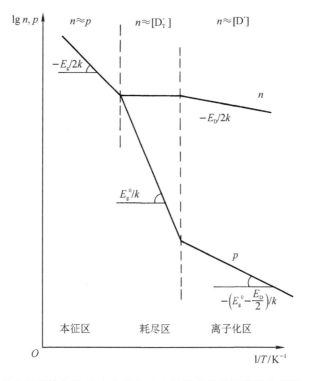

图 9.5 施主元素掺杂的 Si 中电子和空穴浓度变化的阿伦尼乌斯图。图中给出了离子化(ionization)区、耗尽(exhaustion)区和本征(intrinsic)区。用禁带宽度及离子化焓给出了图中各段直线的斜率。$[D^{\cdot}]_T$ 代表总施主浓度

相应区域被称为耗尽区。在这个区域,电子与中性施主中心的来源已经被消耗殆尽。相应的载流子浓度可以表示为

$$n \approx [\text{D}^·]_\text{T} \tag{9.27}$$

$$p \approx \frac{K_\text{i}}{[\text{D}^·]_\text{T}} e^{-E_\text{g}^0/kT} \tag{9.28}$$

其中,代表总体的下标 T(total)表明所有的施主中心均处于带电的离子化状态。随着温度的进一步提高,电子和空穴浓度的变化进入本征缺陷特征区。两种载流子浓度为

$$n \approx p \approx K_\text{i}^{1/2} e^{-E_\text{g}^0/2kT} \tag{9.29}$$

由于半导体器件常在耗尽区工作,其中的载流子浓度由施主掺杂浓度决定,并与温度的改变无关。

在以上各个区域内,费米能级处于什么位置?在离子化区,当温度接近 0 K 时,施主能级处于名义上的充满状态,而导带则处于名义上的全空状态。所以,费米能级应该位于施主能级到价带的中点。在本征缺陷特征区,杂质的浓度可以忽略,费米能级就会进一步降低到整个禁带的中点。

图 9.6 给出了三种不同浓度 As 作为施主掺杂的 Si 中电子浓度变化的阿伦尼

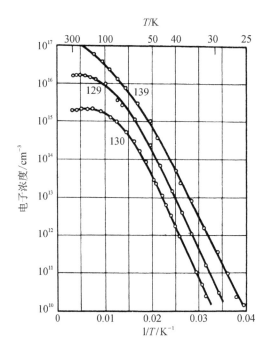

图 9.6 三种不同浓度 As 作为施主掺杂的 Si 中电子浓度变化的阿伦尼乌斯图。位置稍低的两条曲线给出了离子化区和耗尽区的变化(John Wiley & Sons 出版社授权,基于 Kittel 1966 年的研究结果重绘)

乌斯图。在最低的温度区间,与施主杂质中心键合的电子通过离子化产生电子,因此,电子的浓度随温度的升高而提高。掺杂量稍少的两个样品在温度稍低于室温时进入耗尽区。即便是在所研究温度范围的最高温度区间,也没有任何一个样品能进入本征缺陷特征区。相同样品中电子迁移率(mobility)的 lg-lg 图如图 9.7 所示。在高温区,由于晶格振动对电子散射使其迁移率随温度的提高近似按 $T^{-3/2}$ 规律下降。在低温区,晶格振动散射影响下降,杂质的散射作用成为主导因素;电子的迁移率对温度的变化不再敏感。

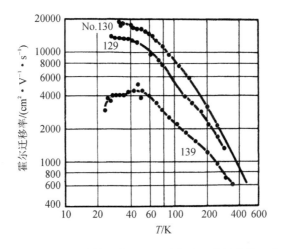

图 9.7 图 9.6 所涉及三种样品中电子迁移率随温度的变化。高温区曲线的斜率表明其对温度的依赖关系近似服从 $T^{-3/2}$ 规律;在低温区,电子的迁移率主要由杂质中心的散射决定

(经约翰·威利父子公司授权,基于基特尔 1966 年的研究结果重绘)

图 9.8 给出了三种不同浓度 Ga 作为受主掺杂的 Ge 中电阻率变化的阿伦尼乌斯图。在高温区,三种样品表现出了类似的本征缺陷特征行为,基于曲线斜率决定的禁带宽度为 0.72 eV(69 kJ/mol)。随着温度的降低,样品进入耗尽区。其电阻率随温度的降低而降低(电导率随温度的降低而提高)。在这个区域,载流子浓度与温度变化无关;然而,由于晶格振动所致的散射作用减少,其迁移率提高。在最低的温度范围内,随着温度的下降,空穴与受主中心键合程度逐步提高,这会部分抵消迁移率对温度的依赖作用,电阻率变化与温度的相关性减少。

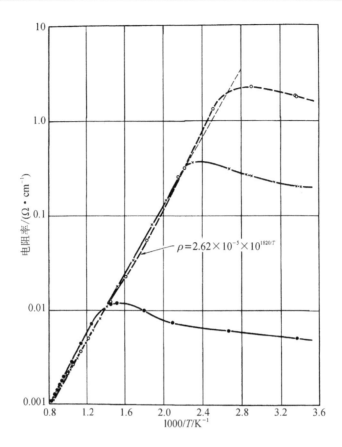

图 9.8　三种不同浓度 Ga 作为受主掺杂的 Ge 中电阻率随温度变化的阿伦尼乌斯图（经约翰·威利父子公司授权，基于基特尔 1966 年的研究结果重绘）

9.5.3　补偿

在此之前，我们均假设半导体中只含有施主或受主中的一种掺杂。在实践中，人工添加杂质的浓度往往会高至可以让我们忽略材料自有的杂质。当人工填加的施主与受主掺杂均很多时，就会发生补偿现象；材料的性质将主要由多出来的施主或受主掺杂来决定。在价带中有大量空穴或许多空穴被束缚在受主杂质中心附近（即处于受主在禁带中引入的低能级中）的前提下，就不可能在导带中保留电子或让它束缚在施主杂质周围。空穴相当于一个空的电子轨道，任意更高能级的电子都有可能对其填充。因此，如图 9.9(a)所示情形不会稳定，会逐渐向如图 9.9(b)所示的状态转化。这里需要注意，由于电子倾向于失去能量、向低能级跃迁，空穴就会向高能级跃迁。实质上，空穴能量提高就等价于电子的能量降低。

其中图中公式为 $\rho = 2.62 \times 10^{-5} \times 10^{1820/T}$

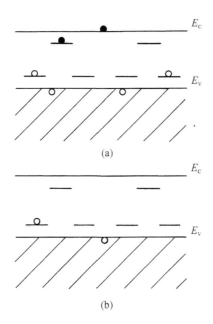

图 9.9 受主掺杂浓度是施主掺杂浓度两倍的半导体中的能带示意图。(a)电子与空穴合并之前(非平衡态)。(b)电子与空穴合并后,引起部分补偿

9.6 化合物中非本征电子缺陷

电子或空穴在化合物中与带电杂质中心的相互作用和前面刚介绍的元素半导体中的情况相同。为保持电中性,杂质中心和相应的补偿型缺陷应携带电性相反的电荷。所以,它们之间就有可能相互吸引,使电子型缺陷失去迁移能力。在这里再次强调,化学性质可被用来推测相应材料中基于上述静电引力形成的键合强弱程度。

例如,在 MgO 中,阴、阳离子均具有稳定的稀有气体电子构型。价带主要源于 O 离子全满的 2p 轨道,导带则由 Mg 的 3s 空轨道构成。在导带中添加电子相当于形成 Mg^+ 离子,在价带中添加空穴相当于构建 O^- 离子。二者均不是稳定的氧化态。因此,如果用施主元素掺杂 MgO,并用电子进行补偿施主中心,则有

$$D_2O_3 \xrightarrow{(2MgO)} 2D^{\cdot}_{Mg} + 2O_O + \frac{1}{2}O_2 + 2e' \qquad (9.30)$$

导带中将不能容纳上述反应生成的电子。电子如想进入导带,就必须消耗相当一部分能量。这样,这些电子将去向哪里? 它们必须进入导带之下的深能级。在这里,它们将与施主中心形成键合并被束缚在施主中心的附近。

$$D_{Mg}^{\cdot} + e' \rightleftharpoons D_{Mg}^{\times} \tag{9.31}$$

式中,表示平衡反应的箭头上长下短表明反应明显倾向于向右进行。这样,该材料中能带的分布就应如图 9.10(a)所示。施主中心产生的电子能级位于禁带中靠下的位置。常见的热激活能还不足以将其中的电子激发入导带。当然,前面已经介绍了在没有可还原阳离子的前提下,以电子作为补偿型缺陷有可能比离子型缺陷更具有优势。所以,化学实验就可能具有双重作用。在这个例子中,由于 Mg^{2+} 不能被还原至更低的氧化态,由离子型缺陷来补偿施主中心更具有优势。在这种条件下,即便存在一定数量的电子,它们也会因与施主中心间强烈静电吸引而被冻结。施主掺杂的 MgO 就因此多作为绝缘体;当然,也不排除其会具有一定的离子电导能力。

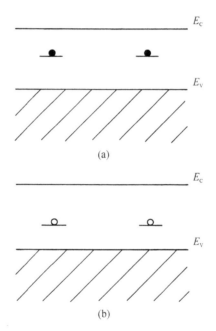

图 9.10 掺杂 MgO 中的能带简图。(a)施主掺杂+电子补偿型,电子被束缚于深施主能级中。(b)受主掺杂+空穴补偿型,空穴被束缚于深受主能级中

对于受主掺杂的 MgO 可作类似的讨论。如果补偿是通过空穴来完成的,则有

$$A_2O + \frac{1}{2}O_2 \xrightarrow{(2MgO)} 2A'_{Mg} + 2O_O + 2h^{\cdot} \tag{9.32}$$

空穴在价带中的出现等价于形成了不稳定的 O^- 离子。因此,空穴所处的能级必须比价带高。在其所处的能级上,空穴主落入受主杂质中心周围的陷阱态中被束缚起来。

$$A'_{Mg} + h^· \rightleftharpoons A^\times_{Mg} \tag{9.33}$$

再次声明,要想使落入陷阱的空穴激发出来、使之进入价带,就必须消耗大量的能量。因此,在受主元素掺杂的 MgO 中,虽然其可能也具有一定的离子电导性,但它在通常状态上应表现为绝缘体。受主掺杂 MgO 的能带简图如图 9.10(b) 所示。上述对受主掺杂 MgO 性能的推测与相关性能测试实验的结果相符。在这里,实验结果再次从两个方面证实受主掺杂的 MgO 不可能以空穴导电作为主要导电机理。由于价带中的能级不是来源于可进一步被氧化的化学元素,因此,用离子型缺陷来补偿受主中心就比用空穴来补偿更具有优势。在这种情况下,即使存在一定浓度空穴,它们也会被紧紧束缚在受主杂质中心的周围。

接下来以施主元素掺杂的 TiO_2 为例继续讨论。在这种材料中,导带由全空的 Ti 3d 轨道组成。由于 Ti^{4+} 离子会很容易被还原成 Ti^{3+} 离子,因此,TiO_2 的导带中就可以容纳电子。实际上也确实如此,在大部分的施主掺杂的 TiO_2 中,电子是主要的杂质中心补偿型缺陷:

$$D_2O_5 \xrightarrow{(2TiO_2)} 2D^·_{Ti} + 4O_O + \frac{1}{2}O_2 + 2e' \tag{9.34}$$

由于其中有可被还原的阳离子,导带的能级比阳离子具有稀有气体电子结构时的低。导带会一直下降到禁带中的施主能级附近。由于导带中能够接受电子,将电子激发入导带就不会耗费太多能量。这个推测与施主陷阱能级非常接近导带的事实相符。换言之,上述施主所致的陷阱能级比较浅。即便是在室温下,材料也可获得足够的能量将电子激发入导带。这种情形具体如图 9.11 所示。在这种情况下,与施主杂质陷阱态相关的缺陷反应会强烈地倾向于向左进行。

$$D^·_{Ti} + e' \rightleftharpoons D^\times_{Ti} \tag{9.35}$$

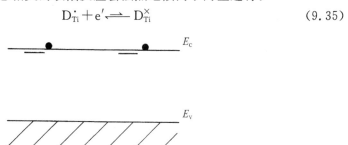

图 9.11 电子补偿的施主掺杂的 TiO_2 初始能级图。
表明电子通过离子化从浅施主能级进入导带

化学性能测试结果会给出两个方面的证据。由于阳离子可被还原至更低的氧化态,因此,用电子补偿杂质中心就会比用离子型缺陷补偿更有优势;同时,它们被杂质中心束缚得也不是很紧。与基于上述理论的推测一致,施主掺杂的 TiO_2 是一种深颜色的电子型导体(在合适的平衡条件下)。

受主掺杂的 TiO_2 的情形与受主掺杂的 MgO 的类似。因为二者的价带均是由全满的 O 的 2p 轨道组成,所以它们均不能再容纳空穴。因此,离子型缺陷补偿就比空穴补偿更具有优势。即便是其中有一定浓度的空穴,它们也会被紧紧地束缚在受主杂质中心附近。它们的能级也应在禁带中靠近价带顶很高的位置上。这种情形与图 9.10(b)所示的情形类似。受主掺杂的 TiO_2 也因此应是一种电子型绝缘体。这与实际观察结果相符。

因此,从以上掺杂的影响中可以看出,TiO_2 的电学特性具有强烈的非对称性。施主掺杂的 TiO_2 是黑色的半导体,而受主掺杂的 TiO_2 是白色的或透明的绝缘体。上述性质对 TiO_2 及钛酸盐在电子领域中的应用非常重要。由于地壳中含量最多的几种金属元素阳离子携带的有效电荷数常小于 Ti^{4+}(如 Fe^{3+}、Mg^{2+}、Al^{3+} 等),因此,在无人工添加条件下获得的 TiO_2 多为受主掺杂型。在 TiO_2 中,可作为受主杂质元素、中性杂质元素,再加上在其中没有溶解度元素,约占地壳总组成的 99.5%,而可作为施主掺杂的元素(如 Nb^{5+} 和 W^{6+} 等)非常少。因此,我们常将 TiO_2 及许多钛酸盐看成是绝缘体,并以此为基础来设计它们的应用。

Ti^{4+} 离子属于具有稀有气体结构的过渡金属阳离子。因此,它不能被继续氧化。接下来,讨论那些 d 轨道中还有电子、可进一步被氧化的过渡金属阳离子(如 Mn^{2+}、Fe^{2+}、Co^{2+} 和 Ni^{2+})。由于上述价态已经是各阳离子可能具有的最低氧化态,因此,它们将不能被进一步还原到更低的氧化态。下面,选取具有上述氧化物通性的 NiO 为对象进一步讨论。如果能用施主元素掺杂 NiO,同时用电子作为补偿型缺陷,则掺杂的引入反应可由下式表示:

$$D_2O_3 \xrightarrow{(2NiO)} 2D_{Ni}^{\cdot} + 2O_O + \frac{1}{2}O_2 + 2e' \tag{9.36}$$

然而,由于导带是由 Ni 的全空 3d 轨道组成。由于阳离子不能被进一步还原至更低的氧化态,所以,上述导带中就不能容纳电子。因此,导带保持在高能级水平,远高于作为有效电子陷阱的施主能级。具体情况与图 9.10(a)所示的相似。电子陷入施主陷阱能级的反应可表示如下:

$$D_{Ni}^{\cdot} + e' \rightleftharpoons D_{Ni}^{\times} \tag{9.37}$$

上述反应平衡强烈向右倾斜。这种情况下,系统中缺乏可被还原至更低氧化态的离子。而且从根本上来说,电子就不可能取代阳离子空位成为其中的优势缺陷。此外,即便是其中存在一定数量的电子,它们也会陷入深施主缺陷能级的束缚。因此,施主掺杂的 NiO 应该为绝缘体。

当引入的掺杂为受主掺杂、形成的补偿型缺陷是空穴时,NiO 中的掺杂引入反应可表示如下:

$$A_2O + \frac{1}{2}O_2 \xrightarrow{(2NiO)} 2A'_{Ni} + 2O_O + 2h^· \tag{9.38}$$

NiO 中，价带由全满的 Ni 3d 轨道组成。与之类似的阳离子被氧化至更高价态的难易程度不同：对于 Fe^{2+} 离子，被氧化至更高价态相对容易；Co^{2+} 已经不太容易；而对于 Ni^{2+} 离子，会更难。这就意味着如果价带中可容纳空穴，则价带就位于 O 的 2p 能级之上。因此，禁带宽度将减小，价带也会更靠近受主能级。因此，受主能级均很浅，容易被离子化，具体情况如图 9.12 所示。其中，空穴陷入受主陷阱能级的反应方程式可表示如下：

$$A'_{Ni} + h^· \rightleftharpoons A^{\times}_{Ni} \tag{9.39}$$

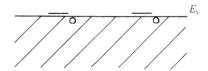

图 9.12 以电子作为补偿型缺陷的受主掺杂的 NiO 能带简图。表明离子化的空穴从浅受主能级进入价带

上述反应强烈向左倾斜。因此，用空穴补偿受主杂质更具有优势。空穴即便在室温时也可以自由迁移。与所推测的一致，受主掺杂的 NiO 是一种黑色的半导体。掺杂 LiO 的 NiO 就是具有这种半导体的一个典型。

与含有可被还原至更低氧化态阳离子的 TiO_2 中的情况类似，NiO 的电学特性也具有强烈的非对称性。然而由于 NiO 是含有可被进一步氧化的阳离子，所以，NiO 电学特性的非对称性与 TiO_2 的恰好相反：在所有的 NiO 基材料中，受主掺杂的为半导体，而施主掺杂的是非半导体。

到目前为止，读者应逐渐明白那些含有同时可被氧化和还原至更高或更低氧化态阳离子（如 Fe^{3+} 和 Mn^{3+}）的化合物中，禁带的宽度均不会很大，施主及受主能级均比较浅。用电子或空穴来补偿杂质应比用离子型缺陷来补偿更具有优势。其中的载流子多不被束缚。所以，无论是在施主掺杂还是在受主掺杂条件下，这些材料多为导体。本章讨论过的四种材料的能带结构简图如图 9.13 所示。在图中给出了这些材料禁带相对宽度和其中施主或受主能级高低的对比。

上述化学性质与导带、价带相对位置和施主、受主能级高低间的相互关系非常简单，但却是能带理论研究者最容易混淆的地方。这部分理论的优势就在于其非常实用！

9.7 小结

本章讨论了含有掺杂氧化物中的在两种极端条件下的电荷补偿行为。其中的第一种是当固溶体仍可保持原有的化学计量比,也即仍能保持与二元组分化合物相同氧含量时的离子缺陷补偿型;第二种是当固溶体可通过从周围环境吸收或向其中排出氧来保持理想晶格时的电子缺陷补偿型。在掌握了前述内容基础之上,接下来本书将进一步探讨介于上述两种限制条件之间的情况。其中,系统随着氧活度的变化,会从一种限制条件类型过渡至另外一种类型。

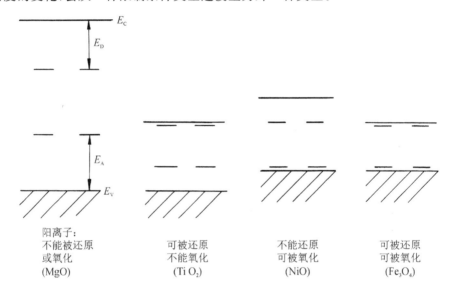

图 9.13 基于阳离子的可氧化及可还原性给出的几种化合物中导带、价带和禁带中施主和受主能级的相对位置对比简要示意图

参考文献

Kittel, C. *Introduction to Solid State Physics*, 3rd ed. New York: John Wiley & Sons, 1966.

Mehta, A., and D. M. Smyth. Defect model for nonstoichiometry in YBa$_2$Cu$_3$O$_{6+y}$. *Phys. Rev. B* 51:15382–15387, 1995.

---

① 影印版中,与 Fe$_3$O$_4$ 对应的说明性文字为"both red and red",意为可同时被还原(reducible)和还原。根据前后文分析,此处应为可同时被还原和氧化(oxidizable)。译本图片中使用的汉语说明已作了更正。

第 10 章

本征非化学计量比

10.1 引子

在第 9 章中,以变价杂质的电子型缺陷补偿这种极端情形为例介绍了非化学计量比的概念。在所介绍的极端情形下,施主掺杂由电子来补偿;受主掺杂由空穴来补偿。事实上,在电子型缺陷补偿和离子型缺陷补偿这两种极端情况之间还存在着混合缺陷补偿中间过渡区,与这个区域对应的就是非化学计量比组分。为了形成一定数量的电子型缺陷补偿,一但某种固溶体的基体化合物或变价杂质出现了非金属元素的得失,相应材料就转变为非化计量比状态。现在,我们就可以利用所学的所有相关缺陷化学概念去系统讨论不同缺陷浓度随温度、非金属元素平衡活度以及杂质浓度的变化。然而,变价元素掺杂的出现并不一定意味着一定会出现非化学计量比;纯化合物也可能形成非化学计量比。毕竟,如果 Cr_2O_3 能溶入 NiO,Ni_2O_3 就应该能溶入 NiO。所得化合物可用通式 $Ni^{2+}_{1-x}Ni^{3+}_{x}O_{1+\frac{x}{2}}$ 来表示。从 $x>0$ 开始,到 3 价 Ni 离子达到其溶解度极限为止,所得材料均为非化学计量比组分。本章将主要讨论纯化合物中的非化学计量比现象,后面的第 11 章则会在此基础上进一步讨论变价掺杂的影响。

在 19 世纪,非化学计量比是一个充满争议的话题。那些已经接受道尔顿定律(Dalton's Law)普适性的学者强调了简单卤化物、氧化物、硫化物和 CO 和 CO_2 等气态物质符合化学计量比的自然属性。其他研究者则注意到 CH_4(甲烷)、CH_3(C_2H_6,乙烷)、$CH_{2.67}$(C_3H_8,丙醛)、$CH_{2.50}$(C_4H_{10},正丁醛)等烷属烃中原子比的复杂性。现在,研究者已经明白简单的价态规律并不适用这些具有高度共价特征的化合物。后来,钨青铜和 Na_xWO_3($0<x<1$)这两种物质的发现让事情变得更加复杂。当时形成了两种截然不同的观点。现在,研究者已经实证那两种观点实质上均与物质原子结构的基本概念相符。

由于在研究过程中易于定量,早期元素组合配比相关研究工作均以气体为对象展开。例如,等温等压条件下,两个体积的氢气和一个体积的氧气反应会生成一个体积的水蒸汽。此外,还有碳的两种气态氧化物 CO 和 CO_2,二者的差异仅为单位氧原子对应的碳原子数目不同。在上述例子中,所涉及化合物均为仅由几个原子组成的独立分子态物质。它们的组分差异仅表现为分子式中原子比例整数的不同。我们可以制备出 CO 和 CO_2,但不会得到中间组分的气体分子。在这里,化学计量比是十分清晰的、不可违背的。然而,让我们来看一下严格地由 10^{21} 个阳离子和 10^{21} 个阴离子组成的 NiO。现在,整个晶体就是一个完整的结构单元,而非由两三个原子组成的分子。整个晶体的组分可通过在其中添加一个氧原子来改变,使成分变成由 10^{21} 个阳离子和 $10^{21}+1$ 个阴离子组成。这个极其微小的组分改变不会让 NiO 的性质发生可观测到的变化。然而,如果是添加了 10^{18} 个氧原子,相应的组分就转变为 $Ni(10^{21})O(1.001\times10^{21})$ 或 $NiO_{1.001}$。这实际上就是 NiO 在空气中被加热至高温时所得的组分,它是黑色的半导体。然而,在室温下,NiO 是浅绿色的绝缘体。从化学角度来说,它也可以被看成是 Ni_2O_3 在 NiO 中形成的一种固溶体($Ni^{2+}_{1-x}Ni^{3+}_x O_{1+\frac{x}{2}}$,$x=0.002$)。化学计量比与非化学计量比支持者间的大部分争议可通过化学研究对象(独立的分子与大块晶体的相对尺寸)间的相对尺寸来解决。在上述烷属烃和 NiO 固溶体这两类极端范例中,在组分中增加或减少一种原子将会显著影响材料最终的结构及性能。

根据组成原子的化学性质,可以预测由这种原子组成物质中非化学计量比的方向及程度。预测的准确程度与前面一章中对变价元素的补偿型缺陷的预测直接相关。对于 NiO,可通过氧化使 Ni^{2+} 离子转化为 Ni^{3+} 甚至是 Ni^{4+} 离子;这些高价态 Ni 离子是 Ni-Gd 和 Ni-Fe 电池的工作基础。然而,对于 Ni,再没有比 Ni^{2+} 更低的氧化态。因此,可以预见 NiO 的非化学计量比应是在氧含量上产生过剩;这等价于其中部分 Ni^{2+} 被氧化成 Ni^{3+}。由于这里需要很强的氧化条件,因此,非化学计量比还不十分严重。Co^{2+} 离子更容易被氧化。CoO 在空气氛下加热后的组分近似为 $CoO_{1.01}$(也就是说氧过剩 1%,是相同条件热处理的 NiO 的 10 倍)。对于给定的化合物,非化学计量比的程度可以强烈影响性能,尤其是对电导率。在不发生相变的前提下,阴、阳离子比上的微小变化就能让一个化合物从一个非常好的绝缘体变成一种典型的半导体材料。

10.2 纯晶态化合物中的非化学计量比

在不改变晶体结构的前提下,通过部分氧化或还原可将化学计量比化合物转变为非化学计量比化合物。从金属与非金属离子比的角度来讲,这就意味着该结构中物相对组分变化的宽容度有限。这在理论层面对于所有的化合物均正确。它是热动力学平衡的要求。在这种平衡条件下，化合物中非金属元素的活度必须与周围环境的相同。在实际条件下，上述非化学计量比处理所导致的组分变化可能会很小，以至于常见实验手段都无法测定（例如，MgO 以及其他离子价态不可变的化合物）。在其他极端情况下，当化合物中包含容易被氧化的阳离子时，如 FeO，其中过剩的氧可高达 15%。

由于非化学计量比代表着给定晶体结构中组分的改变，因此必须由缺陷，实质上是离子型缺陷和电子型缺陷的组合来共同补偿。当这些缺陷的浓度达到其固溶度时，组分的继续变化将改变其中的非金属元素的反应活度，并进一步引起原有的晶体结构出现分相；换言之，组分的改变已经达到了该非化学计量比化合物的物相边界。因此，FeO 的氧化将最终导致新相 Fe_3O_4 从 FeO 中分离出来。如在 FeO 基础上进一步进行过度还原，将最终导致出现金属铁。

下面的"假想实验（thought experiment）"非常适合被用于说明非化学计量比这个概念。在这个实验中会涉及一些在实际实验室中无法完成的步骤。然而，由于上述"假想实验"只考虑"始"和"终"，从热动力学角度衡量，这些步骤还是可行的。在这个实验中，怎样从一种状态过渡到另一种状态并不重要。在这里，我们假设有一块化学计量比理想纯 NiO 晶体。从晶体上取一个小角，将之置于高浓度的氧气中加热，使之转化为 Ni_2O_3，具体反应为

$$2Ni_{Ni} + 2O_O + \frac{1}{2}O_2 \rightleftharpoons Ni_2O_3 \tag{10.1}$$

然后，将制得的 Ni_2O_3 回溶到剩下的 NiO 晶体中。回溶的方式可能有以下两种：

$$Ni_2O_3 \xrightarrow{(2NiO)} 2Ni_{Ni}^{\cdot} + 2O_O + O_I'' \tag{10.2}$$

$$Ni_2O_3 \xrightarrow{(3NiO)} 2Ni_{Ni}^{\cdot} + V_{Ni}'' + 3O_O \tag{10.3}$$

由于 NiO 具有 NaCl 结构，间隙氧在其中不占优势。过剩的氧应该由如式(10.3)所示的方式由阳离子空位来储存。$Ni_{Ni}^{\cdot}$ 代表占据了二价 Ni 离子（Ni^{2+}）格点位置的三价 Ni 离子（Ni^{3+}）。这实质上等于一个二价 Ni 离子再加上一个空穴，具体如下所示：

$$Ni_{Ni}^{\cdot} \rightleftharpoons Ni_{Ni}^{\times} + h^{\cdot} \tag{10.4}$$

为节省时间，这里假设上述缺陷反应已经完成。则晶体内所有的阳离子均处于其正常氧化态。如上所述过程的最终结果可由式(10.1)与式(10.3)相加，然后再加上式(10.4)的 2 倍来获得：

$$\frac{1}{2}O_2 \rightleftharpoons O_O + V_{Ni}'' + 2h^{\cdot} \tag{10.5}$$

因此，上述整个过程等价于在 NiO 晶格中添加了一个中性氧原子。这样，就

使晶体中新增加了一对阴、阳离子格点;其中的阳离子格点位置上没有阳离子。

氧原子从价带顶获得两个电子,从而成为氧离子,同时在价带顶留下两个空穴。式(10.5)就成为描述 NiO 与高于平衡浓度的氧反应形成氧过剩组分的平衡反应方程式。事实上,这也是向所有如 MnO、FeO、CoO 和 NiO 等含有可氧化阳离子的 NaCl 结构化合物中添加过剩氧的方式。需要注意,过剩的氧既可以作为如式(10.2)所示的晶格过剩氧,也可以导致形成如式(10.3)所示的阳离子空位。其中的后者是 NaCl 结构化合物中的实际情况。它们的组分最好表示成 $M_{1-x}O$,而不是 MO_{1+x}。图 10.1 示意性地给出了向晶体中引入过剩阴离子的可能方式。

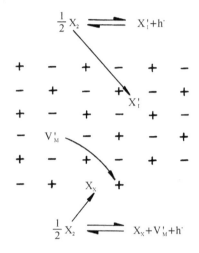

图 10.1　向晶体中引入过剩非金属离子的两种可能方式;形成间隙阴离子或阳离子空位

注意,在萤石结构的氧化物中,如果存在由阳离子包围形成的八面体间隙位,过剩的非金属离子就可能占据这些位置。相应的引入反应可表示如下:

$$\frac{1}{2}O_2 + V_I \rightleftharpoons O''_I + 2h^· \tag{10.6}$$

如果过剩的非金属离子较少,未被占据的间隙位就可不用在反应式中作特别说明。然而,这样一来,与格点相关的平衡反应关系也就不会被表示得很清楚。

为了讨论晶态化合物中的失氧过程,仍可采用如上所述"假想实验"。因此,可从理想纯化学计量比 Nb_2O_5 晶体上取下来一小块,在还原气氛中加热,使之还原成 NbO_2:

$$2Nb_{Nb} + 5O_O \rightleftharpoons 2NbO_2 + \frac{1}{2}O_2 \tag{10.7}$$

然后将所获得的 NbO_2 按以下两个方程所示的方式之一回溶到剩余的 Nb_2O_5 晶体中:

第10章 本征非化学计量比

$$2NbO_2 \xrightarrow{(Nb_2O_5)} 2Nb'_{Nb} + 4O_O + V_O^{\cdot\cdot} \tag{10.8}$$

$$5NbO_2 \xrightarrow{(2Nb_2O_5)} 4Nb'_{Nb} + Nb_I^{4\cdot} + 10O_O \tag{10.9}$$

这里假设所有 Nb^{4+} 离子和比 Nb^{5+} 离子多出来的电子均通过解离方式进入晶格之中。氧空位已被证实是许多氧化物中的优势缺陷，在 Nb_2O_5 中似乎也是如此，即如式(10.8)所示。将式(10.7)与式(10.8)相加后的最终结果就是将 Nb^{4+} 离子变成为 $Nb^{5+} + e'$。

$$O_O \rightleftharpoons \frac{1}{2}O_2 + V_O^{\cdot\cdot} + 2e' \tag{10.10}$$

晶格中的氧离子可解离成中性氧原子，同时在晶体中留下两个电子。读者以后会非常熟悉这个反应式。如果过渡金属氧化物含有可被还原至更低氧化态的阳离子，则其中的还原反应在大多数情况下可用上式来表示。

金红石型 TiO_2 同样含有如上所述的可还原阳离子。在它的类 hcp 晶格中，只有一半的八面体点被阳离子占据。因此，在这里就不能忽视阳离子的占位选择，对于阴离子则可忽略。事实上，在电学特性影响方面，如上所述的两种选择作用相同，且在已有研究中均有报道。然而，已发现的最有力的证据似乎更倾向于支持阳离子间隙型。在本例中，最终的还原反应如下所示：

$$Ti_{Ti} + 2O_O \rightleftharpoons O_2 + Ti_I^{4\cdot} + 4e' \tag{10.11}$$

对于在类似还原过程中失去的氧，图 10.2 示意性地给出了两种可能的归宿。

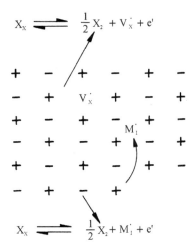

图 10.2 从晶格中移除氧的两种可能结果：产生阴离子空位或间隙阳离子

无论是对于氧化或还原过程，两种可能平衡反应间的差异就在于如何保持晶体中格点的比例。对于氧化反应，格点的位置可不发生变化，但生成间隙非金属元素离子；或者在不改变化学计量比的前提下形成新的格点，但与此同时形成阳离子空位。对于还原过程，晶格格点也可保持不变，但需要形成非金属离子空位；或者按化学计量比从晶体中移除部分晶格，同时形成间隙阳离子。电子是上述还原和非金属离子从晶体中排出过程的必然产物；而空穴也总会作为氧化过程和晶体中出现过剩非金属离子时的必然结果。

10.3 非化学计量比和平衡缺陷浓度

如果已知了足够数目的质量作用常数、相关的焓和电学中性表达式，就可根据缺陷的浓度与温度、非金属元素活度的关系计算出各缺陷的浓度。就像是可以用相图来非常方便地从视觉上展示体系中各物相间关系那样，用示意图展现缺陷浓度与各实验变量之间的关系同样简便易行。当然，这里的变量是指温度和非金属元素的活度。由于平面纸张仅能展示二维信息，所以刚提到的示意图通常不是以一定非金属元素活度下温度的改变为参变量（即所谓阿伦尼乌斯图），就是以一定温度下非金属元素活度的变化作为自变量。后一种示意图常以 lg-lg 图的形式示出，并已被证实非常有效。这种图就是常见的克罗格-明克图。它的命名是为了纪念在 1955 年率先用这种图的荷兰飞利浦研究室（Philips Research Laboratories）的两位科学家。虽然，这种图对于一般的读者可能造成一定的困惑，但是对此稍加熟悉后，这种图就可以发挥它巨大的作用。它是在评价在某实验观察基础上提出的任何缺陷模型是否具有自恰性的一个非常有价值的工具。根据已有研究提出的许多缺陷模型不能构建出具有自恰性的克罗格-明克图，因此本书在随后的讨论中就基本不会考虑那些模型。

实际研究中，常需要通过实验测定某种功能特性与平衡电导率的关系，或通过测定扩散常数随温度或非金属元素活度的变化来确定该功能特性与缺陷的关系。因此，笔者就尝试以一个具有自恰性的缺陷模型为基础拟合了一些实验结果，并将拟合结果以克罗格-明克图的形式给出。在上述过程中，经常需要进行一些补充实验；而且，补充实验也未必会取得与原有模型相符的结果。这样，就需要对模型进行修正，然后再进行实验，并继续根据实验结构修正模型，最后才能获取更好的缺陷模型。实际上，几乎无法建立一个没有任何疑点、完全正确的缺陷模型。所以，只有获得了周全且准确的实验结果后，实验证据才能让人信服。但从教学的角度考虑，本书就在先假设质量作用常数等热力学参数已知的条件下，来推衍适合的克罗格-明克图。在下一章中，将分析一些真实系统中的实验数据。

10.4 具有肖特基缺陷的假想化合物 MX

本节以由一价阴、阳离子组成的假想化合物 MX 为对象,在等温条件下推导平衡缺陷浓度随非金属离子活度的变化。在推导前,先假设肖特基缺陷是其中的优势本征离子型缺陷,而且其浓度远高于本征电子缺陷的浓度。系统的热动力学状态可由平衡反应、质量作用定律表达式和完全电中性表达式来完整表示。(实际上,热动力学状态可由任意三个平衡反应方程式,再加上电中性表达式就可以完整表述。第四个平衡反应方程式可由其他三个推导出来。然而,通常还是要明确地将氧化反应和还原反应都写出来。这不但是为了方便,而且也是为了准确描述样品组分偏离化学计量比的情况:是偏高,还是偏低。同时,也可以在各个缺陷特征区表述清楚对性能起主要决定作用缺陷浓度的提高程度。)由于已经选择了肖特基缺陷作为优势晶格缺陷,与该本征缺陷相关的反应及关系式可表示如下:

$$\text{nil} \rightleftharpoons V'_M + V^{\cdot}_X \tag{10.12}$$

$$[V'_M][V^{\cdot}_X] = K_S(T) = K'_S e^{-\Delta H_S/kT} \tag{10.13}$$

其中,K_S 是总质量作用常数,K'_S 是不包括焓的质量作用常数的总和(非焓质量作用常数),可具体表示如下:

$$\text{nil} \rightleftharpoons e' + h^{\cdot} \tag{10.14}$$

$$np = K_I(T) = K'_I e^{-E^0_g/kT} \tag{10.15}$$

电荷中性条件可表示为

$$n + [V'_M] = p + [V^{\cdot}_X] \tag{10.16}$$

这里假设在分析所选定的温度时,上述质量作用常数为已知:

$$K_S = 10^{34}(\text{缺陷个数}/\text{cm}^3)^2$$

$$K'_S = 10^{26}(\text{缺陷个数}/\text{cm}^3)^2$$

进一步假设 MX 在 $P(X_2) = 10^{-10}$ atm(标准大气压)条件下处于百分之百的化学计量比状态。在此非金属元素活度条件下,缺陷的浓度为

$$[V'_M]_0 = [V^{\cdot}_X]_0 = K_S^{1/2} = 10^{17}(\text{缺陷个数}/\text{cm}^3) \tag{10.17}$$

$$n_0 = p_0 = K_I^{1/2} = 10^{13}(\text{缺陷个数}/\text{cm}^3) \tag{10.18}$$

这些数值可被标示于以 lg-lg 图展现的缺陷浓度随非金属元素活度变化的图中,具体如图 10.3 所示。

如果非金属元素的活度 $P(X_2)$ 降低至小于化学计量比时的值,那么该化合物为了继续保持在平衡状态,就会失去一定数量的非金属元素。这将会导致化合物中产生阴离子缺陷(化合物中的优势本征缺陷之一)和电子:

$$X_X \rightleftharpoons \frac{1}{2}X_2 + V^{\cdot}_X + e' \tag{10.19}$$

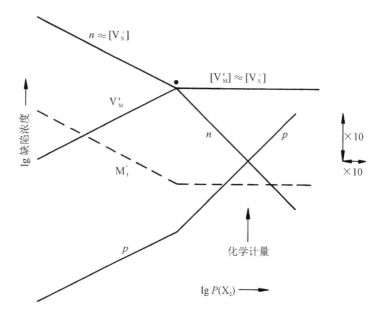

图 10.3 假想化合物 MX 还原反应侧克罗格-明克图

相应的质量作用表达式为

$$\frac{[V_X^\cdot]n}{[X_X]} = K_N P(X_2)^{1/2} = K_N' e^{-\Delta H_N/kT} P(X_2)^{-1/2} \quad (10.20)$$

其中，下标 N 代表非金属元素的不足，ΔH_N 是还原反应过程中每个非金属原子损失的焓。在这里已经假设了电子型与离子型缺陷之间不存在相互作用。由于这里的克罗格-明克图是一种等温图，因此在此图中只需展示对非金属元素活度 $P(X_2)$ 的依赖关系。然而，由于实验通常可在几个不同的温度下进行，因此为了增强其实用性，在作图时最好明确标出相应的焓相关指数项。在偏离化学计量比较小的情况下，$[X]_X$ 等晶格正常组分几乎不受影响。因此，可将其浓度包含在指数项前的常数中。这样，为方便起见，可在这里定义一个新质量作用常数 K_n。这个常数中就包括了晶格正常组分的浓度和焓相关指数。最终，式(10.20)就可以简化为

$$[V_X^\cdot]n \approx K_n P(X_2)^{-1/2} \quad (10.21)$$

当非金属元素活度超过化学计量比组分时的特征值时，MX 就必须吸入一定量的非金属元素以保持平衡。由于阳离子空位是优势本征离子型缺陷之一，它们应该是随后氧化反应的产物：

$$\frac{1}{2}X_2 \rightleftharpoons X_X + V_M' + h^\cdot \quad (10.22)$$

这个反应的质量作用定律表达式为

$$[X_X^\cdot][V_M']p = K_p P(X_2)^{1/2} = K_p' e^{-\frac{\Delta H_p}{kT}} P(X_2)^{1/2} \quad (10.23)$$

式中,下标"p"代表着 O 过剩的 p 型区,ΔH_p 是增加一个非金属原子的氧化反应焓。与还原反应中的情况类似,为了方便讨论,同样重新定义一个质量作用常数。这个常数中也同样包含焓相关指数和晶格中正常组分的浓度。当组分在化学计量比附近出现微小波动时,该常数基本保持不变。

$$[V_M']p \approx K_p P(X_2)^{1/2} \quad (10.24)$$

根据式(10.21)、式(10.24)、化学计量比组分中各缺陷的浓度和所研究组分中非金属元素活度 $P(X_2)_0$,就可非常容易的得出 K_n 和 K_p 的具体数值。由于有效的质量作用表达式必须在某单相区中的任意位置上成立,因此,根据化学计量比组分基础上获得的数据可以求出非化学计量比反应中的质量作用常数。

$$\begin{aligned} K_n &= [V_X^\cdot]_0 n_0 P(X_2)_0^{1/2} \\ &= 10^{17} \times 10^{13} (10^{-10})^{1/2} = 10^{25} \end{aligned} \quad (10.25)$$

$$\begin{aligned} K_p &= [V_M']_0 p_0 P(X_2)_0^{-1/2} \\ &= \frac{10^{17} \times 10^{13}}{(10^{-10})^{1/2}} = 10^{35} \end{aligned} \quad (10.26)$$

这样得到如式(10.13)、式(10.15)、式(10.21)和式(10.24)所示的四个质量作用表达式,以及四个未知的缺陷的浓度。然而,质量作用表达式仅能代表三种独立的关系,因此上述四种质量作用表达式中的任意一个应可由其他三个来推导出来。如式(10.16)所示的电荷中性表达式就可作为求解四种缺陷浓度所需的第四个关系式。求解同时成立的含有四个未知数的四个表达式,可以准确得出各缺陷浓度随非金属元素活度的变化。然而,这更像一个粗糙无味的数学游戏,对深入理解缺陷化学的基础并无多少帮助。接下来,将采用一种近似方法:将所研究缺陷浓度的变化范围分为不同的区域。在每一个区域中,电荷中性表达式仅考虑电性相反的、起主要作用的两种缺陷;而忽略其他两种缺陷。这种处理方法最早由布劳沃(Brouwer)及其他供职于荷兰菲利浦研究室的科学家在 1954 年提出;此后,克罗格和明克进一步发展了这种方法。

10.4.1 近化学计量比区:还原

假设非金属元素活度相对于化学计量比组分时的活度值逐渐降低,直至体系中形成了 10^{14} 个多余的阴离子空位和电子,如式(10.19)所示。此时,电子总浓度的最新数值为 1.1×10^{14} 个,是先前值的 11 倍;而阴离子空位的最新浓度是 1.001×10^{17},增长了仅 0.1%。因此,在还原反应之初,电子的浓度增长的幅度很大,而阴离子空位的浓度受到的影响不大。只要这种情况维持下去,电荷中性条件就可近似由下式表达:

$$[V_M']_0 \approx [V_X^\cdot]_0 = K_S^{1/2} = 10^{17} \quad (10.27)$$

在接下来的讨论中,不会明确说明缺陷浓度的单位(缺陷个数/cm³)。同时,为简便起见,将与化学计量比区相邻的组分区简称为近化学计量比区。联立式(10.21)和式(10.27)可求出本区域电子浓度的近似表达式为

$$n \approx \frac{K_\mathrm{n}}{K_\mathrm{S}^{1/2}} P(X_2)^{-1/2} \tag{10.28}$$

因此,在如图 10.3 所示的 lg-lg 图中,电子浓度将以斜率为 $-1/2$ 的直线从化学计量比条件下的数值进一步向低活度 $P(X_2)$ 区中延伸。在式(10.27)成立的范围内,阴、阳离子的浓度均为一条水平直线。在这个区域中,求解空穴浓度表达式的方式有两种。其中的第一种是将如式(10.28)所示的电子浓度代入如式(10.15)所示的本征电子型缺陷质量作用表达式,化简后可得

$$p \approx \frac{K_\mathrm{I} K_\mathrm{S}^{1/2}}{K_\mathrm{n}} P(X_2)^{1/2} \tag{10.29}$$

第二种方法更为直接,将近化学计量比区 $[V_\mathrm{M}']$ 的近似值、$K_\mathrm{S}^{1/2}$ 代入式(10.22)所示的氧化反应质量作用表达式,结果如下:

$$p \approx \frac{K_\mathrm{p}}{K_\mathrm{S}^{1/2}} P(X_2)^{1/2} \tag{10.30}$$

这个表达式与如式(10.28)所示的相同区域内电子浓度表达式更加相称。虽然这个表达式所针对的是化学计量比组分的还原反应区域,然而质量作用表达式应在图中所有区域内成立,所以这个表达式也应适用于氧化反应区。显而易见,式(10.29)等价于式(10.30)。如式(10.15)所示的本征电子缺陷质量作用表达式表明,反应产物中的电子和空穴浓度与非金属元素活度 $P(X_2)$ 无关。然而,二者会随着的 $P(X_2)$ 改变出现互补型的变化:在 lg-lg 图中,电子浓度变化直线的斜率为 $-1/2$,空穴的为 $1/2$。

在这里所涉及的克罗格-明克图中,可进一步画出 n 和 p 的变化线。它们将一直拓展,直到电子浓度等于本征离子缺陷的浓度。此后,克罗格-明克图就进入了一个具有不同电荷中性表达式的新区域。

10.4.2 高度非化学计量比区:还原

如果减小非金属元素活度 $P(X_2)$ 的值,直至还原反应同时成为阴离子空位和电子的主要来源,二者的浓度应近似相等。将式(10.27)稍加变化,可得近似电荷中性表达式为

$$n \approx [V_\mathrm{X}^{\cdot}] \tag{10.31}$$

将上式代入式(10.21)可得

$$n \approx [V_\mathrm{X}^{\cdot}] \approx K_\mathrm{n}^{1/2} P(X_2)^{-1/4} \tag{10.32}$$

这样,n 随氧活度的变化就转变为随 $P(X_2)^{-1/4}$ 的变化,$[V_\mathrm{X}^{\cdot}]$ 也会沿着同一直线变化。

通常,在对缺陷浓度变化的近似表示过程中,可忽略其拐点处的曲率。换言之,缺陷的浓度就可以用相交的直线段来表示。可问题是交点在哪里? 解决这个问题有几种不同的方式。非金属元素的活度 $P(X_2)$ 取值不高时[如 10^{-28} atm (1 atm=101.325 kPa)],可根据式(10.32)计算出 n,再从式(10.25)中求出 K_n。在 10^{-28} atm 的大气压下,电子浓度的计算结果为 $3.16×10^{19}$,其 lg 值为 19.5。在图 10.4 中画出该点,并画一条通过该点、斜率为 $-1/4$ 的直线。该直线与近化学计量比区的电子浓度变化直线相交,交点处的 $P(X_2)=10^{-18}$ atm,缺陷浓度为 10^{17} 个缺陷/cm³。这个点同时是两电子浓度变化线与本征离子缺陷浓度变化线的交点。随后的一个小节中将会介绍,交点处的 $P(X_2)$ 值还可以直接通过合适的质量作用表达式来求解。

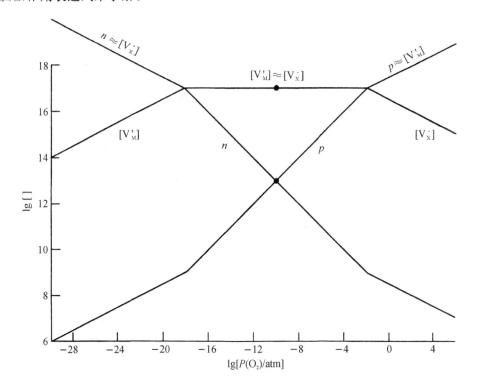

图 10.4 化合物 MX 的完整克罗格-明克图

在高度非化学计量比区,通过将式(10.32)和表示本征离子和电子缺陷的表达式(10.13)、(10.15)联立,可求出 $[V_M']$ 和 p 的表达式,结果如下所示:

$$[V_M'] \approx \frac{K_S}{K_n^{1/2}} P(X_2)^{1/4} \tag{10.33}$$

$$p \approx \frac{K_I}{K_n^{1/2}} P(X_2)^{1/4} \tag{10.34}$$

如式(10.13)和式(10.15)所示，与 n、p 斜率的变化一样，$[V'_M]$ 线的斜率与 $[V_X^{\cdot}]$ 的斜率也是大小相同、符号相反。这里需要注意，各缺陷浓度变化线斜率改变点的 $P(X_2)$ 的取值严格一致。对此分析的结果已经汇总如图10.3[恒温下还原区缺陷浓度随非金属元素活度 $P(X_2)$ 变化的 lg-lg 图]所示。

在前面的讨论中，将阴离子不足型非化学计量比的缺陷化学处理成在一定限定条件下向体电荷中性条件下的两种近似。对此，当然可以进行更严格的分析。然而在大多数情况下，可以仅考虑进行两项式近似(two-term approximation)，并将缺陷的变化表示成如图10.3所示的相交直线。但与此同时，读者要明白在不同缺陷特征区间存在过渡区；缺陷浓度随 $P(X_2)$ 变化线在其中应以平滑的曲线来过渡。这种将缺陷浓度的变化分解成若干特征区域、并在每个特殊区中对电荷中性条件近似的过程仅考虑两种主要缺陷的方法，已经成为采用克罗格-明克图来描述非化学计量比缺陷化学的标准方法。在随后的章节中会给出采用更为严格的方法来处理过渡区的一个实例。

10.4.3　近化学计量比区：氧化

与前面还原区中的情况类似，当 $P(X_2)$ 在近化学计量比组分区域取值时，我们的假想化合物 MX 在氧化反应过程中会生成大量空穴。与此同时，本征离子缺陷基本保持不变。因此，近似电荷中性条件仍可由式(10.27)来表示。在化学计量比区的另一侧，情况也类似。这样，联立式(10.24)和式(10.27)可得

$$p \approx \frac{K_p}{K_S^{1/2}} P(X_2)^{1/2} \tag{10.35}$$

这里空穴随 $P(X_2)$ 的变化与式(10.30)所示的空穴在近化学计量比还原区中随 $P(X_2)$ 的变化规律相同。所以，电子浓度的变化在整个近化学计量比区都应该服从式(10.28)。而且，所有缺陷在这个区域中都会持续地受到非金属元素活度的影响。因此，n 和 p 随 $P(X_2)$ 的变化是它们在化学计量比区还原侧基础上的延伸。

10.4.4　高度非化学计量比区：氧化

当非金属元素活度 $P(X_2)$ 足够高时，氧化反应就会成为缺陷的主要来源，电荷中性条件的近似表达式就会转变为

$$p \approx [V'_M] \tag{10.36}$$

联立式(10.24)与式(10.36)并化简可得

$$p \approx [V'_M] \approx K_p^{1/2} P(X_2)^{1/4} \tag{10.37}$$

以式(10.37)和如式(10.13)、式(10.15)所示的本征离子和电子质量作用定律表达式为基础，可求得 $[V_X^{\cdot}]$ 和 n，具体如下面的两个式子所示：

$$[V_X^{\cdot}] \simeq \frac{K_S}{K_p^{1/2}} P(X_2)^{-1/4} \tag{10.38}$$

$$n \approx \frac{K_\mathrm{I}}{K_\mathrm{P}^{1/2}} P(\mathrm{X}_2)^{-1/4} \tag{10.39}$$

所研究假想化合物的克罗格-明克图至此才真正完整,具体如图 10.4 所示。表 10.1 汇总给出了在其中三个分区中的不同电荷中性近似条件下,MX 中四种缺陷浓度随 $P(\mathrm{X}_2)$ 变化的指数、d lg[ ]/d lg$P(\mathrm{X}_2)$ 值及表观激活焓值。

表 10.1　$K_\mathrm{S} \gg K_\mathrm{I}$ 时,具有肖特基缺陷的 $\mathrm{M^+ X^-}$ 中各缺陷浓度随 $P(\mathrm{X}_2)$ 变化的指数、离子型和电子型缺陷的 d lg[ ]/d lg$P(\mathrm{X}_2)$ 值及表观激活焓值

	高度还原区 $n=[\mathrm{V_X^{\cdot}}]$	近化学计量比区 $[\mathrm{V_M'}]=[\mathrm{V_X^{\cdot}}]$	高度氧化区 $P=[\mathrm{V_M'}]$
$[\mathrm{V_M'}]$	1/4	0	1/4
	$\Delta H_\mathrm{S}-\Delta H_\mathrm{N}/2$	$\Delta H_\mathrm{S}/2$	$\Delta H_\mathrm{P}/2$
$[\mathrm{V_X^{\cdot}}]$	$-1/4$	0	$-1/4$
	$\Delta H_\mathrm{N}/2$	$\Delta H_\mathrm{S}/2$	$\Delta H_\mathrm{S}-\Delta H_\mathrm{P}/2$
n	$-1/4$	$-1/2$	$-1/4$
	$\Delta H_\mathrm{N}/2$	$\Delta H_\mathrm{N}-\Delta H_\mathrm{S}/2$	$E_\mathrm{g}^0-\Delta H_\mathrm{P}/2$
p	1/4	1/2	1/4
	$E_\mathrm{g}^0-\Delta H_\mathrm{N}/2$	$\Delta H_\mathrm{P}-\Delta H_\mathrm{S}/2$	$\Delta H_\mathrm{P}/2$

10.5　MX 的克罗格-明克图总结

10.5.1　通览

在构建克罗格-明克图的过程中,既需要满足平面几何规则,也需要满足缺陷化学定律。因此,几乎不需要知道太多信息就可以画出一幅克罗格-明克图,有些读者甚至可能对此感到奇怪。如果我们知道表示电子浓度变化直线的斜率从 $-1/2$ 转变到 $-1/4$ 的点,或代表阴(阳)离子空位浓度变化直线的斜率从 $-1/4$($1/4$)转变为水平的点,则除了电子浓度的变化之外,如图 10.3 所示的缺氧侧的克罗格-明克图就可被构建起来。而要想确定电子的浓度变化,就必须事先了解化合物在取得化学计量比时的非金属元素的活度 $P(\mathrm{X}_2)$ 值或本征电子型缺陷的质量作用常数。了解了这些信息后,如图 10.4 所示的完整的克罗格-明克图就可以被构建起来。该图所具有的规律性变化可延伸至实验数据区之外的性质在建立真实系统缺陷模型方面非常有用。

检查如图 10.4 所示克罗格-明克图的自恰性的方法有以下几种:①在每一个

分区中,必须只有两种电性相反的主要缺陷满足电中性条件;而且,这两种主要缺陷的浓度必须沿同一直线变化或沿两条平行的直线变化(同一特征区中主要缺陷的浓度变化直线不能改变方向或相交!);②相邻分区必须具有一种共同的主要缺陷;③所有质量作用定律表达式必须在图中的任意区域均成立。例如,表征电子和空穴浓度变化表达式的结果必须满足如式(10.15)所示的本征电子型缺陷的质量作用表达式。在如上所述的例子中,表征阴离子空位和阳离子空位浓度变化表达式的结果必须满足如式(10.13)所示的本征离子型缺陷的质量作用表达式。因此,在上述近化学计量比区域中,以如式(10.28)和式(10.30)所示 n 和 p 表达式为基础将可以得出

$$np = \frac{K_n K_p}{K_S} \tag{10.40}$$

上式与本征电子型缺陷的表达式相符。式(10.40)右侧质量作用常数间暗含的关系将在下一小节中予以讨论。

表 10.1 也给出了一些自恰性检查的依据。由于 $[V'_M][V_X^·]$ 和 np 必须不依赖于非金属元素活度 $P(X_2)$ 的变化而变化,因此,在以上三个分区中,$[V'_M]$ 和 $[V_X^·]$ 随 $P(X_2)$ 变化的指数相加后都应等于零;对于 n 和 p,情况也应相同。事实上的情况也是如此。对于 $[V_X^·]$ 和 n,在如式 10.21 所示的情况下,$P(X_2)$ 上的指数和就应常等于 $-1/2$;对于 $[V'_M]$ 和 p,在如式 10.24 所示的情况下,$P(X_2)$ 上的指数和就应常等于 $+1/2$。类似地,$[V'_M]$ 和 $[V_X^·]$ 的焓应总等于 ΔH_S,n 和 p 的焓相加后应总等于 E_g^0。此外,如式 10.20 所示,$[V_X^·]$ 和 n 的焓相加的结果必须等于 ΔH_N;如式 10.23 所示,$[V'_M]$ 和 p 的焓值和应该等于 ΔH_P。表 10.1 汇总的所有数值是对上述情况很好的验证。

在构建图 10.4 的过程中,需要假设所研究物相在整个相图宽度范围内均保持稳定。这也就是说,所涉及假想化合物 MX 的晶体结构保持不变,而且,不生成新的第二相。如果跨过了相界,进入了两相区,原来的物相就会随着非金属元素活度的变化逐渐转化为新相,直至新相的相界。至此,原来的物相将全部消失。此后,新相(如还原 Fe_3O_4 形成的 FeO)将具有自己的特征克罗格-明克图。它与原化合物的克罗格-明克图也不会具有任何关系。在前面的实质讨论下还假设了只有克罗格-明克图上显示的四种缺陷达到了一定浓度水平。理论上,所有可能产生的缺陷均具有一定的浓度。从数学角度讲,当非金属元素活度范围足够宽时,某种浓度增加速率比其他少数缺陷更快的少数缺陷很可能会随着非金属活度的变化成为主要缺陷之一。

总而言之,构建克罗格-明克图的指导原则可汇总如下:
(1)所有合法成立的质量作用表达式在单相区的任意位置上须应被满足;
(2)体电荷中性条件也必须总被满足;

(3) 相邻分区的过渡区中,每种缺陷浓度变化线均应连续;

(4) 所有缺陷随非金属元素活度的变化均会表现出各自特有的规律,且不会在图中突然出现或消失。

构建具有自恰性的克罗格-明克图的过程是所有被建议提出缺陷模型的有效检验。

10.5.2 焓关系

将氧化反应与还原反应相加可得

$$\frac{1}{2}X_2 \rightleftharpoons X_X + V'_M + h^· \qquad \Delta H_P$$

$$X_X \rightleftharpoons \frac{1}{2}X_2 + V^·_X + e' \qquad \Delta H_N$$

$$\overline{\text{nil} \rightleftharpoons V'_M + V^·_X + e' + h^· \qquad \Delta H_P + \Delta H_N} \qquad (10.41)$$

这同时也是本征离子和电子缺陷形成反应的加和,相应的反应焓相加的和等于 $\Delta H_S + E_g^0$。因此,可以写出如下表达式:

$$\Delta H_N + \Delta H_P = \Delta H_S + E_g^0 \qquad (10.42)$$

由于将焓进行相加在数学上等价于质量作用常数的乘积。因此,这就相当于表明了氧化和还原反应的质量作用表达式的结果等于本征离子和电子缺陷表达式的结果:

$$K_P K_n = K_S K_I \qquad (10.43)$$

这就是式(10.40)曾使用的关系式,它也进一步证实了四个质量作用表达式实质上只代表三个独立的等式。这些关系式实质上强调了无论是离子型缺陷,还是电子型缺陷,均源于非化学计量比;同时,非化学计量比所涉及的能量变化也因此与本征缺陷形成时的能量变化联系起来。在这里再次指出,它们的影响也彼此联系,并不会在非化学计量比的各个方向产生显著差异。对于任何化合物,无论其具有何种本征缺陷,其氧化和还原反应的焓与本征离子和电子型缺陷间的关系均与此类似。

式(10.42)表明,禁带宽度在决定非化学计量比程度方面作用明显。过渡金属化合物的禁带宽度通常在 2~4 eV(200~400 kJ/mol)范围内,反映出相邻氧化态的稳定性。主族元素的化合物仅具有一个稳定氧化态时,禁带宽度更宽,为 8~10 eV(800~10000 kJ/mol)。因此,在主族元素化合物中,氧化反应与还原反应的焓就比过渡金属化合物中的大 4~8 eV(400~800 kJ/mol)。所以,主族元素化合物的非化学计量比程度就会非常微小,甚至是难以检测;而过渡金属元素化合物中的非化学计量比程度就可能非常显著。这会显著影响材料的物理性能。

从表10.1中可以看出,n 和 $[V^·_X]$ 随温度的变化均以还原反应焓值的一半(也

就是 $\Delta H_N/2$)为特征。这并不意味着两种缺陷形成所需能量相等,而仅能说明两种缺陷形成过程具有类似的总焓变量。对于二者间的差异,目前的实验还难以给出有用的信息。在这个区域内,由于各缺陷对温度的变化表现出了类似的依赖性,因此,生成各缺陷的焓变也彼此相等。$[V'_M]$ 和 p 在高度氧化区的情况也与此类似。

n 在近化学计量比区对温度的依赖特性以还原反应焓 ΔH_N 减去肖特基缺陷生成焓的一半($\Delta H_S/2$)为特征。造成反应焓值减小的原因可被归结为:在这个区域,还原反应对 $V_X^{\cdot}$ 浓度的提高贡献不大;因此,它们的形成能本身就是肖特基缺陷形成能的有效组成,可在计算反应焓的过程予以减去。剩下的焓值就应主要由反应的主要产物-电子来承担。近化学计量比区中空穴生成焓也具有类似的特征。

10.5.3 临界点的计算

在如前所示构建化合物 MX 的克罗格-明克图过程中,有三个可定义的点:①近化学计量比区与高氧化区的交点;②近化学计量比与高还原区的交点;③由 $n=p$ 决定的化学计量比组分点。在这些点位上,缺陷的浓度水平由本征缺陷浓度决定。然而,在研究过程中关注的却是这些位置上的非金属元素的活度。在这个例子中,给出了化学计量比时的 $P(X_2)$ 值。但从总体上来说,它的浓度可根据该组分条件下的相关缺陷浓度来确定。在本例中,就需要让如式(10.28)和式(10.30)所示的近化学计量比区的电子和空穴浓度的表达式相等,然后再来求解 $P(X_2)$。

$$\begin{cases} n_0 = \dfrac{K_n}{K_S^{1/2}} P(X_2)_0^{-1/2} = \dfrac{K_p}{K_S^{1/2}} P(X_2)_0^{1/2} = p_0 \\ P(X_2)_0 = \dfrac{K_n}{K_p} = \dfrac{10^{25}}{10^{35}} = 10^{-10} \text{ atm} \end{cases} \quad (10.44)$$

其中,n、p 及 $P(X_2)$ 所带的下标表示各参数在化学计量比时取值。这里的计算结果与前节中赋予的值相符。

在近化学计量比区与高度还原区交界处,非金属元素活度可通过让如式10.28 和 10.32 所示的两个相关分区中电子浓度表达式相等来求得:

$$\begin{cases} n_n = \dfrac{K_n}{K_S^{1/2}} P(X_2)_n^{-1/2} = K_n^{1/2} P(X_2)_n^{-1/4} \\ P(X_2)_n = \left(\dfrac{K_n}{K_S}\right)^2 = \left(\dfrac{10^{25}}{10^{34}}\right)^2 = 10^{-18} \text{ atm} \end{cases} \quad (10.45)$$

其中,下标 n 是指如上所述交界的还原反应分区一侧。这里的计算值与构建上述克罗格-明克图过程中的推衍值相符。

在上述交界非金属元素含量较高的一侧,非金属元素活度 $P(X_2)$ 的值也可以采用类似的方法来获得:

$$p_p = \frac{K_p}{K_S^{1/2}} P(X_2)_p^{1/2} = K_p^{1/2} P(X_2)_p^{1/4}$$

$$P(X_2)_p = \left(\frac{K_S}{K_p}\right)^2 = \left(\frac{10^{34}}{10^{35}}\right)^2 = 10^{-2} \text{ atm} \tag{10.46}$$

这里的值与构建图 10.4 过程所获得的推衍值也相符。

10.5.4 近化学计量比区域的宽度

近化学计量比区域的宽度对克罗格-明克图的具体确定有重要作用。在本征缺陷的浓度及其随非金属元素活度的变化已知条件下，该宽度的确定并不困难。在近化学计量比区，对于假想的化合物 MX，已经确定了电子和空穴的浓度分别依 $P(X_2)^{-1/2}$ 和 $P(X_2)^{1/2}$ 规律变化。在这个区域，本征离子缺陷浓度比本征电子和空穴的浓度高 10^4 倍。因此，本征电子和空穴的浓度需要在化学计量比区的基础上继续 10^4 倍，才能达到它们在高度非化学计量比区所需的浓度。如图 10.5 所示，为满足电子浓度的变化，非金属元素活度需要变化 10^8 倍，空穴浓度的变化同样要求非金属元素活度的变化达到 10^8 倍。因此，非金属元素活度 $P(X_2)$ 的变化总幅度必须达到 10^{16} 倍。这样，它的范围才可以达到近化学计量比和高度还原区、高度氧化区的边界。只要上述相关缺陷及非金属元素活度的数值已知，确定近化学计量比区域宽度在平面几何领域并非难事。

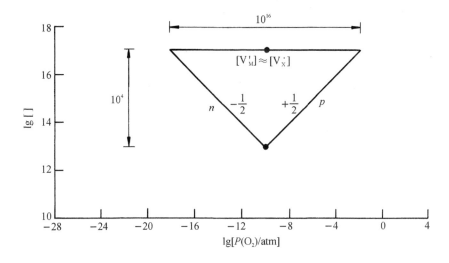

图 10.5 近化学计量比区的宽度

10.5.5 过渡区中缺陷的浓度

图 10.4 由相邻分区中直线相交后形成。在其中的任意分区中，电中性近似条件仅涉及电性相反的两种缺陷。在画图时，常忽略缺陷浓度在过渡区中斜率的渐近变化。理解并揭示这种近似处理所致的问题就变得非常有指导意义。图 10.6

为假想化合物 MX 在近化学计量比区与高度还原区相交形成的过渡区中缺陷浓度变化的局部放大。在这个区域中,更为准确的电荷中性条件可由下式给出:

$$n + [V'_M] \approx [V_X^{\cdot}] \tag{10.47}$$

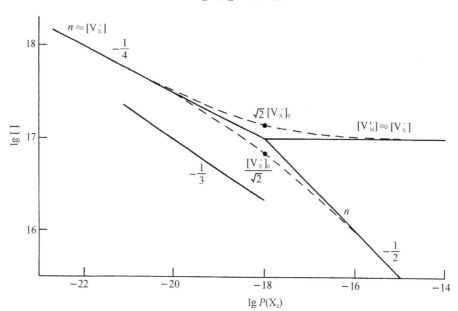

图 10.6　近化学计量比区与高度还原区交界处过渡区中缺陷浓度的变化(图中短划线)。为方便对比,图中给出了斜率为 $-1/3$ 的一条直线

在以上三项式(three term approximation)近似过程中,仅忽略了空穴的浓度。由于其浓度比非金属元素的活度低近 8 个数量级,所以上述近似带来的误差不大。将式(10.47)与如式(10.21)所示的还原反应质量作用表达式联立,可以给出如下所示的 $[V_X^{\cdot}]$ 在过渡区中更为精确的表达式:

$$[V_X^{\cdot}] \approx [K_n P(X_2)^{-1/2} + K_s]^{1/2} \tag{10.48}$$

将上式代入式(10.21),即可求出电子浓度。以上结果已汇总如图 10.6 所示。图中的直线近似与用短划线表示的更为准确的浓度渐近变化线的差距并不显著。其中的最大差异出现在近似直线的交点处,达 40%。为了前后一致,图 10.3 中也标明了这一点。以与该点对应的非金属元素活度 $P(X_2)$ 为起点,随着 $P(X_2)$ 增大或减小,上述偏差均逐步减小,并在 $P(X_2)$ 值增大或减小幅度达 100 倍时消失。虽然上述偏差从数值上来说并不大,但其却有可能诱使研究者出错。图 10.6 中给出了一条斜率为 $-1/3$ 的直线以供对比。该直线是对过渡区曲线(短划线)表观斜率的一个非常好的近似。当然,这条直线自身并不具有任何实际的意义。然而,在已有研究中,确实有部分研究者没有意识到所取得的实验数据全部集中于过渡区,从

而就以过渡区各缺陷浓度变化线的表观斜率为基础提出了一些缺陷模型。

10.5.6 近化学计量比区边界的组分

在构建图 10.6 的过程中,准确计算了假想化合物近化学计量比区和高度还原区交界附近的缺陷浓度。同理,也可计算出上述区域交界处的组分。首先,需要给出这些交界的数学定义。最好的方法是将其定义成经过两种缺陷浓度变化线的点。随着非金属元素活度变化,其中一种缺陷的浓度上升,另一种缺陷的下降。因此,在 MX 的还原反应区侧,具体如图 10.4 所示,可将上述交点定义为阳离子空位浓度与电子浓度变化直线的交叉点。在这个简单示例中,如前所述,交点位于 $P(X_2)=10^{-18}$ atm 处。以上定义可表述如下:

$$n=[V'_M] \tag{10.49}$$

也许有研究者会认为上述边界也可以定义为 $n=[V^{\cdot}_X]$ 时的点。实质上,这种做法并不合适。因为,代表这两种浓度的直线可相互无限接近,但只有在 $P(X_2)$ 等于无穷小的时候才能真正相等。联立式(10.49)与如式(10.47)所示的电荷中性条件的三项式近似表达式,并在结果的左右两侧均乘以 $[V^{\cdot}_X]$ 后可得

$$[V^{\cdot}_X]^2 = 2[V'_M][V^{\cdot}_X] = 2K_S \tag{10.50}$$

因此,我们在这里可求出

$$\begin{cases} [V^{\cdot}_X] = (2K_S)^{1/2} \\ [V'_M] = \left(\dfrac{K_S}{2}\right)^{1/2} \end{cases} \tag{10.51}$$

在上述边界处,离子缺陷浓度近似与化学计量比组分中的离子缺陷浓度相等。如果 N_0 为 MX 晶体中阴、阳离子格点的数目,且阴离子子晶格为理想状态的全满时,上述交界处 MX 的组分就可以由下式决定:

$$\mathrm{MX}_{[N_0-(2K_S)^{1/2}]/[N_0-\left(\frac{K_S}{2}\right)^{1/2}]} \tag{10.52}$$

如果 $N_0=10^{22}$ 格点数/cm^3,$K_S=10^{34}$,上述交界处的组分就应该为

$$\mathrm{MX}_{0.999993}$$

显然,在上述边界处,化合物的组分与化学计量比组分非常接近。

在后续内容中,读者将会看到在上述交点上,各缺陷浓度会被提升到主要本征缺陷的水平,不管这种本征缺陷是属于离子型还是电子型。化合物的组分也会发生相应的变化。这里需要注意,如果各主要本征缺陷的浓度均达到如 1% 等非常高的值时,在近化学计量比区边界上,非化学计量比的程度也应该达到相同的水平。

10.5.7 温度的影响

克罗格-明克图是缺陷浓度随非线性元素活度的等温变化示意图。因此,对于给定的化合物,不同温度下的克罗格-明克图也会不一样。该示图随温度的改变显

然与不同缺陷的反应焓有关。现假设先前 MX 的克罗格-明克图构建于 600 ℃，现需建立 1000 ℃时的克罗格-明克图。这样，就需要给不同的平衡反应赋予其相应的焓值。所有质量作用表达式的统一形式为

$$K = K' e^{-\Delta H/kT} \tag{10.53}$$

在 600 ℃条件下，如果 K 及所赋予的焓值均已知时，就可以计算出每个反应的 K' 值。假设如式 (10.12) 和 (10.14) 所示的本征离子和电子型缺陷的生成焓分别为 1.5 eV 和 3.0 eV (140 kJ/mol 和 290 kJ/mol)。这与化学计量比组分中肖特基缺陷的浓度远高于电子和空穴浓度的原始假设相符。这样，上述两个反应的平衡常数为

$$K_S = 4.54 \times 10^{42} e^{-1.5/kT} \tag{10.54}$$

$$K_I = 2.06 \times 10^{43} e^{-3.0/kT} \tag{10.55}$$

从式 (10.42) 中可以看出，ΔH_N 和 ΔH_P 之间的总体差值为 4.5 eV (430 kJ/mol)。让我们假设化合物 MX 中，还原反应比氧化反应更容易发生，同时令 $\Delta H_N = 3.0$ eV (290 kJ/mol)、$\Delta H_P = 1.5$ eV (140 kJ/mol)，则还原反应和氧化反应的质量作用表达式应如下所示：

$$K_n = 2.06 \times 10^{42} e^{-3.0/kT} \tag{10.56}$$

$$K_p = 4.54 \times 10^{43} e^{-1.5/kT} \tag{10.57}$$

则 1000 ℃的质量作用常数分别如下所示：

$$K_S = 5.25 \times 10^{36}$$

$$K_I = 2.76 \times 10^{31}$$

$$K_n = 2.76 \times 10^{30}$$

$$K_p = 5.25 \times 10^{37}$$

这里需要注意，上述值均满足式 (10.43)。当化合物的组分满足化学计量比时：

$$[V'_M]_0 = [V^{\cdot}_X]_0 = K_S^{1/2} = 2.293 \times 10^{18} (\lg = 18.36)$$

$$n_0 = p_0 = K_I^{1/2} = 5.253 \times 10^{15} (\lg = 15.72)$$

化学计量比组分条件下，非金属元素的活度 $P(X_2)_0$ 可由式 (10.44) 来决定：

$$P(X_2)_0 = \frac{K_n}{K_p} = 5.25 \times 10^{-8} \text{ atm} (\lg = -7.28) \tag{10.58}$$

至此，与前面更低温度下的克罗格-明克图绘制过程类似，绘制 1000 ℃下化合物 MX 的克罗格-明克图已无难处。其结果如图 10.7 中的实线所示；其中的短划线为 600 ℃条件下的结果。其中，有如下几点需要注意。

随着温度的升高，化学计量比组分的 $P(X_2)$ 值逐渐变大。其原因可由式 (10.39) 的展开式来解释：

$$p(X_2)_0 = \frac{K_n}{K_p} = \frac{K'_n}{K'_p} e^{\left[\frac{(\Delta H_p - \Delta H_n)}{kT}\right]} \tag{10.59}$$

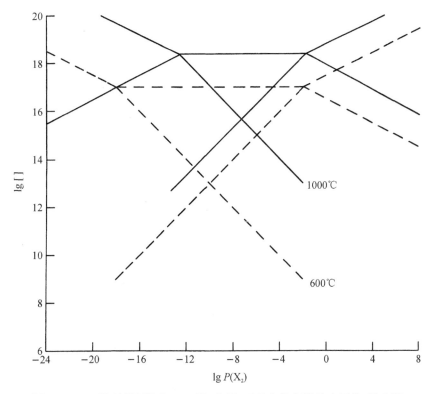

图 10.7　600℃（短划线）和 1000℃（实线）下化合物 MX 的克罗格-明克图

由于 $\Delta H_n > \Delta H_p$，所以上式中的指数部分为负。这样整个图形就会随着温度的上升逐渐向高 $P(X_2)$ 区移动。显然，如果 ΔH_p 比 ΔH_n 大，化学计量比组分就会随着温度的上升向低 $P(X_2)$ 区移动。

在 lg-lg 图中，焓值随温度呈线性变化。因此，由于还原反应焓是氧化反应焓的 2 倍，所以，不同温度下，在高度还原区中，$[V_X^{\cdot}]$ 和 n 浓度线之间的垂直距离就恰好是高度氧化区中 $[V_M']$ 和 p 浓度线间垂直距离的两倍。

随着温度的提高，图中央代表近化学计量比区的反三角形的面积随之减小。这是因为具有更高形成焓的本征电子和空穴的浓度比肖特基缺陷的提高得更快。由于本征缺陷的相对浓度主要取决于其生成焓，因此上面的结果与理论预期一致。从原则上来讲，中心反三角区将随着温度的上升最终收缩为一个点，之后其面积又会再度逐渐增大；电子和空穴也将成为体系的主要本征缺陷。然而，由于出现这种转变所要求的温度已经超过了多数化合物的熔点或分解温度，因此，在实际研究中还没有发现在任何化合物中出现了这种转变。

在高度还原区，$[V_M']$ 不随温度变化。这是为系统所赋予的特征焓值所致的一个特殊情况。本区域中，$[V'_M]$ 由下式来决定：

$$[V'_M] \approx \frac{K_S}{K_n^{1/2}} P(X_2)^{1/4}$$

$$\approx \frac{K'_S}{(K'_n)^{1/2}} e^{\left(\frac{\Delta H_n}{2} - \Delta H_S\right)/kT} P(X_2)^{1/4} \quad (10.60)$$

由于 $\Delta H_N/2 - \Delta H_S = 3/2 - 1.5 = 0$，所以，$[V'_M]$ 对温度间没有依赖关系。这也再次强调了一个事实，即在一个非化学计量比材料中，随着温度的升高，其中不占主导地位缺陷的浓度不但有可能提高，也有可能降低。因此，我们就不能总是不假思索地认为温度的升高一定会提高某种少数缺陷离子在非化学计量比化合物中的扩散速度。其速度提高与否，还是要看其浓度及迁移率的变化。

在从近化学计量比区向高度氧化区的过渡区，$P(X_2)$ 不随温度变化的原因也是由于如式(10.41)所示的含熵项互相抵消所致。

10.6 MX 相关讨论的小结

本小节内容完成了对假想化合物 MX 的讨论。为了展现非化学计量比方面的基本原则和尽可能降低克罗格-明克图构建过程中的难度，有意选择了尽可能简单的例子及其特殊性能。接下来，本书将继续讨论一个更加复杂的例子。这个例子与一个研究者在实际材料研究中可能碰到的情况更加相像。

10.7 一个更加复杂的克罗格-明克图

10.7.1 对问题的定义

克罗格-明克图的建立与解析是理解缺陷化学的基础。对此，非常有必要通过一个更加复杂的例子来加以练习。在第二个假想示例中，假设化合物的基本结构式为 M_2O_3（如 Fe_2O_3、Cr_2O_3 等），其中的主要本征缺陷是肖特基离子缺陷。与前面介绍的假想化合物 MX 不同，这里假设 M_2O_3 取得化学计量比组分时，其中的本征电子型缺陷的浓度远高于其中的本征离子型缺陷。与前面假想例类似，这里也假设各缺陷间没有显著的相互作用。为方便起见，本书至此一直以假想化合物为例。实际研究中也确实难以找到适合的化合物实例。因为，这里不但要求作为范例，该化合物能够横跨不同的缺陷特征区，而且还需要该化合物在不同的缺陷特征区中具有不同的电荷中性近似条件表达式。本书的后续内容将会通过几种实际化合物来为读者介绍它们在哪些方面与克罗格-明克图的总体特征相符。

推衍假想化合物 M_2O_3 的克罗格-明克图需要用到下述平衡反应式及其相应的质量作用表达式：

本征离子型缺陷：肖特基缺陷

$$\text{nil} \rightleftharpoons 2V_M''' + 3V_O^{\cdot\cdot} \tag{10.61}$$

$$[V_M''']^2 [V_O^{\cdot\cdot}]^3 = K_S = K_S' e^{-\Delta H_S/kT} \tag{10.62}$$

本征电子型缺陷：

$$\text{nil} \rightleftharpoons e' + h^{\cdot} \tag{10.63}$$

$$np = K_I = K_I' e^{-E_g^0/kT} \tag{10.64}$$

氧化反应：

$$\frac{3}{2}O_2 \rightleftharpoons 3O_O + 2V_M''' + 6h^{\cdot} \tag{10.65}$$

$$[V_M''']^2 p^6 = K_p P(O_2)^{3/2} = K_p' e^{-\Delta H_p/kT} P(O_2)^{3/2} \tag{10.66}$$

还原反应：

$$O_O \rightleftharpoons \frac{1}{2}O_2 + V_O^{\cdot\cdot} + 2e' \tag{10.67}$$

$$[V_O^{\cdot\cdot}]n^2 = K_n P(O_2)^{-1/2} = K_n' e^{-\Delta H_n/kT} P(O_2)^{-1/2} \tag{10.68}$$

之前曾假设化学计量比的微小变化不会显著影响$[O_O]$的浓度。所以，$[O_O]$的浓度就被并入指数项前的系数中。如式(10.65)所示的氧化反应式也经过了特殊处理，以避免在缺陷浓度项前出现分数。之所以这样处理，纯粹是一个主观的决定。如果采用与还原反应式类似的做法，仅用一个氧原子来表示增加的氧，则在反应式右侧，产物$[V_M''']$之前的系数就应该是2/3；相应的焓值就应该是由式(10.66)决定值的1/3。

质量作用表达式可以给出三个方程，其中包含四个未知量，即四种缺陷的浓度。因此，还需要有第四个关系式——电荷中性表达式：

$$p + 2[V_O^{\cdot\cdot}] = n + 3[V_M'''] \tag{10.69}$$

至此，在求解上述四个同时成立方程的基础上，就可以画出完整的克罗格-明克图。在此，仍然会将全图分成几个独立的分区。在其中每个分区中，可根据布劳沃近似给出不同的电荷中性近似条件表达式。

一幅克罗格-明克图总是与一个特殊的平衡温度相对应。在这里，让我们假设该温度下的本征质量作用常数均已知：

$$K_I = 10^{36} (\text{缺陷个数}/\text{cm}^3)^2$$

$$K_S = 3.37 \times 10^{70} (\text{缺陷个数}/\text{cm}^3)^5$$

同时假设假想化合物M_2O_3在$P(O_2)_0 = 10^{-10}$ atm时取得了化学计量比。对此，特别用下角标"0"来加以表示。与前面所述的例子相同，本例所涉及的推导纯以教学为目的，而不是面向某个真实系统的求解。

发生氧化或还原反应时，质量作用常数K_p和K_n可根据取得化学计量比时的一些数据和式(10.61)、式(10.63)来确定。

$$K_p = \frac{(10^{14})^2 (10^{18})^6}{(10^{-10})^{3/2}} = 10^{151} \quad (10.70)$$

$$K_n = (1.5 \times 10^{14})(10^{18})^2 (10^{-10})^{1/2} = 1.5 \times 10^{45} \quad (10.71)$$

用以定义化学计量比的特殊点上有

$$n_0 = p_0 = K_i^{1/2} = 10^{18} \quad (10.72)$$

显然,根据式(10.69),在化合物取得化学计量比组分时,其中的本征离子型缺陷的浓度应为

$$[V'''_M]_0 = \frac{2}{3}[V^{\cdot\cdot}_O]_0 = 10^{14} \quad (10.73)$$

在对上述讨论所涉及的特殊点进行标识后,接下来我们就开始建立如图10.8所示的克罗格-明克图。

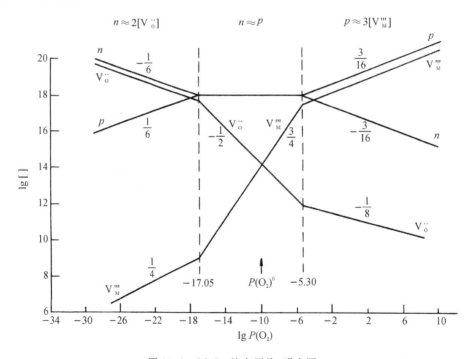

图 10.8 M_2O_3 的克罗格-明克图

10.7.2 近化学计量比区:氧化

当假想化合物 M_2O_3 取得化学计量比组分,且 $P(O_2)_0 = 10^{-10}$ atm 时,缺陷浓度可由式(10.72)和式(10.73)来确定。在这个区域,电荷中性表达式中的主控因素为本征电子型缺陷;式(10.72)可非常适合作为电荷中性条件近似表达式。联立

式(10.66)与式(10.72),可求出$[V_M''']$的近似表达式为

$$[V_M'''] \approx \left(\frac{K_p}{K_I^3}\right)^{1/2} P(O_2)^{3/4} \quad (10.74)$$

表示$[V_M''']$浓度变化的直线可由化学计量比组分中的浓度为起点、以 3/4 为斜率向高 $P(O_2)$ 区外延来画出。与此同时,电子与空穴的浓度保持基本不变。将式(10.74)代入如式(10.62)所示的肖特基缺陷的质量作用表达式,化简后可得由如下式所示的氧空位浓度表达式:

$$[V_O^{\cdot\cdot}] \approx K_I \left(\frac{K_S}{K_p}\right)^{1/3} P(O_2)^{-1/2} \quad (10.75)$$

由于所有质量作用表达式在所有前提条件下均应成立,表征$[V_O^{\cdot\cdot}]$变化的表达式也可以通过将如式(10.68)所示的还原反应质量作用表达式代入如式(10.72)所示的电荷中性近似表达式来求得。

$$[V_O^{\cdot\cdot}] \approx \frac{K_n}{K_I} P(O_2)^{-1/2} \quad (10.76)$$

显然,可以看出以上两种$[V_O^{\cdot\cdot}]$表达式相等。读者也可以通过将式(10.76)代入如式(10.62)所示的肖特基缺陷的质量作用表达式来求出一个与式(10.75)完全等同的$[V_M''']$表达式。在每一种情况下,表征$[V_O^{\cdot\cdot}]$变化的直线均可由化学计量比组分为起点、以 -1/2 为斜率向高 $P(O_2)$ 区外延来绘出。

10.7.3 高度非化学计量比区:氧化

随着氧化反应的进行,阳离子空位的浓度将达到并最终超过本征电子型缺陷的浓度水平。之后,空穴的浓度将随着 $P(O_2)$ 的升高而提高。各缺陷浓度线在斜率转变前必然通过过渡区来进行调整。到达转变点时,氧化反应成为主要的缺陷来源;仅用阳离子空位和空穴即可近似表示电荷中性条件:

$$p \approx 3[V_M'''] \quad (10.77)$$

将上式代入氧化反应的质量作用表达式可得

$$p \approx 3[V_M'''] \simeq (9K_p)^{1/8} P(O_2)^{3/16} \quad (10.78)$$

为了求解电子的浓度,可将上式代入如式(10.64)所示的本征电子缺陷质量作用表达式,结果可得

$$n \approx \frac{K_I}{(9K_p)^{1/8}} P(O_2)^{-3/16} \quad (10.79)$$

联立式(10.62)和(10.78)可求出氧空位表达式为

$$[V_O^{\cdot\cdot}] \approx \frac{(9K_S)^{1/3}}{(9K_p)^{1/12}} P(O_2)^{-1/8} \quad (10.80)$$

氧空位的另外一种等价表达式也可通过联立式(10.68)和式(10.79)来获得

$$[V_O^{\bullet\bullet}] \approx \frac{K_n}{K_I^2}(9K_p)^{1/4} P(O_2)^{-1/8} \qquad (10.81)$$

基于布劳沃近似，在作相交直线图过程中，如果忽略缺陷浓度线在过渡区的曲率，浓度线的斜率应该在当 $[V_M''']=p/3$ 处发生改变。这满足新缺陷特征区中的电荷中性条件的近似表达式。这种情况会一直持续至缺陷浓度变化线进入高度氧化区。接下来，需要读者自己来说明上述转变发生所涉及两个分区中某缺陷浓度直线需要在合适的 $P(O_2)$ 和 $[V_M''']$ 条件下才会相交。克罗格-明克图的氧化反应侧至此全部完成。这里需要注意：所有缺陷浓度变化线拐点所对应的 $P(O_2)$ 值应相等。

10.7.4　近化学计量比区：还原

接下来讨论非化学计量比区的还原反应侧。讨论过程与图中它的镜像侧完全相同。电荷中性条件可仍由式(10.72)来近似表示。将该式与式(10.68)进一步联立后可得出：

$$[V_O^{\bullet\bullet}] \approx \frac{K_n}{K_I} P(O_2)^{-1/2} \qquad (10.82)$$

然后，将所得结果与如式(10.62)所示的肖特基缺陷的质量作用表达式联立可求解出

$$[V_M'''] \approx \left(\frac{K_S K_I^3}{K_n^3}\right)^{1/2} P(O_2)^{3/4} \qquad (10.83)$$

或者，将上述电荷中性表达式与氧化反应质量作用定律表达式联立可确定出如下与式(10.83)等价的表达式：

$$[V_M'''] \approx \left(\frac{K_p}{K_I^3}\right)^{1/2} P(O_2)^{3/4} \qquad (10.84)$$

需要注意，式(10.82)与(10.84)分别与在近化学计量比区氧化反应侧推导出来的式(10.76)与式(10.74)完全等价。这实质上也是克罗格-明克图连续性的必然结果。同时，两套关系式均可以通过本征电子型缺陷质量作用表达式和氧化或还原反应的质量作用表达式推导出来。

10.7.5　高度非化学计量比区：还原

随着 $P(O_2)$ 的进一步降低，氧空位的浓度将最终达到 $n/2$。进一步还原将促使所研究化合物进入新的缺陷特征区。其中，还原反应将成为缺陷的主要来源。此外，电荷中性条件可由下式来近似表示：

$$n \approx 2[V_O^{\bullet\bullet}] \qquad (10.85)$$

上式与如式(10.68)所示的还原反应质量作用表达式联立，化简后可求出

$$n \approx 2[V_O^{\bullet\bullet}] \approx (2K_n)^{1/3} P(O_2)^{-1/6} \qquad (10.86)$$

将所得结果与如式(10.64)所示的本征电子型缺陷质量作用表达式联立后可进一步求解出：

$$p \approx \frac{K_{\mathrm{I}}}{(2K_{\mathrm{n}})^{1/3}} P(\mathrm{O}_2)^{1/6} \tag{10.87}$$

在此基础上，结合如式(10.62)所示的肖特基缺陷质量作用表达式，可进一步求出

$$[\mathrm{V}_{\mathrm{M}}'''] \approx 2\left(\frac{K_{\mathrm{S}}}{K_{\mathrm{n}}}\right)^{1/2} P(\mathrm{O}_2)^{1/4} \tag{10.88}$$

如果随着进一步的氧化和还原再不出现其他新的缺陷，将本分区中的结果进一步拓展至高度还原区后，就可获得完整的克罗格-明克图。

10.7.6　M_2O_3的克罗格-明克图小结

克罗格-明克图的形状取决于所涉及化合物的本质特征。它们包括本征离子缺陷的种类和本征离子型缺陷的浓度是否超过了本征电子型缺陷的浓度等；反之亦然。如图10.8所示，M_2O_3克罗格-明克图的对称性比先前假想化合物MX的稍差。这主要是由于在M_2O_3中，离子型缺陷携带的电荷数不同于先前的假想化合物。如果先前假定了阳离子或阴离子弗伦克尔缺陷是M_2O_3中的主要离子型缺陷，则相应的克罗格-明克图就会变成对称形。

将还原反应左右两侧乘以3后，再将结果与氧化反应相加即可表明不同特征焓之间的关系。

$$3\mathrm{O}_{\mathrm{O}} \rightleftharpoons \frac{3}{2}\mathrm{O}_2 + 3\mathrm{V}_{\mathrm{O}}^{\cdot\cdot} + 6\mathrm{e}' \qquad 3\Delta H_{\mathrm{N}}$$

$$\frac{3}{2}\mathrm{O}_2 \rightleftharpoons 3\mathrm{O}_{\mathrm{O}} + 2\mathrm{V}_{\mathrm{M}}''' + 6\mathrm{h}^{\cdot} \qquad \Delta H_{\mathrm{P}}$$

$$\mathrm{nil} \rightleftharpoons 2\mathrm{V}_{\mathrm{M}}''' + 3\mathrm{V}_{\mathrm{O}}^{\cdot\cdot} + 6\mathrm{e}' + 6\mathrm{h}^{\cdot} \qquad 3\Delta H_{\mathrm{N}} + \Delta H_{\mathrm{P}} \tag{10.89}$$

上述结果也可以看成是肖特基缺陷生成反应再加上本征电子缺陷生成反应左右两侧乘以6所得的结果。因此，上述净焓值之和必然等于$\Delta H_{\mathrm{S}} + 6E_{\mathrm{g}}^0$：

$$3\Delta H_{\mathrm{N}} + \Delta H_{\mathrm{P}} = \Delta H_{\mathrm{S}} + 6E_{\mathrm{g}}^0 \tag{10.90}$$

至此，禁带宽度在决定氧化物非化学计量比程度中的重要作用就变得非常清楚。同样清楚的另外一件事是，每增加或去除一个氧原子均会产生两个电子型缺陷。对于禁带宽度显著不同的两种类似的氧化物，例如Al_2O_3和Fe_2O_3，二者的非化学计量比程度会有很大区别。如果禁带宽度之差为2eV(200 kJ/mol)，则$3\Delta H_{\mathrm{N}}$和ΔH_{P}之间的差距会进一步增大12 eV(1200 kJ/mol)。这也是典型高度化学计量比化合物和一个非化学计量比非常严重化合物之间的差距。

表明M_2O_3中缺陷浓度随$P(O_2)$变化的特征指数、表观激活焓等参数已汇总如表10.2所示。从中可以看出各指数组合、焓的组合与相应的质量作用表达式相

符。例如,当将$[V'''_M]$和p的指数代入氧化反应区的质量作用表达式时会有:
$$2(1/4)+6(1/6)=3/2$$
将相应焓值组合代入后则有
$$2\frac{(\Delta H_S-\Delta H_N)}{2}+6\left(E_g^0-\frac{\Delta H_N}{3}\right)=\Delta H_S+6E_g^0-3\Delta H_N=\Delta H_P$$
上述两个结果也就是如式(10.66)所示的质量作用表达式中的实际取值。

表 10.2 $K_I^{1/2}\gg K_S^{1/5}$ 时,含有肖特基缺陷的 M_2O_3 中离子型缺陷和电子型缺陷的 d lg[ ]/d lg $P(O_2)$、缺陷浓度随 $P(O_2)$ 变化的特征指数及表观激活焓

	高度还原区 $n=2[V_O^{\cdot\cdot}]$	近化学计量比区 $n=p$	高度氧化区 $p=3[V'''_M]$
$[V'''_M]$	1/4	3/4	3/16
	$(\Delta H_S-\Delta H_N)/2$	$(\Delta H_P-3E_g^0)/2$	$\Delta H_P/8$
$[V_O^{\cdot\cdot}]$	$-1/6$	$-1/2$	$-1/8$
	$\Delta H_N/3$	$\Delta H_N-E_g^0$	$\Delta H_S/3-\Delta H_P/12$
n	$-1/6$	0	$-3/16$
	$\Delta H_N/3$	$E_g^0/2$	$E_g^0-\Delta H_P/8$
p	1/6	0	3/16
	$E_g^0-\Delta H_N/3$	$E_g^0/2$	$\Delta H_P/8$

M_2O_3 克罗格-明克图中一些关键点的具体位置[如 $P(O_2)$ 取值和相邻分区中缺陷浓度线斜率的变化点等]留给读者自己来计算。

10.7.7 近化学计量比区的宽度

只要化合物的组分由近化学计量比区转入高度非化学计量比区,不论其处于氧化反应侧还是还原反应侧,缺陷浓度依成分的变化趋势将变得十分确定。在近化学计量比区,情况就变得不那么明晰,特别是主要缺陷。要想确定各缺陷的浓度,需要求解数量与缺陷种类相当的方程组。但是,如果能在更宏观层面上处理,其结果将更具有启发性。近化学计量比区宽度显然非常重要。其中主要原因在于仅当化合物的组分落入高度非化学计量比区时,缺陷浓度才开始随非金属元素活度发生变化。

对于我们的假想化合物 M_2O_3,具体如图 10.8 所示:情况要复杂一些,但图的基本形状与之前的相似。而且,主要缺陷与次要缺陷浓度的比为 10^4。氧空位的浓度具体随 $P(O_2)^{-1/2}$ 呈规律性变化。从化学计量比组分区到近化学计量比区左侧边界,氧空位浓度变价变化横跨的 $P(O_2)$ 活度变化的范围达 8 个数量级。阳

离子空位随 $P(O_2)^{3/4}$ 呈规律性变化。因此,其浓度变化到与下一缺陷特征区的交界处时,阳离子空位浓度变化横跨的 $P(O_2)$ 活度变化范围将达到 $4\times 4/3 = 16/3$ 个数量级。所以,如以 $P(O_2)$ 活度变化来衡量,近化学计量比区域的宽度将达到 13 个数量级。如果进一步考虑化学计量比组分及其边界组分对应的缺陷浓度比,更准确的近化学计量比区宽度应该在 $P(O_2)$ 活度变化的 12 个数量级范围内。由于近化学计量比区与相邻分区边界处的 $P(O_2)$ 具体值可通过求解相应的质量作用表达式来确定,近化学计量比区的宽度也可以通过上述边界处的 $P(O_2)$ 差值来确定。

10.7.8 近化学计量比区边界的组分

在 M_2O_3 的还原反应侧,近化学计量比区与高度非化学计量比区的交界可以定义为

$$p = [V_O^{\cdot\cdot}] \tag{10.91}$$

相应的电荷中性条件可近似由下式表示:

$$p + 2[V_O^{\cdot\cdot}] \approx n \tag{10.92}$$

将式(10.91)代入式(10.92),并将结果的左右两侧均乘以 n 后可得

$$\begin{cases} n \approx (3K_I)^{1/2} \\ p \approx \left(\dfrac{K_I}{3}\right)^{1/2} \approx [V_O^{\cdot\cdot}] \end{cases} \tag{10.93}$$

在所研究交界处,阳离子空位的浓度可基本忽略。如果 M_2O_3 中有 N_0 个阳离子/cm^3,边界处的组分即为

$$M_2O_{3-\frac{3}{N_0}\left(\frac{K_I}{3}\right)^{1/2}} \tag{10.94}$$

如果 $N_0 = 10^{22}$ 个阳离子/cm^3,$K_I = 10^{36}$(缺陷个数/cm^3)^2,本例所涉及交界处的组分为

$$M_2O_{2.9998}$$

这里再次需要注意,上述交界处主要离子型缺陷的浓度与主要本征缺陷的浓度成比例,即便在本例中本征缺陷是电子和空穴,这是一条一般原则。

在近化学计量比区与相邻高度非化学计量比区的边界上,非化学计量比的程度与主要本征缺陷的浓度成比例。

非化学计量比的程度也随之确定。从此时的水平开始,离子型缺陷在高度非化学计量比区的浓度将逐步提高。

10.8 本征非化学计量比组分的克罗格-明克图小结

在应用克罗格-明克图展现本征非化学计量比化合物性质方面,本章使用的

MX 和 M_2O_3 这两个假想化合物应可以充分地为读者展示其中的若干原则。不管化合物的种类和分子式如何变化，作图所涉及的原则及过程保持不变。为了构建和理解这种图，读者也只需在以稀溶液热动力学成立为前提的质量作用研究方法的基本框架下，了解基本的逻辑推理和常识。

10.9 焓关系

表 10.1 和表 10.2 的对比揭示了与每种缺陷相关焓的一些规律：

（1）在克罗格-明克图的每一个分区中，电荷中性条件涉及缺陷的焓等于相应缺陷反应焓除以反应生成缺陷的数目。所以，在 M_2O_3 的高度氧化反应区，电荷中性条件可由 $p = 3[V_M''']$ 近似表示，氧化反应的产物是 $2V_M''' + 6h^{\cdot}$；共生成 8 个缺陷。因此，与每个缺陷相联系的焓就为 $\Delta H_P/8$。

（2）在近化学计量比区，与电中性条件近似表达式无关缺陷相联系的焓等于与这种缺陷的单位反应焓减去生成相应数目的电荷中性条件涉及缺陷的反应焓。所以，就 M_2O_3 而言，它在近化学计量比区的电荷中性条件近似表达式为 $n = p$，$[V_M''']$ 的焓等于生成每一个 V_M''' 的氧化反应焓 $\Delta H_P/2$ 再减去单位生成焓为 $E_g^0/2$ 的三个本征空穴的焓，也即 $3E_g^0/2$。这个结果是在生成每个阳离子空位反应焓的基础上减去了除此之外要生成空穴所需的焓。这主要是因为它们的数量已经达到了一定的水平，氧化反应基本不影响这些缺陷的浓度。

这些一般规律在任何本征非化学计量比化合物中均成立。

10.10 本章结论

虽然对本征非化学计量比的理解是理解缺陷影响的必要基础，但是非化学计量比并没有在多少实例中成为主要影响因素。特别是对于氧化物，本征缺陷的生成焓通常很高，所以真实材料中杂质的含量往往远高于本征缺陷浓度。因此，在接下来的一章中，本书将在已有基础上，以变价元素是带电缺陷之一的材料为主要讨论对象，说明其中非化学计量比的影响。相关内容与实际研究常涉及的材料系统更为接近。

参考文献

Brouwer, G. A general asymptotic solution of reaction equations common in solid-state chemistry. *Philips Res. Rep.* 9:366–376, 1954.

本章习题

10.1 假设一种氧化物 M_2O 中的本征离子型缺陷是阳离子弗伦克尔缺陷，而且这种化合物在温度为 1000 ℃、氧活度 $P(O_2)=10^{-10}$ atm 条件下取得平衡状态时恰好取得了化学计量比组分。如果在温度为 1000 ℃、氧活度 $P(O_2)=10^{-10}$ atm 条件下，阳离子型弗伦克尔缺陷的浓度等于 10^{16} cm^{-3}，$n=p=10^{18}$ cm^{-3}，试建立 M_2O 在该温度下，氧活度在 $10^{-30} \sim 10^{10}$ atm 范围内的缺陷图。其中要包括所有四种主要缺陷，并标出每一条线相关的缺陷种类及其斜率。此外，还要写出每个分区中的电荷中性条件近似表达式。假设每种缺陷均已完全离子化。

此外，近化学计量比区的宽度是多少？

10.2 假设 M_2O 中的本征离子型缺陷是肖特基缺陷。这种化合物在温度为 1000 ℃、活度 $P(O_2)=10^{-20}$ atm 条件下取得平衡状态时恰好取得了化学计量比组分。在此温度及氧活度条件下，阳离子空位的浓度为 2×10^{18} cm^{-3}，$n=p=10^{16}$ cm^{-3}。

(a) 画出 1000 ℃下 M_2O 的缺陷图。在图中标出近化学计量比区、高度还原区和高度氧化区；

(b) 确定还原及氧化反应的质量作用常数具体数值；

(c) 计算近化学计量比区和高度还原区或高度氧化区交界处的 $P(O_2)$ 具体值。

10.3 温度为 550 K 时，纯 AgBr 中，阳离子型弗伦克尔缺陷和本征电子缺陷的质量作用常数分别为 10^{-8} 和 10^{-26}。向其中填加一个溴原子的氧化反应的质量作用常数为 10^{-10}（浓度以晶格格点分数或以 atm 为单位的压强来表示）。

(a) 推导温度为 550 K 下的化学计量比组分所对应的 $P(Br_2)$ 值；

(b) 画出温度 550 K、$10^{-20} < P(Br_2) < 10^{16}$ 范围内纯 AgBr 的缺陷图；

(c) 如果 550 K 温度下的 AgBr 中本征肖特基缺陷的质量作用浓度已经被确定大致为 10^{-18}，在前面画出的缺陷图中填加 Br 空位浓度变化的直线。

10.4 在理想纯化合物 M_2O 中，肖特基缺陷为主要的本征缺陷。假设在 800 ℃、$P(O_2)=1$ atm 条件下确定的 $p=[V_M''']=10^{19}$ cm^{-3}，并且当 $P(O_2)=10^{-16}$ atm 时化合物取得了化学计量比组分。此时，$n=p=$

10^{18} cm^{-3}。

(a) 画出理想纯化合物 M_2O 在温度 800 ℃、$10^{-32} < P(Br_2) < 10^4$ 范围内的完整缺陷图；

(b) 确定出两种本征缺陷的质量作用常数及氧化反应和还原反应的质量作用常数。

10.5 题后附图中给出了两种类似简单化合物 MO 和 NO 的平衡缺陷图。在两种化合物中，本征缺陷均为肖特基缺陷。假设所有直线均可在整幅图的宽度范围内延伸；同时，所有离子型缺陷均充分离子化。

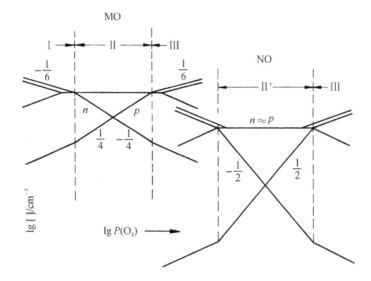

(a) 将附图复制到另一张图纸上，在图中为两种化合物标出每条直线对应的缺陷符号；

(b) 为两种化合物确定其中本征离子型缺陷和电子型缺陷形成的质量作用常数；

(c) NO 中的某种缺陷能超过 MO 中各缺陷的浓度吗？如果可以，相应的反应条件是什么？

(d) 哪种化合物在跨越近化学计量比区（对于 MO 是图中 II 区；对于 NO，即图中 II′区）的过程中成分变化更大？

(e) 在两种化合物中，如果电子与空穴的迁移率相同，且是任意离子缺陷迁移率的 100 倍，离子型缺陷对两种化合物电导率的贡献可达到其中的 50% 吗？

(f) 离子型缺陷在哪种化合物中对电导率贡献更大？在什么实验条件下达到极大值？

第 11 章

非本征非化学计量比

11.1 引子

如果化合物中变价杂质含量超过任意本征缺陷浓度,则化合物就可被定义为处于非本征非化学计量比状态。因此,杂质净含量就在一定温度下取代非金属元素活度成为电荷中性条件二项式近似表达式中的必要组成。在本征非化学计量比中描述的近化学计量比区,本征缺陷是电荷中性条件中的主控因素。在非本征非化学计量比条件下,该区域被杂质主控区取而代之。

本征化学计量比仅限于以下两种情形:

(1)无论其属于离子型或电子型,化合物中的一种本征缺陷是主要缺陷;化学计量比组分即满足电荷中性条件;而且,相对于本征缺陷,杂质的含量可忽略不计。

(2)非化学计量比所致缺陷浓度超过杂质含量时。

以上两种情形的共同特征是杂质含量在电荷中性条件中均没有明显作用,因此对缺陷的浓度水平也没有什么影响。在某个特殊化合物的样品中,既可能观察到本征非化学计量比,也可能观察到非本征非化学计量比。在本节讨论的情形下,一种杂质及其补偿缺陷可能控制近化学计量比区。但是,在某种极端的氧化性或还原性条件下,非化学计量比的程度可能变得非常严重,以至于远高于杂质的含量。同时,本节所涉及的例子中,在任何条件下,本征离子型缺陷和本征电子型缺陷都不能成为化合物中的主要缺陷。

有一些材料体系符合如上所述的情形(2),如在第 10 章中述及的一些例子。然而,符合情形(1)的例子非常少。其原因与在前面的本征缺陷和非本征缺陷相关章节中讨论过的原因类似。除非本征缺陷能取得低的有效电荷数(如仅带一个电荷),晶体能容易地容纳两种补偿型缺陷,或者禁带宽度不是很宽,那么在现有的提纯条件下,杂质就可能完全地或至少在一定程度上控制材料的性能。读者将会看到一些用途非常广泛的化合物中的主要使用性能完全由其中的杂质来决定,无论这些杂质是材料中自然存在的,还是人为添加的。

杂质只有通过其携带的电荷才能影响某种材料的缺陷化学。对于这一事实再怎么强调均不显得过分。因此,如果杂质本身不是电荷中性条件中的主要组成,它也就不会有显著影响。作为带负电的中心,受主掺杂可以由负离子空位、间隙金属离子或空穴来补偿。负离子空位是还原反应的产物,而空穴则是氧化反应的产物。因此,我们可以预见受主中心在还原性条件下将由阴离子空位来补偿,在氧化性条件下,由空穴来补偿;而且,在材料中一种补偿型缺陷由另一种补偿型缺陷替代的过程中会出现一个过渡区。类似地,作为带正电中心,施主可由阳离子空位、间隙阴离子或电子来补偿。在还原性条件下,电子补偿占有优势;在更偏氧化性的环境中,补偿方式就会转变为阳离子空位。最终,我们也可以预见,当非化学计量比程度远高于杂质含量时,与非化学计量比相关的特性就会反过来与理想纯物质趋于一致。然而,有两种特殊条件必须被满足:首先是在平衡条件下,所有质量作用表达式必须同时被满足;其次,就是需要满足电荷中性条件。以这些指导原则和在前述内容学习过程中积累起来的常识为基础,读者才能真正理解杂质对非化学计量比的作用。

如第 5 章非本征离子型缺陷相关内容所述,晶体中杂质的引入很少在平衡状态下进行。杂质通常是在晶体被处理(如固态反应)过程中被引入的,它们的浓度通常不会随着温度及环境中非金属元素的活度而改变。因此,总是那些离子型和电子型缺陷在杂质含量不变的条件下发生变化。杂质的含量可以影响离子和电子缺陷的浓度,但反之不成立。

11.2 一个简单的例子:施主掺杂的 MX

11.2.1 基本关系

本节仍以第 10 章中推导过的本征非化学计量比简单例子为基础进行讨论。图 10.4 还给出了该例子中所涉及简单化合物 MX 的克罗格-明克图。在这里,为方便起见,再次给出随后讨论可用到的一些基本关系式,具体包括本征缺陷反应式、氧化反应式、还原反应式及其质量作用表达式:

$$\text{nil} \rightleftharpoons V_M' + V_X^· \tag{11.1}$$

$$[V_M'][V_X^·] = K_S \tag{11.2}$$

$$\text{nil} \rightleftharpoons e' + h^· \tag{11.3}$$

$$np = K_I \tag{11.4}$$

$$\frac{1}{2}X_2 \rightleftharpoons X_X + V_M' + h^· \tag{11.5}$$

$$[V'_M]p = K_p P(X_2)^{1/2} \tag{11.6}$$

$$X_X \rightleftharpoons \frac{1}{2}X_2 + V_X^{\cdot} + e' \tag{11.7}$$

$$[V_X^{\cdot}]n = K_n P(X_2)^{-1/2} \tag{11.8}$$

这里,质量作用常数中已经包含了$[X_X]$,并再次假设非化学计量比对质量作用常数的影响不大。在图 11.1 中,重新以短划线的形式给出了纯 MX 的克罗格-明克图。原有基本假设在这里保持不变:$K_S = 10^{34}$,$K_I = 10^{26}$,化学计量比组分对应的 $P(X_2) = 10^{-10}$ atm;所推导出来的 K_p 和 K_n 值分别为 10^{35} 和 10^{25}。

注意:添加杂质后,所有质量作用常数均将保持不变。

11.2.2 补偿型缺陷

这里假设浓度为 10^{18} cm^{-3} 的二价施主阳离子掺杂 $D_M^{\cdot\cdot}$ 进入 MX 中正常阳离子晶格格点,其浓度已经超过化学计量比组分中的本征缺陷浓度。所以,多余的正电荷就必须由 $[V'_M]$ 或 n 来平衡。由于间隙阴离子等其他可能的离子补偿型缺陷不参与本征缺陷形成过程,因此,在这里予以忽略。这样,就可能出现以下两种可用于表达施主化合物 DX_2 掺杂 MX 的表达式:

$$DX_2 \xrightarrow{(2MX)} D_M^{\cdot\cdot} + V'_M + 2X_X \tag{11.9}$$

$$DX_2 \xrightarrow{(MX)} D_M^{\cdot\cdot} + X_X + \frac{1}{2}X_2 + e' \tag{11.10}$$

式(11.9)代表着形成了施主掺杂的化学计量比化合物,等价于两种化学计量比化合物形成的固溶体。式(11.10)则意味着通过失去部分非金属元素而形成了非化学计量比组分。与此同时,引入的异价杂质必然成为如下所示的电荷中性条件表达式的必要组成:

$$n + [V'_M] = p + [V_X^{\cdot}] + D_M^{\cdot\cdot} \tag{11.11}$$

也许会有读者认为更具有优势的本征缺陷 $[V'_M]$ 在这里更适合作补偿型缺陷,然而,在这里,本书暂不考虑这种可能性,而继续以电子在 $P(X_2) = 10^{-10}$ atm 条件下作为补偿型缺陷。接下来,n 的浓度就必须从纯 MX 中的 10^{13} cm^{-3} 提高 5 个数量级才能达到 10^{18} cm^{-3},来平衡施主掺杂引入的多余电荷。式(11.8)表明,$[V_X^{\cdot}]$ 必须相应地减小 5 个数量级。根据式(11.2),上述结果就意味着 $[V'_M]$ 必须提高 5 个数量级,达到 10^{22} cm^{-3}。这样,它的浓度就会比施主杂质的浓度高 4 个数量级,并且没有任何带相反电荷的缺陷来补偿它,就形成了一个不可思议的情形。此外,这同时意味着晶体中几乎所有阳离子格点都会处于空状态。在这种非金属元素活度条件下,用电子来补偿确实不是一个明智的选择。

接下来,就让我们来考虑以阳离子空位来补偿施主掺杂。当 $P(X_2) = 10^{-10}$ atm 时,$[V'_M]$ 必须从 10^{17} cm^{-3} 提高到 10^{18} cm^{-3},即提高 1 个数量级。此后,根据式

(11.6)，p 必须减小 1 个数量级，式(11.4)则要求 n 提高 1 个数量级。至此，不存在任何前后矛盾的地方，以 $[V'_M]$ 作为补偿型缺陷切实可行。图 11.1 标出了上述各缺陷的最新浓度。这样，就形成了一种读者经常会碰到的局面：两种可能的补偿型缺陷中，一种将会导致出现站不住脚的结果；而另外一种则合理可行。这里需要注意，添加带正电荷的施主中心将会提高所有带负电荷缺陷的浓度，并导致所有带正电荷的缺陷浓度降低。至此，我们就可以开始建立施主掺杂的 MX 的克罗格-明克图。这幅图将包含一个杂质控制区。但是，经过足够的氧化反应或还原反应后，当杂质不再是电荷中性条件中的必要组成因素后，图形的形状又将会变回至与本征非化学计量比类似的情形。

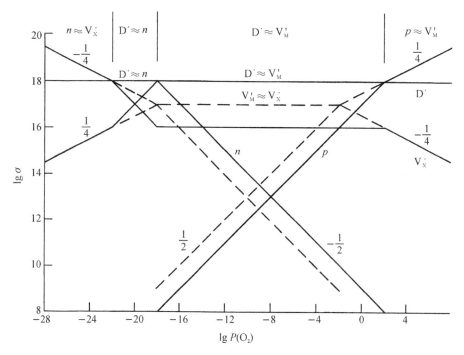

图 11.1 施主掺杂的 MX 克罗格-明克图
（相关参数已于文中给出，短划线为纯 MX 的克罗格-明克图）

11.2.3 杂质控制区：离子补偿

$P(X_2) = 10^{-10}$ atm 附近，$[D'_M]$ 和它的补偿型缺陷 $[V'_M]$ 是化合物中的主要缺陷。在此处所涉及的靠近化学计量比组分的杂质控制区中，电荷中性条件可近似表示如下：

$$[V'_M] \approx [D'_M] \tag{11.12}$$

在不改变此近似电荷中性条件的前提下，MX 可被轻度氧化或还原。所以，在

一定的 $P(X_2)$ 范围内，$[V_M']$ 将被固定在施主掺杂的浓度水平上，并不会随着 $P(X_2)$ 的变化而改变。式(11.2)表明，$[V_X^·]$ 也不会随着 $P(X_2)$ 的变化而改变；与纯化合物中的水平相比，它的浓度应已经下降至原来的十分之一。

$$[V_X^·] \approx \frac{K_S}{[D_M^·]} \tag{11.13}$$

当这里所涉及的化合物被氧化时，式(11.6)与式(11.12)联立的结果表明空穴的浓度应依下式而提高：

$$p \approx \frac{K_p}{[D_M^·]} P(X_2)^{1/2} \tag{11.14}$$

因此，n 必须依下式降低：

$$n \approx \frac{K_I [D_M^·]}{K_p} P(X_2)^{-1/2} \tag{11.15}$$

或者，也可以由式(11.8)与式(11.13)联立的结果来求得如下所示的电子浓度表达式：

$$n \approx \frac{K_n [D_M^·]}{K_S} P(X_2)^{-1/2} \tag{11.16}$$

上述缺陷随 $P(X_2)$ 的变化趋势与纯化合物中的情形相同。但是，各缺陷的浓度均在竖直方向上出现了数量级的变化；电子的浓度提高，而空穴的浓度降低。因此，可以在图 11.1 中添加上述各缺陷的浓度变化线。这些线与本征非化学计量比时的平行，在原来基础上出现了一定的平移。这里需要注意，$n = p$ 点对应的 $P(X_2)$ 向高活度方向移动了约 1 个数量级，但它们的浓度水平基本保持不变。其中的主要原因是空穴的浓度主要由式(11.4)来决定。这个点相当于由化学计量比的施主化合物和 MX 形成的化学计量比固溶体：$(1-2x)\text{MX} + x\text{DX}_2$ 或 $M_{1-2x}D_xX$。

此后，空穴的浓度将依原斜率继续提高，直至它与纯化合物中的浓度相交。该交点同时也是 $[D_M^·] = [V_M']$ 的延长线与 $P(X_2) = 10^2$ atm 的交点。在这个点上，空穴与阳离子空位的浓度相等。这种情况在后续的氧化过程中将继续保持不变，并成为相应区域中的近似电荷中性条件。

$$p \approx [V_M'] \tag{11.17}$$

由于在电荷中性近似表达式中，施主掺杂已经被替换掉，因此，施主杂质将不会影响缺陷的浓度水平。在进一步的氧化反应过程中，纯 MX 中的变化与施主掺杂的 MX 相同；化合物的性能也因此转变回本征非化学计量比时的状态。需要注意，这里各缺陷浓度变化线与纯化合物中相应缺陷浓度变化线的交点对应的 $P(X_2)$ 值都相等。这既是几何作图的要求，也符合缺陷化学的要求。如果交点处的 $P(X_2)$ 值不相等，就意味着作图中出现了错误。因为这实际上违反了质量作用表达式应被同时满足的基本条件。

11.2.4 杂质控制区:电子补偿

当施主掺杂由阳离子空位来补偿时,在化学计量比组分的还原反应侧,电子和空穴随 $P(X_2)$ 变化的规律相同,并在整体上与氧化反应侧保持一致。随着 $P(X_2)$ 的降低,逐渐上升的电子浓度变化线将穿过 $V_X^\cdot$ 的浓度变化线,并最终与表示 $[D_M^\cdot]$ 和 $[V_M']$ 浓度变化的水平线相交。随着进一步的还原,电子将取代阳离子空位成为施主杂质的补偿型缺陷。此时,电子的浓度还不能超过施主杂质的浓度水平。如果那样,就会违反电荷中性条件。因为,再没有其他带正电缺陷的浓度可以进一步随电子浓度一起升高。所以,随着电子的浓度暂时被"冻结"在施主杂质的浓度水平,电荷中性条件可近似由下式表示:

$$n \approx [D_M^\cdot] \tag{11.18}$$

上式与式(11.8)联立表明:

$$[V_X^\cdot] \approx \frac{K_n}{[D_M^\cdot]} P(X_2)^{-1/2} \tag{11.19}$$

将以上结果代入式(11.2)可得:

$$[V_M'] \approx \frac{K_S [D_M^\cdot]}{K_n} P(X_2)^{1/2} \tag{11.20}$$

当然,空穴的浓度应与电子的浓度一样不随 $P(X_2)$ 变化。在这个缺陷浓度变化线纵横交错的区域中,$[V_X^\cdot]$ 上升与 n 相交,随后同 n 一起以与纯化合物 MX 中相同的规律进一步变化。在上述交点对应的相同的 $P(X_2)$ 处,所有缺陷的浓度将达到与纯化合物相同的水平。随着进一步还原,施主杂质的影响逐渐消失。此时,含有掺杂的化合物与纯化合物之间没有什么区别,它们具有如下共同的电荷中性近似表达式:

$$n \approx [V_X^\cdot] \tag{11.21}$$

施主掺杂的 MX 的克罗格-明克图至此构建完毕。注意,MX 中不能出现阳离子型受主掺杂,因为那将要求阳离子所携带的电荷数为零;但是,可通过引入更高价态的阴离子,如 O_X',来引入受主掺杂。

至此,可以明显看出,本例中出现了两种极端电荷补偿的方式,但二者处于不同的非金属元素活度区,具体如式(11.9)及式(11.10)所示。由于电子是还原反应的产物,因此是低非金属活度范围内的补偿型缺陷;而作为氧化反应的产物的阳离子空位,就顺理成章地成为高非金属活度区内的补偿型缺陷。

11.2.5 杂质控制型非化学计量比的一个重要方面

在上述构建施主掺杂化合物 MX 的克罗格-明克图过程中,细心的读者可能已经注意到了一些特殊之处。随着材料从化学计量比组分逐渐被还原,如式

(11.7)所示的还原反应式表明产物中的电子和阴离子空位的浓度相等;电子的浓度增加到了$[V_X^{\cdot}]$的水平后,还继续升高,达到了施主杂质的水平。$[V_M']$也可以随着系统还原反应的进行逐步进入电子型缺陷补偿区并进一步降低。然而,当n大于$[V_X^{\cdot}]$后,额外形成的阴离子空位将如何变化? 此问题的答案是:这些阴离子空位将在肖特基缺陷的再次形成过程中逐渐与阳离子复合而泯灭。在本区域内,由于$[V_M']$远高于$[V_X^{\cdot}]$,因此,在电子浓度到达施主掺杂浓度水平之前,$[V_X^{\cdot}]$能够在还原过程中保持不变;$[V_M']$也不会出现显著下降。

在这个区域,还原反应继续进行的最终结果应是阳离子空位的消耗,而不是阴离子空位的产生。

$$X_X \rightleftharpoons \frac{1}{2}X_2 + V_X^{\cdot} + e' \qquad \Delta H_N$$
$$-(nil \rightleftharpoons V_M' + V_X^{\cdot}) \qquad -\Delta H_S$$

$$X_X + V_M' \rightleftharpoons \frac{1}{2}X_2 + e' \qquad \Delta H_N - \Delta H_S \tag{11.22}$$

随着$V_X^{\cdot}$在还原反应中形成,它们就会与等量的施主杂质补偿缺陷-阳离子空位复合。随后,阴、阳离子空位对就会在晶体中泯灭。上述反应过程具体如式(11.22)所示。该反应所具有的新表观还原反应焓在随后内容中将被定义为ΔH_{RI}:

$$\Delta H_{RI} = \Delta H_N - \Delta H_S \tag{11.23}$$

上式中的下标"RI"代表在本区域中由离子型缺陷补偿施主掺杂的还原反应。式(11.16)也表明在本分区中,电子的产生实质上相当于如式(11.23)所示方程的右半侧。式(11.16)与式(10.28)的对比则表明在施主掺杂MX的杂质控制区中,电子的反应生成焓实质上比纯MX近化学计量比区中的低$\Delta H_S/2$。这主要是因为在有掺杂的情况下,还原反应消耗了离子缺陷,而不是形成新的离子型缺陷;此外,这些缺陷的产生主要是源于施主掺杂,而不是源于需要额外热能激活的反应。

以上讨论使用式(11.7)、形成阴离子空位的还原反应及其质量作用表达式[(式11.8)]都没有什么错误。因为,在如式(11.16)所示的电子浓度连续变化的推导过程中,必然涉及肖特基缺陷的形成焓。然而,式(11.22)同样应成立。因为,该式是两个同样成立的平衡反应式联立相加的结果;而且这个式子能够在原子水平更加准确地描述反应具体过程。因此,式(11.22)更加适用于描述本区域中发生还原反应的情形。该式相应的质量作用表达式为

$$\frac{n}{[V_M']} = K_{RI} P(X_2)^{-1/2} = K_{RT}' e^{\frac{-\Delta H_{RI}}{kT}} P(X_2)^{-1/2} \tag{11.24}$$

接下来,该式就可用于系统的描述。注意,联立如式(10.42)所示的纯化合物MX中各种焓关系式和式(11.23)后化简可得

$$\Delta H_{RI} + \Delta H_P = E_g^0 \tag{11.25}$$

该方程中不包含 ΔH_S。其中的主要原因在于本区域中,主要离子型缺陷的浓度取决于施主杂质浓度,而非肖特基缺陷的热激活过程。这是一个非常重要的关系式。因为,在衡量实验结果的过程中,基于本区域中电子浓度变化的阿伦尼乌斯图,可以求出表观激活焓 ΔH_{RI};而且,研究者在此之前也无从获悉此参数中也包含 $\Delta H_N - \Delta H_S$。它也同时说明,本例所涉及的近化学计量比区中的还原反应是一个非化学计量比反应;而且,适当的施主掺杂可显著促进反应的进行(降低反应焓)。式(11.25)还说明禁带宽度是导致掺杂控制型材料氧化反应和还原反应焓值差距逐步增大的唯一原因。

氧化反应与前面所述的不同,因为它仍会形成额外的金属离子空位(V_M')。在随后受主掺杂的 M_2O_3 中,情况恰好相反:其氧化反应会消耗离子型缺陷,只有它的还原反应才能生成额外的离子型缺陷。

11.2.6 总体小结

不出所料,在相对较高的 $P(X_2)$ 条件下,施主杂质由氧化反应的产物阳离子空位来补偿;然而,当 $P(X_2)$ 的值较低时,就会由还原反应的产物-电子来补偿。因此,杂质的引入就会替换一个纯化合物的近化学计量比区域。这个区域的电荷中性条件由一对本征缺陷控制,并拥有两个杂质控制区,其中的杂质由一种离子型缺陷和一种电子型缺陷来补偿。在克罗格-明克图的一侧,两个杂质控制区之一和纯化合物的克罗格-明克图重合;在图的另一侧,另外一个杂质控制区是一个由相互交截的缺陷浓度变化线形成的特征区。在其中的非化学计量比相关反应产物中,必然有一种缺陷的浓度保持不变或与杂质浓度的变化线保持平行;另一种缺陷的浓度则会逐渐上升到与前一种缺陷浓度相当的水平,直至本征非化学计量比特征接管随后的缺陷浓度变化。在上述两个杂质控制区中,杂质由离子型和电子型缺陷来补偿;两个区域加起来的宽度[以非金属元素活度 $P(X_2)$ 的变化范围来衡量]比纯化合物中近化学计量比的宽度更宽。在非本征区,电荷中性条件出现时的浓度水平比纯化合物近化学计量比区的更高,从而在其进入本征非化学计量比区之前可以跨越更宽的非金属元素活度范围。本小节特例中,纯 MX 中的一个宽度为 10^{16} atm 的近化学计量比区最终被宽度为 10^{24} atm 的杂质控制区所取代。

11.3 焓关系

在施主掺杂 MX 的两个缺陷控制区中,各缺陷表达式中 $P(X_2)$ 的指数及表观激活焓中各项参数已汇总如表 11.1 所示。可以看出:这些指数及焓在不同的质量作用表达式中引入后,结果并无异常变化。将上述焓值与纯 MX 近化学计量比区的相比可给出一些非常重要的启示。

首先,在 $[V'_M]$ 浓度由杂质含量确定的区域,其浓度既不随 $P(X_2)$ 变化,也不随温度而改变。所以,不像纯 MX 中的那样将肖特基缺陷生成焓在所涉及的两种本征缺陷中进行分割,施主掺杂的 MX 中的肖特基反应焓全部用于生成 $[V_X^·]$,结果也导致 $[V_X^·]$ 会随着温度的改变而变化。相关内容已经在第 5 章涉及非本征离子缺陷的内容中讨论过。在这个区域中,电子型缺陷的情况也类似,施主掺杂由电子来补偿,禁带宽度主要由空穴来决定,其浓度也会随着温度而改变。

通过对纯 MX 及施主掺杂 MX 近化学计量比区(即 $n=p$ 左右两侧的区域)中电子型缺陷的焓相关项的讨论,可得到一个更为重要的结果。在纯 MX 电子和空穴浓度相关表达式中,氧化反应和还原反应焓在肖特基缺陷生成焓的基础上减半,结果汇总如表 10.1 所示。在掺杂的 MX 中,焓值的降低主要源于空穴;如果是电子,则焓值降低的幅度还得加倍,相关结果汇总如表 11.1 所示。换言之,相对于纯 MX 中的情况,相当于 $\Delta H_S/2$ 大小的焓从电子移至了空穴。这种情况直接与前面的讨论相关。在前面的讨论中已经说明 MX 中含有掺杂时,还原反应最终会消耗离子型缺陷,而不会生成更多的离子型缺陷。

在纯 MX 的近化学计量比区中,由于其本身含有大量的离子型缺陷,因此,源于氧化和还原反应产生的离子型缺陷并不会显著地改变纯 MX 中离子缺陷的总浓度。所以,反应焓的减少量就基本上等于相应数量离子缺陷生成焓。在本例中,其值应为 $\Delta H_S/2$。在施主掺杂的 MX 中,还原反应的进行实质上消耗了 V'_M。所以,电子的反应生成焓应可以继续被降低 $\Delta H_S/2$。然而,由于电子和空穴的反应生成焓的和必须等于本征电子型缺陷的生成焓,即禁带宽度,因此,降低在电子上的反应生成焓 $\Delta H_S/2$ 又会被加到空穴的反应生成焓上。所以,近化学计量比区中的空穴浓度对温度表现出的依赖特性就会比纯化合物中的更强。

式(10.42)和式(11.25)的对比也是纯 MX 和含有掺杂的 MX 中各焓相关项间关系的对比。其结果可显示出二者间的重要区别。如果如式(11.25)所示,实验确定的氧化和还原反应的表观焓之和等于禁带宽度,这个系统实质上就显示出典型的非本征化学计量比特征。这也就意味着决定电中性条件的本征缺陷没有处于热激活状态,所以只能通过外加条件来控制。

11.4 一个更加复杂的例子:受主掺杂的 M_2O_3

11.4.1 基本关系

本节内容仍以第 10 章中用于说明本征非化学计量比的纯化合物 M_2O_3 为基

础。肖特基缺陷是其中的主导离子本征缺陷,其浓度远低于化学计量比组分中的本征电子型缺陷的浓度。接下来,我们将尝试在材料中加入受主掺杂的前提下建立该材料的克罗格-明克图。为方便起见,在下面再次列出 M_2O_3 的平衡反应方程式和相应的质量作用表达式。这里应谨记,如果仅是为了得到一个比较好的近似结果,可认为受主掺杂不会改变相关的热动力学参数。

$$\text{nil} \rightleftharpoons 2V_M''' + 3V_O^{\cdot\cdot} \tag{11.26}$$

$$[V_M''']^2 [V_O^{\cdot\cdot}]^3 = K_S \tag{11.27}$$

$$\text{nil} \rightleftharpoons e' + h^{\cdot} \tag{11.28}$$

$$np = K_I \tag{11.29}$$

$$\frac{3}{2}O_2 \rightleftharpoons 3O_O + 2V_M''' + 6h^{\cdot} \tag{11.30}$$

$$[V_M''']^2 p^6 = K_p P(O_2)^{3/2} \tag{11.31}$$

$$O_O \rightleftharpoons \frac{1}{2}O_2 + V_O^{\cdot\cdot} + e' \tag{11.32}$$

$$[V_O^{\cdot\cdot}]n^2 = K_n P(O_2)^{-1/2} \tag{11.33}$$

所涉及的质量作用常数如下所示:

$$K_S = 3.375 \times 10^{70}$$

$$K_I = 10^{36}$$

$$K_p = 10^{151}$$

$$K_n = 1.5 \times 10^{45}$$

11.4.2 补偿型缺陷

假设新实例中的 M_2O_3 含有 10^{19} cm^{-3} 以 AO 方式添加的置换阳离子型受主杂质 A_M'。在上述给定的优势本征离子型缺陷前提下,两种可能的补偿型缺陷分别为阴离子空位和空穴,相应的引入反应方程式如下所示:

$$2AO \xrightarrow{(M_2O_3)} 2A_M' + 2O_O + V_O^{\cdot\cdot} \tag{11.34}$$

$$2AO + \frac{1}{2}O_2 \xrightarrow{(M_2O_3)} 2A_M' + 3O_O + 2h^{\cdot} \tag{11.35}$$

其中,第一种可能相当于形成了化学计量比固溶体,而第二种可能相当于体系中添加一定数量的过剩氧后形成的一种非化学计量比产物。完整的电荷中性条件表达式为

$$n + 3[V_M'''] + [A_M'] = p + 2[V_O^{\cdot\cdot}] \tag{11.36}$$

在图 11.2 中,重新以短划线的形式给出了纯 M_2O_3 的克罗格-明克图。在此基础上,将叠加给出受主掺杂 M_2O_3 的克罗格-明克图。由于在 M_2O_3 中,本征电子型缺陷比本征离子型缺陷更具有优势。在 $P(O_2)$ 等于纯化合物化学计量比组

分非金属元素活度(10^{-10} atm)的条件下,让我们假设受主杂质的主要补偿型缺陷为空穴,如式(11.35)所示。在本特例中,与阴离子空位相比,空穴更适合作为主要的补偿型缺陷。本文后续内容会对此予以说明。为补偿 10^{19} 个受主中心所携带的电荷,空穴的浓度必须在化学计量比纯化合物的基础上减少 1 个数量级。根据式(11.29),电子的浓度也需减少 1 个数量级。从式(11.33)中可以看出,$[V_O^{\cdot\cdot}]$ 的浓度需要提高 2 个数量级,而式(11.27)或式(11.31)则表明 $[V_M''']$ 的浓度需要下降 3 个数量级。上述变化并不违反电荷中性条件,因此是可接受的。在目前的非金属元素活度条件下,如果选择阴离子空位作为补偿型缺陷,就会导致出现前后矛盾的结果。对于这个问题,留给读者自己来证明。所以,这里的情形又和已有内容中的一致:只存在一种合理的选择。现在,就可以在图 11.2 中的 $P(O_2) = 10^{-10}$ atm 的直线上标出以上各缺陷的最新浓度。

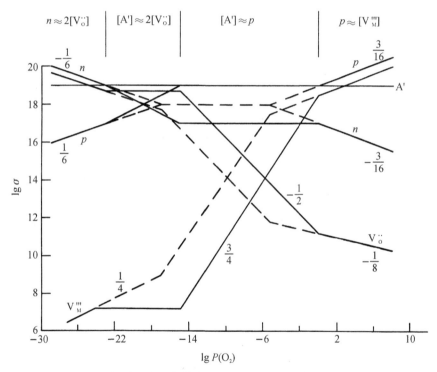

图 11.2 标明了文中参数的受主掺杂 M_2O_3 的克罗格-明克图
(图中短划线所示为纯 M_2O_3 的克罗格-明克图)

11.4.3 杂质控制区:电子型补偿

以空穴作为主要的补偿型缺陷时,电荷中性条件可近似表示为

$$p \approx [A_M'] \tag{11.37}$$

将上式代入如式(11.31)所示的氧化反应质量作用表达式可得

$$[V_M'''] \approx \frac{K_p^{1/2}}{[A_M']^3} P(O_2)^{3/4} \tag{11.38}$$

结果表明,与纯 M_2O_3 近化学计量比区中的情况一致,$[V_M''']$ 随 $P(O_2)$ 的变化表现出了类似变化规律。所以,反映该缺陷浓度变化的直线就可在前节确定新值基础上外延,方向与纯化合物中的平行。在高 $P(O_2)$ 方向上,$[V_M''']$ 浓度变化线将与纯化合物中的同名直线在高度氧化区相交于 $P(O_2) = 1$ atm 处。代表 p 和 n 变化的水平线与它们在纯化合物中的同名浓度变化线相交时的氧活度同样为 1 atm。随着进一步的氧化,各缺陷浓度的变化与纯化合物中的完全一致;相应的电荷中性近似条件为

$$p \approx 3[V_M'''] \tag{11.39}$$

再次返回缺陷控制区,可通过将式(11.38)代入如式(11.27)表示的肖特基缺陷质量作用表达式来求得如下所示的 $[V_O^{\cdot\cdot}]$ 表达式:

$$[V_O^{\cdot\cdot}] \approx \left(\frac{K_S}{K_p}\right)^{1/3} [A_M']^2 P(O_2)^{-1/2} \tag{11.40}$$

当然,也可以通过将如式(11.33)所示的还原反应质量作用表达式与式(11.29)和(11.37)联立来求出 $[V_O^{\cdot\cdot}]$ 另一近似表达:

$$[V_O^{\cdot\cdot}] \approx K_n \left(\frac{[A_M']}{K_I}\right)^2 P(O_2)^{-1/2} \tag{11.41}$$

在上述每一种情况下,$[V_O^{\cdot\cdot}]$ 随 $P(O_2)$ 的变化表现出与纯化合物在近化学计量比区中类似的变化规律。因此,就能以已经确定的 $[V_O^{\cdot\cdot}]$ 在 $P(O_2) = 10^{-10}$ atm 时的新值为起点,外延画出表示 $[V_O^{\cdot\cdot}]$ 浓度变化的直线。该直线同样与纯化合物在相同区域中的同名浓度变化线平行。当 $P(O_2) = 1$ atm 时,$[V_O^{\cdot\cdot}]$ 浓度变化线将与纯化合物中的同名浓度变化线相交。至此,在 $P(O_2) > 10^{-10}$ atm 条件下,受主掺杂 M_2O_3 的克罗格-明克图就基本绘制完毕。

11.4.4 杂质控制区:离子型补偿

在低 $P(O_2)$ 区,代表 p 和 n 浓度变化的直线将依然保持水平,$[V_O^{\cdot\cdot}]$ 线则会随着 $P(O_2)$ 的减少依斜率 $-1/2$ 逐渐升高。它将随着还原反应的进行一直升高至 $[A_M'] \approx 2[V_O^{\cdot\cdot}]$。在该点开始,$[V_O^{\cdot\cdot}]$ 的高低将暂时保持不变。因为,这里没有一种带异种电荷缺陷的浓度可以随之增长,以满足电荷中性条件。这样,就产生了一个电荷中性可由下式来近似表示的分区:

$$[A_M'] \approx 2[V_O^{\cdot\cdot}] \tag{11.42}$$

在这个以交错直线为典型特征的微区,电子的浓度随着还原反应的进行依下式逐渐升高:

第 11 章　非本征非化学计量比

$$n \approx \left(\frac{2K_n}{[A'_M]}\right)^{1/2} P(O_2)^{-1/4} \tag{11.43}$$

与此同时，空穴的浓度的减小可表示为：

$$p \approx K_1 \left(\frac{[A'_M]}{2K_n}\right)^{1/2} P(O_2)^{1/4} \tag{11.44}$$

空穴浓度的变化也可以由下式表示：

$$p \approx \left(\frac{K_p}{K_S}\right)^{1/6} \left(\frac{[A'_M]}{2}\right)^{1/2} P(O_2)^{1/4} \tag{11.45}$$

只要 $[V_O^{\cdot\cdot}]$ 的含量维持在受主杂质的水平上不变，$[V'''_M]$ 就不应随 $P(O_2)$ 的变化而改变，并可被近似表示为

$$[V'''_M] \approx \left(\frac{2}{[A'_M]}\right)^{3/2} K_S^{1/2} \tag{11.46}$$

$P(O_2) = 10^{-23}$ atm 时，上述缺陷的浓度变化线会与纯化合物中的同名变化线相交；随着进一步还原，各缺陷浓度的变化与纯化合物在相同区域中的变化一致。由此形成高度还原区。其中：

$$n \approx 2[V_O^{\cdot\cdot}] \tag{11.47}$$

本节讨论特例——受主掺杂 M_2O_3 的克罗格-明克图就此绘制完毕，具体如图 11.2 所示。

11.5　通览

上述克罗格-明克图的构建基本以一些初始数据点为起点，然后按既定的斜率画直线，直到它们达到具有不同电荷中性近似条件分区交界处的浓度值。只有特别小心，才能按这种方法画出准确的克罗格-明克图，特别是在斜率为 3/16 和 3/4 等奇数时。图 11.2 的构建实质上是以各分区交界处的 $P(O_2)$ 和各缺陷浓度值的计算为基础的。此外，还借鉴了与不同的质量作用常数等内容相关的非常有用的基础知识点。此特例中关键点的计算作为本章后的习题留给读者自己来完成。

在之前讨论过的施主掺杂 MX 中，纯化合物中的近化学计量比区被两个杂质控制区取代。在其中的一个分区中，杂质由离子型缺陷补偿；在另外一个分区中，则由电子型缺陷来补偿。当杂质为受主型时，电子型补偿存在于高非金属元素活度区；施主掺杂时情况恰好与此相反。用非金属元素活度变化范围来度量的杂质控制区的宽度总会比纯化合物中的近化学计量比区更宽。

在克罗格-明克图的一侧，缺陷浓度在杂质控制区的变化直接与纯化合物在相同区域中的同名浓度变化相重合。在图的另一侧，则存在着以一个纵横交错的浓度变化线为基本特征的区域。在其中，补偿型缺陷的浓度在与其平衡异号缺陷浓

度通过缺陷生成反应上升到相同的水平之前,会被暂时冻结而不会升高到杂质浓度水平之上。这种情形在图中某一侧的出现除了与杂质是施主型、还是受主型有关外,还与电子型或离子型缺陷是否是占有优势的本征缺陷相关。在施主掺杂的 M_2O_3 中,浓度变化线的纵横交错区会出现在克罗格-明克图的高 $P(O_2)$ 活度侧。

受主掺杂 M_2O_3 杂质控制区中各缺陷浓度变化线的 lg-lg 斜率、缺陷浓度变化对杂质浓度变化的依赖关系和各缺陷激活焓均汇总如表 11.2 所示。读者可自己试着确定表中的各值是否与相关的质量作用表达式相符。这是一个非常有益的练习。

这里又一次出现了与一种反应产物相关的特殊现象。在这里所涉及的实例中,该反应产物是指还原反应的产物 $V_O^{··}$。它的浓度超过了反应中另外一种产物电子的浓度。只要它的补偿型缺陷-空穴的浓度被冻结在与杂质浓度相当的水平上,电子的浓度就会保持原来的水平不变。与施主掺杂 MX 中相同区域中的情况类似,作为反应产物之一的电子通过与其补偿型的本征缺陷空穴的复合而泯灭。由于空穴是这里的主要补偿型缺陷,因此,其数量众多。整个过程可被分成两步:第一步是正常的还原反应;第二步是本征电子型缺陷生成反应的逆反应。

$$
\begin{array}{ll}
O_O \rightleftharpoons \frac{1}{2}O_2 + V_O^{··} + 2e' & \Delta H_N \\
-(\text{nil} \rightleftharpoons 2e' + 2h^·) & -2E_g^0
\end{array}
\qquad (11.48)
$$

$$
O_O + 2h^· \rightleftharpoons \frac{1}{2}O_2 + V_O^{··} \qquad \Delta H_N - 2E_g^0
$$

这样就产生了一个需要消耗主要补偿型缺陷的全新还原反应。ΔH_{RE} 为这个新反应的表观反应焓(apparent enthalpy),其值比本征还原反应焓 ΔH_N 小 $2E_g^0$。其中,下标"RE"表示受主掺杂由电子型缺陷补偿的还原反应。

$$\Delta H_{RE} = \Delta H_N - 2E_g^0 \qquad (11.49)$$

反应净焓值的降低极大地促进了这个分区中的还原反应。在纯 M_2O_3 中,$[V_O^{··}]$ 随温度的变化由 $\Delta H_N - E_g^0$ 来决定[式(10.82)];而在受主掺杂的 M_2O_3 中,就由 $\Delta H_N - 2E_g^0$ 来决定。这样,$[V_O^{··}]$ 的生成焓就因受主掺杂减少了 E_g^0。在大多数情况下,氧化反应和还原反应会产生电子型和离子型两类缺陷。在杂质控制区这种特殊情况下,相关反应仅产生了一类缺陷,反应的进行以另一类缺陷的消耗为代价。从能量角度考虑,这种情况更有利,而且反应焓也有了相应的降低。式(11.48)的质量作用表达式可写成下式:

$$\frac{[V_O^{··}]}{p^2} \approx K_{RE} P(O_2)^{-1/2} \qquad (11.50)$$

这样,阴离子空位也可以表示为

第 11 章 非本征非化学计量比

$$[V_O^{\cdot\cdot}] \approx K_{RE}[A_M']^2 P(O_2)^{-1/2} \qquad (11.51)$$

在讨论纯 M_2O_3 的过程中，反应焓之间的关系曾被确定为如式(10.90)所示：

$$3\Delta H_N + \Delta H_P = \Delta H_S + 6E_g^0 \qquad (11.52)$$

上式在含有掺杂的化合物中同样成立。读者应还记得上式中系数的形成是为了让肖特基缺陷形成反应式和氧化反应式中的正、负缺陷电荷的总数均为 6。其中只有两个由还原反应形成，另外一个源于本征电子型缺陷的形成反应。之所以写成那样也是让缺陷电荷数目最小，同时不让缺陷前出现分数系数。

联立式(11.48)和如式(11.30)所示的氧化反应式可以给出另外一组关系式：

$$\frac{3}{2}O_2 \rightleftharpoons 3O_O + 2V_M''' + 6h^\cdot \qquad \Delta H_P$$

$$3O_O + 6h^\cdot \rightleftharpoons \frac{3}{2}O_2 + 3V_O^{\cdot\cdot} \qquad 3\Delta H_{RE} \qquad (11.53)$$

$$\overline{\text{nil} \rightleftharpoons 2V_M''' + 3V_O^{\cdot\cdot} \qquad \Delta H_S}$$

上式说明：

$$\Delta H_P + 3\Delta H_{RE} = \Delta H_S \qquad (11.54)$$

基于任何一个与 $[V_O^{\cdot\cdot}]$ 成正比参数的阿伦尼乌斯图就可以求出 ΔH_{RE}，再与 ΔH_P 联立，就可建立含有 ΔH_S 的关系式。然而，与式(11.52)相比后就会发现式中缺了 E_g^0，主要原因是空穴的浓度被锁定在受主杂质的浓度水平，而不是由涉及本征缺陷离子化过程的热激活过程来决定。实验结果与式 11.53 相符。这证明在本区域中，空穴的浓度是由非本征原因来决定。上面的关系式在实验结果的解读方面非常有用。读者以后会发现，许多材料在实际中得到了应用就是因为材料中存在如上所述的这种基本现象。而其根本原因在于其中的一些材料中由于原材料自然引入的杂质，但这种情况实属偶然。

与本征非化学计量比中的情况类似，从表 11.1 和表 11.2 中可以得出以下一般性指导原则：

(1) 当一种缺陷补偿杂质中心所携带的电荷时，与杂质的补偿型本征缺陷相联系的焓是每个缺陷具有的全部本征形成焓。所以，当 $V_O^{\cdot\cdot}$ 作为受主掺杂的 M_2O_3 中的补偿型缺陷时，全部肖特基缺陷生成焓 ΔH_P 就被全部赋予在氧化反应产生的两个 V_M''' 上。这样，与每个 V_M''' 相联系的焓就是 $\Delta H_P/2$。

(2) 当一种缺陷补偿杂质中心所携带的电荷时，与该缺陷一起在非化学计量比反应生成的另一种缺陷的焓是全部反应焓与相应缺陷数目的商。所以，当空穴为受主掺杂 M_2O_3 中的补偿型缺陷时，全部的还原反应焓就被赋予了由氧化反应生成的两个阳离子空位，每个空位上的焓值为 $\Delta H_P/2$。

(3) 与杂质中心所携带电荷电性相反的非补偿型缺陷的焓是非化学计量比反

应焓除以缺陷数目所得的商再减去杂质中心补偿型缺陷的生成反应焓。因此,当空穴为受主掺杂 M_2O_3 中的补偿型缺陷时,氧空位所具有的焓值是全部的还原反应焓再减去从该反应中产生两个电子的生成焓。每个电子的生成焓为 E_g^0,二者的和就为 $2E_g^0$。类似地,当氧空位成为补偿型缺陷时,与空穴联系的焓是氧化反应焓除以空穴数所得的商,$\Delta H_P/6$,再减去形成相等电荷数目阳离子空位所需的焓,$\Delta H_S/6$。

11.6 杂质控制区的非化学计量比反应

对于施主掺杂的 MX,当施主被阳离子空位补偿时,还原反应可被看成是在消耗施主掺杂 MX 中数目众多的阳离子空位,而非形成阴离子空位:

$$X_X + V'_M \rightleftharpoons \frac{1}{2}X_2 + e' \tag{11.55}$$

类似地,在施主由电子补偿的缺陷特征区中,氧化反应可被看成是消耗此时材料中数目众多的电子,而不是形成空穴:

$$\frac{1}{2}X_2 + e' \rightleftharpoons X_X + V'_M \tag{11.56}$$

然而,式(11.56)仅为式(11.55)的逆反应。因此,两个反应所具有焓值的绝对值应相等,但符号相反。其中的一个焓值必定为负值。类似地,对于受主掺杂的 M_2O_3,在杂质控制区的低 $P(O_2)$ 侧,氧化反应可被看成是在消耗氧空位:

$$\frac{1}{2}O_2 + V_O^{\cdot\cdot} \rightleftharpoons O_2 + 2h^{\cdot} \tag{11.57}$$

在其中高 $P(O_2)$ 侧,还原反应最终会导致消耗电子。

$$O_O + 2h^{\cdot} \rightleftharpoons \frac{1}{2}O_2 + V_O^{\cdot\cdot} \tag{11.58}$$

再次需要注意,式(11.58)仅为式(11.57)的逆反应。所以,两个反应的焓符号相反,绝对值相等。显然,这符合平面几何的基本原则。因此,如果一个研究者可以测出其中一个反应的反应焓,另一反应的焓也可以随之确定。

至此,分析真实系统所需的基础概念全部介绍完毕。

本章习题

11.1 以文中描述的受主掺杂 M_2O_3 为例说明氧空位不能在纯化合物化学计量比组分所需的 $P(O_2)$ 值下成为补偿型缺陷的原因?

11.2 以文中描述的受主掺杂 M_2O_3 为例,在以下条件下推导氧活度的表达式及数值：

(a) 具有不同电荷中性近似条件区域的交界；

(b) $n=p$ 和 $[V_M''']=[V_O^{\cdot\cdot}]$ 的两个点上。

11.3 假设氧化物 M_2O_5 中的最具有优势地位的本征离子缺陷是阴离子弗伦克尔缺陷，在 1000℃下，$K_{AF}=10^{26}$（缺陷个数/cm^3）^{2}，$K_I=10^{24}$（缺陷个数/cm^3）^{2}。同时，假设该纯化合物在 $P(O_2)=1$ atm 处的组分为化学计量比组分，画出这个化合物在 1000℃下的缺陷图。

11.4 在基于问题 10.3 推导出的纯 AgBr 的缺陷图上，画出含有 1%（摩尔分数）$CdBr_2$ 的 AgBr 的缺陷图。请使用短划线或不同的颜色来区分所涉及的两幅缺陷图。

11.5 在基于问题 10.4 推导出的纯 M_2O 的缺陷图上，画出含有 10^{-19} cm^{-3} 二价阳离子 D^{2+} 的 M_2O 的缺陷图。杂质的引入对质量作用常数值有什么影响？

11.6 某二价金属的卤化物 MX_2 具有萤石结构。阴离子弗伦克尔缺陷是其中最具有优势的本征离子型缺陷。当温度等于 800℃、$P(X_2)=10^{-16}$ atm 时，该化合物的组分为化学计量比组分；且 $n=p=10^{14}$ cm^{-3}。在其中掺入 10^{17} 个一价阳离子杂质 A^+ 后，当 $P(X_2)=10^{-10}$ atm 时 $[X_I']=[V_X^{\cdot}]=10^{16}$ cm^{-3}。

(a) 在一张纸上画出 800℃下纯 MX_2 和掺杂 MX_2 的克罗格-明克图。

(b) 掺杂的 MX_2 取得化学计量比组分时，$P(X_2)$ 值等于多少？

(c) 以质量作用常数和杂质浓度的形式给出杂质控制区上、下边界的表达式及数值，然后说明在什么位置上时其中的补偿型缺陷由离子变成了电子。

11.7 下图是测绘出的 800℃温度下含有未知浓度杂质的假想氧化物 MO 的平衡电导率随氧活度的变化图。假设电导率主要由电子（和/或）空穴来决定；二者的迁移率相等且不随缺陷的浓度而变化。

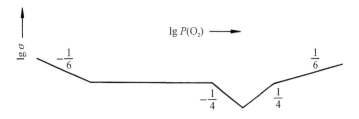

(a) 完成 800℃下 MO 的缺陷图。要求包含尽可能多的缺陷，且要对每

一根直线进行标识;此外,还要写出图中不同区域中的电荷中性近似条件;最后,说明如何确定每一条直线的斜率。

(b)说明如何通过在不同温度下的测试来确定禁带宽度(也即本征电子缺陷的焓值)和本征离子缺陷焓值。

11.8 下图代表着 1000℃温度下测绘出的含有未知浓度杂质的假想氧化物 NO 的平衡电导率随氧活度 $P(O_2)$ 的变化图。当所有假设与习题 11.7 的相同时:

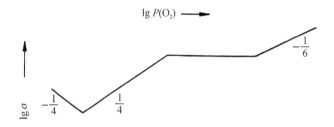

(a)完成如习题 11.7 所示缺陷图。
(b)在如上所述的图上绘出理想纯 NO 的缺陷图。

第 12 章

二氧化钛

12.1 引子

TiO_2 是一种应用非常广泛的化合物。因其光学特性,它被广泛地用作颜料(例如:可作为主要的室内外用漆中的主要白色颜料,也可用于洗涤剂中的白色光亮剂)。由于其自身的高介电常数,TiO_2 一直被用作陶瓷电容器中的介电材料。直到近些年,TiO_2 在介电材料方面的应用才被性能更好的材料超越。其中,最为典型的就是由 $BaCO_3$ 和 TiO_2 反应生成的 $BaTiO_3$。由于用途广泛且容易获取,TiO_2 的缺陷化学一直是相关研究领域中的研究热点。相关研究现状及研究者对此的解读将在本章予以回顾。

在讨论与 TiO_2 相关的实验研究结果以前,让我们先基于其性质作一下预测。TiO_2 具有几种不同的晶体结构。其中,最稳定的是金红石结构,其他几种晶体结构在高温下均会转变为金红石结构。因此,这里仅考虑 TiO_2 的金红石结构。事实上,金红石也是自然界中最常见的 TiO_2 矿物。如第 2 章中所示,金红石结构中,氧原子基本上按密排六方方式形成其子晶格;阳离子仅占据一半的八配位阳离子位。阴离子子晶格为密排六方时,会导致阴离子型弗伦克尔缺陷难以形成。这样,阳离子型弗伦克尔缺陷或肖特基缺陷就可能成为其中的优势本征离子缺陷。由于只有一半的八配位阳离子格点被占据,这样就会不可避免地形成阳离子弗伦克尔缺陷,所涉及的两种缺陷携带着高数目的有效电荷。

$$Ti_{Ti} + V_I \rightleftharpoons Ti_I^{4\cdot} + V_{Ti}^{4'} \tag{12.1}$$

这就意味着原有八配位格点的占位情况出现了一定程度的无序化。此外,由于氧空位在氧化物中也非常常见,这里也可能出现肖特基缺陷,虽然这也将意味着形成携带高数目有效电荷的钛空位。

$$\text{nil} \rightleftharpoons V_{Ti}^{4\prime} + 2V_O^{\cdot\cdot} \quad (12.2)$$

如果再没有其他信息(也即实验结果),很难推断出上面的两种可能中哪一种在 TiO_2 中更具有优势。因为,两种选择均导致形成携带高数目有效电荷的缺陷,相应的形成反应焓也一定会很高。虽然困难重重,已有研究者尝试计算过缺陷能(defect energy)。例如,为了让理论计算结果与 TiO_2 晶体性质(如介电常数和弹性常数)的实验测试结果相符,如何确定自有自恰性的原子间势场(interatomic potential)?相关计算结果表明,TiO_2 晶体中形成肖特基缺陷似乎更有利,其缺陷能为 2.7 eV(260 kJ/mol);而阴离子弗伦克尔缺陷能只达到了 4.4 eV(420 kJ/mol),甚至低于阳离子弗伦克尔缺陷能 7.3 eV(700 kJ/mol)。(Catlow 和 James 1982;Catlow 等,1985)。上述缺陷能的排序似乎与读者的直觉不一致。读者后续内容中将会看到这样的排名确实与一些实验结果不符。

Ti^{4+} 离子具有氩原子电子结构,因此不能继续被氧化到更高的氧化态。然而,它可以被还原至 Ti^{3+},甚至是 Ti^{2+}。在不被继续氧化的条件下,Ti^{3+} 离子可在液态溶液中稳定存在。TiO_2 属于过渡金属氧化物,其阳离子中没有 d 电子且处于最高的氧化态。因此,其导带就将由全空的 3d 轨道来组成,在其中非常容易容纳电子;其的价带由被充满的 O 2p 轨道来组成,所以不易容纳空穴。TiO_2 的导带处于比绝缘体氧化物导带能级更低的能级水平上,相应的禁带宽度也稍小,仅为同类氧化物常见禁带宽度 3~4 eV(300~400 kJ/mol)的一半左右。

由于其中所有本征缺陷生成焓均比较高,因此,TiO_2 常常会对外来变价杂质非常敏感。实质上,即便是在没有人为掺杂的条件下,TiO_2 中杂质中心及其补偿型缺陷的浓度也可能超过某种条件下件下任何一种本征缺陷的浓度。由于所携带的电荷数非常高,因此,基本上可以确定任意随机引入金属离子杂质的价态均会比 Ti^{4+} 离子低。所以,上述杂质离子均将作为其中的受主掺杂(如 Al^{3+}、Fe^{3+} 和 Mg^{2+} 离子)。过剩的受主离子可由 Ti 间隙离子、氧空位或空穴来补偿。由于价带不能再接受空穴,因此,如上所述的某种离子型缺陷更有可能成为补偿型缺陷。其中两种可能性最高的是

$$2A_2O_3 + Ti_{Ti} + V_I \xrightarrow{(3TiO_2)} 4A_{Ti}^{\prime} + Ti_I^{4\cdot} + 6O_O \quad (12.3)$$

$$A_2O_3 \xrightarrow{(2TiO_2)} 2A_{Ti}^{\prime} + 3O_O + V_O^{\cdot\cdot} \quad (12.4)$$

在获得更多证据之前,很难在上述两种可能中作出选择。

施主型杂质在大多数情况下是研究者有意为之的结果。带正电的杂质中心可由间隙氧离子、Ti 空位或电子来补偿。在密排晶格中,上述的第一种不太可能,Ti 空位也将携带过高的有效电荷。而 TiO_2 的导带由全空 3d 轨道组成、易于接纳电子,因此电子在这里作为补偿型缺陷似乎更加合理。这样,施主的引入反应可表

示为

$$D_2O_5 \xrightarrow{(2TiO_2)} 2D_{Ti}^{\cdot} + 4O_O + \frac{1}{2}O_2 + 2e' \qquad (12.5)$$

在氧化性环境中,如上所述的电子型补偿有可能转变为 Ti 空位型补偿。

由于价带很难容纳空穴,所以 TiO_2 中的受主中心就极有希望成为空穴的陷阱,并且成为禁带中的深能级。由于 TiO_2 的价带易于接受电子,所以施主能级均较浅。这样,受主掺杂的 TiO_2 就极易成为浅色的绝缘体,而施主掺杂的 TiO_2 就极易成为深色的半导体。

为形成非化学计量比,TiO_2 中最可能出现的还原反应为

$$O_O \rightleftharpoons \frac{1}{2}O_2 + V_O^{\cdot\cdot} + 2e' \qquad (12.6)$$

$$Ti_{Ti} + 2O_O + V_I \rightleftharpoons O_2 + Ti_I^{4\cdot} + 4e' \qquad (12.7)$$

已有研究经验表明,氧化物中极易出现氧空位。在本例中,导带易于接受电子。因此,如式(12.6)所示的应该是一个低焓反应。这样,剩下的就是要看如式(12.7)所示的反应是否会与如式(12.6)所示的反应形成竞争关系。TiO_2 的阳离子易被还原,且其中易形成离子型缺陷,因此,TiO_2 可在很宽范围内形成氧不足的非化学计量比组分。其中可能发生的氧化反应为

$$\frac{1}{2}O_2 + V_I \rightleftharpoons O_I'' + 2h^{\cdot} \qquad (12.8)$$

$$O_2 \rightleftharpoons 2O_O + V_{Ti}^{4'} + 4h^{\cdot} \qquad (12.9)$$

上述两个反应均会受到价带不易接受空穴的限制。此外,由于在金红石结构的 TiO_2 中很难形成间隙氧,如式(12.8)所示的情况就变得更加不可能。所以,可以不考虑如这个方程式所示的可能性。如式(12.9)所示,Ti 空位携带着很高的有效电荷。同时,空穴也不是 TiO_2 中易于形成的缺陷。这些情况均表明这是一个高焓反应。因此,和所有含有不可进一步被氧化的阳离子的氧化物类似,TiO_2 不大可能在很宽的范围内形成氧过剩的非化学计量比。然而,如果其中有受主掺杂,就可促进氧化反应的发生。随着氧化反应的进行,离子缺陷会被逐步消耗掉,其数量不会进一步增多。与两种可能的补偿型离子缺陷相应的两个氧化反应方程式可表示为

$$\frac{1}{2}O_2 + V_O^{\cdot\cdot} \rightleftharpoons O_O + 2h^{\cdot} \qquad (12.10)$$

$$O_2 + Ti_I^{4\cdot} \rightleftharpoons 2O_O + Ti_{Ti} + V_I + 4h^{\cdot} \qquad (12.11)$$

如果阳离子型弗伦克尔缺陷是其中最占优的本征离子缺陷,则受主杂质应由 Ti 间隙离子来补偿。式(12.11)就应该成为这里最为主要的氧化反应表达式。如式(12.11)所示反应的反应焓应等于如式(12.9)所示的本征氧化反应焓再减去如

式(12.1)所示的阳离子型弗伦克尔缺陷生成反应熵。此结论留给读者自己来证明。这将使氧化焓下降几个电子伏特。因此,当含有自然引入或刻意填加的受主掺杂时,TiO_2 确实可以形成一定程度的氧不足型非化学计量比。

在实际分析 TiO_2 相关实验结果时,无论其是否含有掺杂,读者都应牢记上述推理结论。本书后续内容将证明上述推理结论确实成立。上述预测成功的事实也证明了从缺陷化学的角度来考虑问题在此类研究中确实有用。

12.2 非化学计量比的程度

如果非化学计量比的程度足够大,则由此所致的得氧或失氧将引起样品出现重量变化。这种现象即所谓热重反应,基于该原理的分析过程就被称为热重分析(thermogravimetric analysis,TGA)。TGA 最好是在一定范围内随着温度的变化进行。然而,在某些情况下,如果样品的平衡速率足够慢、可以保证我们能够准确测出以足够快的速度冷却的样品的重量,TGA 也能以淬火样品为分析对象。显然,这样的测量最好在样品需要很长时间才能达到平衡状态的温度下进行。某一温度下,导致 TGA 出现问题的原因往往是气体的流动,或者是由于装置内不同区域内温差引起的对流。因此,研究者常在一定的负压(例如 $\leqslant 0.1$ atm)下进行 TGA 测试。如果 TiO_2 中的氧含量的改变为 $1/10^4$(如 $TiO_{1.9998}$),则在一个质量为 10 g 的样品中,失重将为 0.0004 g,也即 0.4 mg。此失重量接近了常见分析天平的感量。对于一个 1 g 的样品,失重量仅为 4×10^{-5} g,即 40 μg。这已经接近了常规显微天平的感量。在一些已有研究中,通过恰当的实验装置设计,可以使感量仅为几个微克。

图 12.1 列举了几位研究者的相关结果,以 TiO_{2-x} 中的 x 随氧分压的变化来展现。这些结果表现出的一致性令人欣慰。这或许就意味着氧空位是还原反应的主要产物。如果此时 Ti 间隙离子更占优,则上述结果中的因变量就最好用 $Ti_{1+y}O_2$ 中的 y 来表示。在所例举的研究中,氧活度应控制在 $10^{-8}\sim10^{-18}$ 这个较低的范围内。如此低的活度通常是通过 $CO-CO_2$ 混合物来实现,并由下面的平衡反应决定:

$$CO + \frac{1}{2}O_2 \rightleftharpoons CO_2 \tag{12.12}$$

求解上式的质量作用表达式可得 $P(O_2)$ 为

$$P(O_2) = \frac{1}{K(T)^2}\left[\frac{P(CO_2)}{P(CO)}\right]^2 \tag{12.13}$$

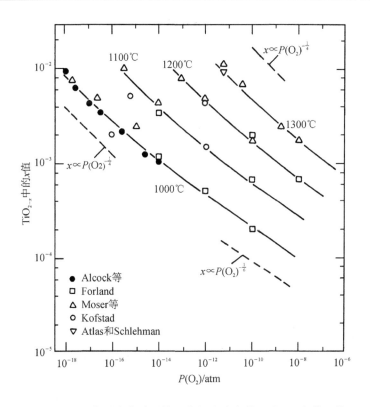

图 12.1 几位研究者采用热重分析法确定的 TiO_{2-x} 中的 x 值
[经编辑授权,基于科斯塔德(Kofstad)1972 年的研究结果重绘]

由于已有研究者用表格给出了质量作用常数 $K(T)$ 随温度的变化,因此,这里未知的只有 CO_2/CO 的比,可通过机械式气体泵或精确校准的流量计控制。或者,也可以像笔者实验室那样,采用以受主掺杂 ZrO_2 作为理想氧电解质的氧浓度电池来测量氧活度。这个氧浓度电池实质上就是一个一端封闭氧化锆管;管的内外两侧具有通过涂覆+焙烧工艺制备出的 Pt 电极。将其置于加热炉内的试样表面后,通过测量由管内及管外的空气或氧气活度差所致的 EMF(感应电动势)值就可确定样品表面的氧活度。对于需要精确控制的气体流量,目前的精度可以达到 $1/10^4$。所以,从微量的 CO 在 CO_2 中形成的混合物,到微量的 CO_2 与 CO 中混合形成的各种比例的混合物。原则上,当它们满足如式(12.13)所示的平方关系时,这些混合气体就可以在 $0 \sim 10^{16}$ 范围内满足氧活度变化率的测试。然而,由于如下所示的 CO 气体在高浓度范围内的不对称分解反应,低氧活度端的测试会受到一定的限制。

$$2CO \rightleftharpoons CO_2 + C \tag{12.14}$$

测试所使用的管式炉内壁上沉积的碳黑可作为上述反应分解程度的标志。图

12.1 中列举的结果涉及了上述气体可涵盖的大部分范围。对于低 $P(O_2)$ 的测量，还可以使用 H_2-H_2O 混合气体。相关平衡混合物形成反应如下式所示：

$$H_2 + \frac{1}{2}O_2 \rightleftharpoons H_2O \qquad (12.15)$$

不管其组分是属于氧不足的非化学计量比范畴，或是氧过量的非化学计量比，所有氧化物在低 $P(O_2)$ 条件下均会出现失重。如果如图 12.1 所示的 TiO_2 中氧过剩[如随着 $P(O_2)$ 的降低，由 TiO_{2+x} 逐步向 TiO_2 转变过程中所涉及的 TiO_2]，则随着 $P(O_2)$ 的降低，由一定 $\lg P(O_2)$ 增加量所致的失重量将减少。然而，实验结果恰好与此相反。因此，样品的组分一定是随着 $P(O_2)$ 的降低而逐渐偏离了化学计量比组分。所以，不出所料，样品的组分将进入化学计量比的氧不足侧。

测出的失重量可以说明改变平衡条件后有多少氧进入样品或从样品中散失，但它不会给出样品的具体组分。所以，研究者必须找一个在已知平衡条件下获得组分的样品作为对照样品。以 TiO_2 为例，研究结果表明：在最低温度和最高 $P(O_2)$ 条件下，非化学计量比的极限才能接近实验可探测的极限。因此，样品在 1000℃、$P(O_2)=1\,\text{atm}$ 条件下失重就无法测量。这样，在该温度下，这种技术就无法将在纯氧中达到平衡的样品和化学计量比样品区别开来。这种条件可以作为其他失重测试的参比状态。对于一些特殊的氧化物，可能通过化学分析方法来确定参比物的组分。为此，需要以化学计量比组分为基础，测量通过得氧或失氧形成的非化学计量比材料的氧化能力和还原能力。除此以外，还需要测量氧化物在还原成纯金属(如在高温氢气中还原)过程中的失重。

已有研究结果表明，相对于化学计量比的 TiO_2，x 的最大偏离量为 10^{-2}，也即 $TiO_{1.98}$。在这个组分中，现在还不能确定离子缺陷是否还能在其中随机分布。其原因主要是研究者已经发现：在 TiO_2 中，即便是非化学计量比的程度非常小，也需要通过形成一种新的结构变体来协调。这种变体即所谓的马格涅利(Magnéli)剪切结构。关于这种结构更详细的信息，请参阅第 15 章内容。

从图 12.1 结果中还可以看出，随着温度的提高，TiO_2 的非化学计量比程度也随之升高。理论计算的 x 随氧活度的变化线(由短划线表示)也在图 12.1 中示出。在后续给出了更多的实验结果后，将对此予以详细解释和说明。

12.3 无掺杂 TiO_2 的平衡电导率

多名研究者曾测试过无掺杂和有掺杂 TiO_2 的平衡电导率。接下来，我们将重点讨论如图 12.2 所示的、至今仍可称为精准的一些结果。这些结果由位于奥尔良的法国国家实验室的博马尔(Baumard)等在 1975 年获得。对于电导率的测量，即便是当其非常小时，也不是一件难事。

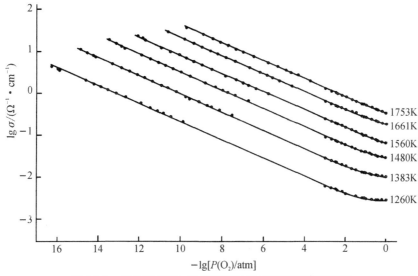

图 12.2　无掺杂 TiO_2 单晶平衡电导率随氧活度的变化

[经马森(Masson)编辑授权,基于博马尔等 1975 年的研究结果重绘]

如图中所示,即便是当 $P(O_2)=1$ atm 时,仍可测出实验用样品的电导率。此时,热重(TGA)测试由于精度不足而不能用于实验测试。图形中部的三角形实验点空白区随着测试温度的降低逐渐变宽。这种现象非常普遍。在高 $P(O_2)$ 区,实验用气体为用氩气稀释的氧气;在低 $P(O_2)$ 区,实验测试所需的低氧活度由不同比例的 CO-CO_2 混合气体来控制。由于在低流量气体控制方面的局限性,上述两个区域的实验结果不能交叠,使高、低氧活度区之间出现实验数据点的空白区。其在高活度区,与氩气中氧的最低含量有关;而在低活度区,则主要由 CO_2 中 CO 的最小填加量所致。而且,后面这种实验气体会导致氧活度随温度变化。最近,有研究者成功地采用了一种电化学感应器消除了如上所述的实验点空白区。这种电化学感应器实质上是一种含有受主掺杂的 ZrO_2 电解质的氧浓度电池。虽然上述空白区中包含了材料样品的重要信息,然而,令人惋惜的是在其他氧化物的类似研究结果中常常包含与早期 TiO_2 研究结果中一样的实验数据空白区。

上述实验结果清楚地表明实验电导率随 $P(O_2)$ 的提高而逐渐减小。这是典型的缺氧型非化学计量比 n 型导体电导率的变化特征。热-力测试结果(塞贝克系数)也证明无掺杂 TiO_2 中的电导确为 n 型。有研究曾表明,在高温区,载流子的迁移率对非化学计量比的程度并不敏感。所以,电导率就可直接用来跟踪样品中载流子浓度的变化。与 TGA 的测试结果类似,实验样品偏离化学计量比的程度随温度的升高而提高。

博马尔等得出的研究结论表明:lg-lg 图中的实验点在低 $P(O_2)$ 区的变化可用

斜率为 $-1/5$ 的直线来拟合。这就意味着还原所致的离子型缺陷主要是完全离子化的 Ti 间隙离子。其形成反应如式(12.7)所示，相应的质量作用表达式为

$$[\text{Ti}_\text{I}^{4\cdot}]n^4 = K_\text{n}P(\text{O}_2)^{-1} \tag{12.16}$$

如果式(12.7)是主要的缺陷来源，则电荷中性条件可近似表示为

$$n \approx 4[\text{Ti}_\text{I}^{4\cdot}] \tag{12.17}$$

联立以上两式可得

$$n \approx (4K_\text{n})^{1/5}P(\text{O}_2)^{-1/5} \tag{12.18}$$

此理论推导结果与实验结果相符。这表明电子与 Ti 间隙离子间不存在相互作用；换言之，Ti 离子处于完全离子化状态。

这些结果说明以 Ti 间隙离子作为还原反应的产物似乎比氧空位更合理。如果完全离子化的氧空位为还原反应的主要产物，则上述 lg-lg 图中的斜率就应该为 $-1/6$。如果 Ti 间隙离子是占优的还原反应产物，则主要的离子型缺陷必然为如式(12.1)所示的阳离子弗伦克尔型，相应的质量作用表达式为

$$[\text{Ti}_\text{I}^{4\cdot}][\text{V}_\text{Ti}^{4\prime}] = K_\text{CF}(T) \tag{12.19}$$

基于 TGA 测量可获得任意平衡条件下 Ti 间隙离子的浓度。以此为基础，通过式(12.17)就可求出电子的浓度。然后，再结合电导率结果就可求出电子的迁移率。相关计算结果表明，TiO_2 中的电子迁移率为 $0.16\sim0.18\ \text{cm}^2/(\text{V}\cdot\text{s})$，而且不会随着温度和 $P(\text{O}_2)$ 的变化而改变。如果式(12.17)在更高的 $P(\text{O}_2)$ 下成立，则电子浓度的变化规律将如式(12.18)所示。接下来，就可以非常容易地证明如果想避免变价杂质对电中性条件的显著影响，其含量就必须保持在 10^{-6} 以下。这样低的杂质含量对于一个氧化物耐火材料来说基本上不可能。然而，有研究者在更早之前测量的 2×10^{-4} 铁掺杂 TiO_2 的电导率变化曲线与我们现在正在讨论的结果非常类似(Rudolph, 1959)。因此，在高 $P(\text{O}_2)$ 区，如所预期的一样，变价杂质在其中具有非常重要的作用。对此类变化的最佳解释是由于 Al^{3+} 或 Fe^{3+} 等变价受主掺杂所致。它们的引入方式具体如式(12.3)所示。在这个区域中，电荷中性条件可近似表示为

$$[\text{A}_\text{Ti}^\prime] \approx 4[\text{Ti}_\text{I}^{4\cdot}] \tag{12.20}$$

其中，$\text{A}_\text{Ti}^\prime$ 为受主杂质的通式(如一个处于 Ti 离子正常格点位置的三价阳离子)。将上式与如式(12.16)所示的质量作用表达式联立，电子的浓度的表达式就转变为

$$n \approx \left(\frac{4K_\text{n}}{[\text{A}_\text{Ti}^\prime]}\right)^{1/4}P(\text{O}_2)^{-1/4} \tag{12.21}$$

由于电子的浓度随着 $P(\text{O}_2)$ 的升高而减少，相应地，空穴的浓度必然提高；其浓度变化线的斜率必然是电子浓度变化线斜率的倒数。随着氧活度逐渐接近于 $P(\text{O}_2)=1\ \text{atm}$，电导率变化线的斜率逐渐接近于水平；而且温度越低，这种变化的趋势就愈加明显。这表明其电导率逐渐接近了最小值。此时，空穴的浓度大致与

电子的浓度相当。随后,电导率会随着$P(O_2)$的逐渐提高而增加。联立如下式所示的本征电子缺陷的质量作用表达式:

$$np = K_I \tag{12.22}$$

和式(12.21),可求解出如下所示的空穴的浓度表达式:

$$p \approx K_I \left(\frac{[A'_{Ti}]}{4K_n} \right)^{1/4} P(O_2)^{1/4} \tag{12.23}$$

综合以上讨论,对实验结果的拟合可如图 12.3 所示。结果让人相当满意。这个模型的克罗格-明克图如图 12.4 所示。如果所有受主杂质中心携带的电荷数均不高,则过剩受主杂质的数量将与电导率直线斜率从 $-1/5$ 变化到 $-1/4$ 拐点处的电子浓度相等。数学计算结果表明该浓度为 3×10^{-5}。图 12.3 对此已进行了标示。

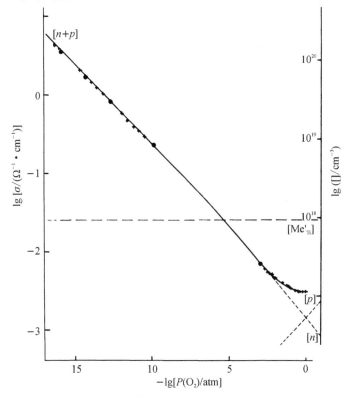

图 12.3 基于 Ti 间隙离子模型对 TiO_2 平衡电导率变化规律的拟合图
(经马森编辑授权,基于博马尔等 1975 年的研究结果重绘)

福特汽车公司的洛戈塞蒂斯和赫特里克(Logothetis and Hetrick,1979)在更低温度下测量了 TiO_2 的电导率随氧分压 $P(O_2)$ 的变化,结果如图 12.5 所示。随着温度的降低,电导率极小值(电阻极大值)在该图中显露得越来越明显。与此同时,TiO_2 的 p 型导电特性也能在更低的氧分压 $P(O_2)$ 下继续保持。图中低至 500℃

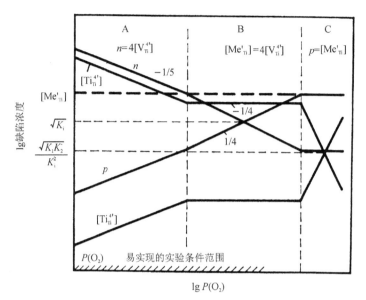

图 12.4 基于 Ti 间隙离子模型 TiO$_2$ 中缺陷浓度随氧活度的变化

[经威利 VCH(STM)授权,基于博马尔和塔尼(Tani)1977 年的研究结果重绘]

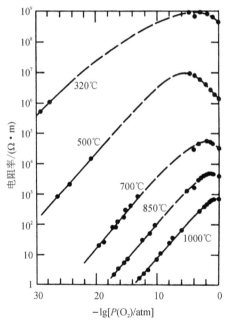

图 12.5 无掺杂 TiO$_2$ 电阻率在不同温度下随氧活度的变化,表明在更低温度区间内,TiO$_2$ 电阻率有其的极大值(电导率的极小值)

(经爱思唯尔授权,基于洛戈塞蒂斯和赫特里克 1979 年的研究结果重绘)

的结果很可能代表着平衡状态。然而，两位研究者不能确定这种平衡状态能否在更低的温度下继续保持。

电子电子迁移率不具有明显的温度依赖性，因此，基于一幅电导率阿伦尼乌斯图可以计算出如方程(12.7)所示还原反应的焓变值。图 12.6 给出了两幅典型阿伦尼乌斯图。这里需要注意，图中的斜率应该是 $\Delta H_N/5k$。由此所得的焓变值为 10.6 eV(每氧原子 5.3 eV)，相当于 1020 kJ/mol(每氧原子 510 kJ/mol)。

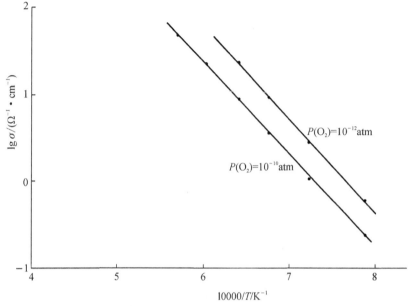

图 12.6　两种不同氧活度下，TiO_2 电导率随温度变化的阿伦尼乌斯图
(经马森编辑授权，基于博马尔等 1975 年的研究结果重绘)

此前以 O^{18} 为示踪原子的氧自扩散研究结果表明，当氧活度 $P(O_2)$ 在 $1 \sim 10^{-6}$ atm 范围内，扩散系数不随 $P(O_2)$ 的改变而变化(Haul 和 Dumbgen，1965)。在这个范围内，如式(12.20)所示，Ti 间隙离子的含量由杂质含量决定。接下来，根据如式(12.2)所示的本征肖特基缺陷的质量作用表达式，氧空位的浓度应独立于 $P(O_2)$ 变化。即使当肖特基缺陷不是样品中的优势本征离子型缺陷时，上述表达式依然成立。如果氧是通过上述空位进行扩散，则所观察的所有实验现象就获得了解释。

确定 Ti 间隙离子为 TiO_2 中还原反应主要产物之一的过程非常巧妙。1977 年，八木(Yagi)等将能量为 4 meV 的质子分别注入一个化学计量比 TiO_2 单晶和一个轻度还原的 TiO_2 单晶。TiO_2 晶体中，阳离子在八面体中的占位方式恰好在晶体[001]方向上形成一条没有阳离子的通道。在这个方向的散射背景中，研究者发现轻度还原样品中的背景中存在着一个峰值。研究认为上述现象表明样品在还原过程中,部分 Ti 离子进入了这个晶向上原本没有离子占据的八面体位通道,阻碍质子在该晶向的输运。这里需要注意,上述结果仅能说明随着还原的进行产生了一定量的 Ti 间隙离子,但这并意味着同时也产生了氧空位。

12.4　无掺杂 TiO_2 的塞贝克系数

塞贝克系数有时也被称作热力(thermoforce)系数。它可根据横贯样品方向上的温度梯度在样品两端所致的开路电动势(EMF)值来测量。实质上,此时的样品转变成了一个热电偶。塞贝克系数的单位是 V/K,其原始定义式非常复杂。如果假定电子和空穴的迁移率及流量相等,而且价带底和导带顶的电子能级的有效密度相同,同时 $n \gg p$,则塞贝克系统的原始定义式可简化为

$$Q = \frac{-k}{e}\left(\ln\frac{N_c}{n} + A_n\right) \tag{12.24}$$

其中,N_c 为导带中电子轨道的有效密度,A_n 是输运数。基于不同的导电机理,输运数可在 0~4 之间变化。从上式中可以看出,塞贝克系数与电子的浓度密切相关。当 $p \gg n$ 时,可写出类似的塞贝克系数表达式。这里需要注意,Q 值较大时,n 必然就很小,二者之间成反比。当 Q 为负值时,就表明导电的类型为 n 型,反之则意味着所测试样品的导电类型为 p 型。博马尔和塔尼在 1977 年测量了无掺杂 TiO_2 的塞贝克系数,其结果如图 12.7 所示。其中的结果与如图 12.2 所示的电导

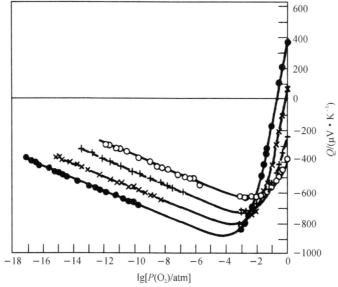

图 12.7　无掺杂 TiO_2 的塞贝克系数随氧活度的变化

(经威利 VCH(STM)授权,基于博马尔和塔尼 1977 年的研究结果重绘)

率结果非常相似。在大部分氧活度 $P(O_2)$ 的范围内,样品的导电机理为 n 型,p 型导电仅会在 $P(O_2)=1$ 时的低温条件下出现。在 n 型导电区,塞贝克系数变化线的斜率为 $-1/5$,这与电导率结果中的相同。

12.5 TiO$_2$ 中的离子输运

1977 年,辛格(Singheiser)和奥尔(Auer)通过改良的图班特(Tubandt)实验找到了高温下 TiO$_2$ 中存在少量离子电导的证据。他们将 3 片烧结好的 TiO$_2$ 放在一起,置于氧分压为 3.4×10^{-13} atm 的环境中,并在 842~982℃范围内进行加热。在这种条件下,TiO$_2$ 具有良好的导电性。在直流条件下,让样品中通过一定的电流,并保持数小时。断电后,测量阴极及阳极片的质量。阳极片出现增重,而阴极片失去了相应的重量,表明出现了质量输运。上述样品重量的变化与其中通过的电荷数目成正比。因此,通过测量样品重量的变化可确定出与变化重量相当的离子电荷数。与这个电荷数相当的离子数与和样品中通过总电荷数相当的离子数目的比为离子输运数。如果假定这里输运的离子为 Ti^{4+} 离子,当氧分压为 3.4×10^{-13} atm 时,随着温度的升高,离子输运数由 1.24×10^{-4} 提高到了 2.83×10^{-4}。当然,由于总电导率的变化,离子输运数必定表现出对氧活度变化的强依赖性。这里,基于离子输运数和总电导率确定的离子电导的激活能为 2.4 eV(260 kJ/mol),远高于其他实验中经常观察到的氧空位电导的激活能,表明这里的主要离子型载流子应该为 Ti 间隙离子。不管怎样,这个有趣的实验清楚地证明了某种离子确实对电导有所贡献,大约为 0.1%。

12.6 掺杂对 TiO$_2$ 的影响

12.6.1 受主掺杂

当电子与空穴的电导率相同时,TiO$_2$ 的平衡电导率最小。通过将式(12.21)和式(12.23)两侧都乘以适当的载流子迁移率,然后让两式相等,求出氧活度的极小值 $P(O_2)_0$。将如下式所示:

$$P(O_2)_0 = 4\left(\frac{\mu_n}{\mu_p}\right)^2 \frac{K_n}{K_I^2 [A'_{Ti}]} \tag{12.25}$$

显然,当受主杂质的含量提高后,电导率的最小值会向低 $P(O_2)$ 侧移动。受主掺杂离子 Cr^{3+} 的浓度在 0~5%(摩尔分数)范围内时,TiO$_2$ 的平衡电导率随氧活度的变化如图 12.8 所示(Carpentier 等,1986)。受主离子浓度为 2%(摩尔分数)的样品的平衡电导率最小值相对于未掺杂样品的向低 $P(O_2)$ 侧移动了约 2.5 个数量级。式(12.25)表明所添加的受主杂质一定是将样品的受主离子总浓度提高了 2.5 个数量级。这就意味着无掺杂 TiO_2 样品中受主离子的总浓度为 0.007%（摩尔分数）。该值与博马尔等在研究无掺杂 TiO_2 中受主离子浓度时得出的约 3×10^{-5} 的水平接近。因此，受主杂质的作用与我们预期的非常一致。上述研究者还发现电导率最小值处的 $P(O_2)$ 值与受主离子浓度成反比，与式（12.25）的预测相符。这种关系在补偿受主杂质的缺陷转变氧空位后就不再成立。对此，留给读者自己来证明。

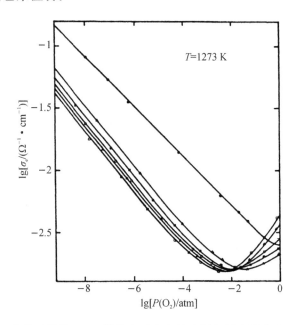

图 12.8　Cr 含量不同的 TiO_2 样品中平衡电导率随氧活度的变化。低氧活度侧，Cr/Cr+Ti 的比值从上到下分别为 0、0.01、0.02、0.03、0.04 和 0.05
（经物理出版社（Editions de Physique）授权，基于卡彭蒂耶（Carpentier）等 1986 年的研究结果重绘］

12.6.2　施主掺杂

这里仍将使用博马尔和塔尼获得的优秀研究结果（Baumard 和 Tani,1977）。不同浓度 Nb^{5+} 离子掺杂 TiO_2 的平衡电导率随测试环境氧活度的变化如图 12.9 所示。对该结果可分三个区域进行阐释：

（1）电导率随 $P(O_2)$ 减小而提高的低 $P(O_2)$ 区。在这个区域，样品电导率的变化规律与无掺杂样品电导率的相同。而且，随着掺杂含量的减小和环境温度的升高，这种特征将表现得愈加明显。

（2）随着 Nb 含量的提高，中心平缓区在逐渐变高的同时渐渐展宽。在这个区域中,温度的变化对电导率没有影响。

(3)电导率随 $P(O_2)$ 提高而减小的高 $P(O_2)$ 区。这种特征在低温测试的高掺杂含量样品中最明显。

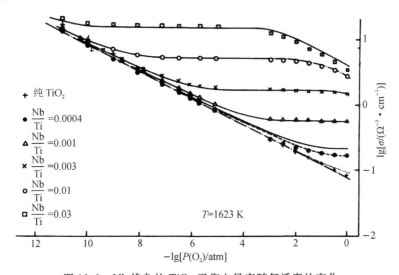

图 12.9　Nb 掺杂的 TiO_2 平衡电导率随氧活度的变化
(经美国物理学会授权,基于博马尔和塔尼 1977 年的研究结果重绘)

显然,在区域(1)中,还原反应产物是样品中的主要缺陷,掺杂离子反而可被忽略。结果,样品所表现出的电导率变化行为与未掺杂样品严格一致,其变化规律可由式(12.16)、式(12.17)和式(12.18)来表示。

如图 12.10 所示,区域(2)中的电导率与 Nb 含量成正比,同时还不随环境温

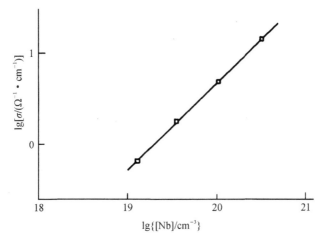

图 12.10　1273 K 和氧活度为 10^{-10} atm 条件下 TiO_2 平衡电导率随 Nb 掺杂含量的变化
(经美国物理学会授权,基于博马尔和塔尼 1977 年的研究结果重绘)

度的改变而发生变化。因此,这个区域中,施主杂质由电子来补偿。

$$n \approx [\mathrm{Nb_{Ti}^{\cdot}}] \tag{12.26}$$

该结果相当于按式(12.5)所述的方式来引入了 $\mathrm{Nb_2O_5}$。这里电导率与温度无关的特性表明样品中电子迁移率同样不受温度影响。基于所测得的电导率数据和式(12.26),可计算出相应的迁移率结果为 $0.1~\mathrm{cm^2/(V \cdot s)}$。常见过渡金属氧化物的电导率也是如此。这个结果与前面引述的无掺杂 $\mathrm{TiO_2}$ 的 TGA 和电导率测试结果相同。基于如式(12.16)所示的质量作用表达式和如式(12.26)所示的电中性近似条件,Ti 间隙离子在这个区域中的浓度可由式(12.27)给出,而且会随着 $P(\mathrm{O_2})$ 的升高而快速下降:

$$[\mathrm{Ti_I^{4\cdot}}] \approx \frac{K_n}{[\mathrm{Nb_{Ti}^{\cdot}}]^4} P(\mathrm{O_2})^{-1} \tag{12.27}$$

Ti 间隙离子的浓度还会受到施主元素含量的限制。在另一方面,如果阳离子型弗伦克尔缺陷成为此时样品中优势离子型缺陷,其浓度变化就会与 Ti 离子空位形成互补关系。这样,Nb 含量不同的 $\mathrm{TiO_2}$ 随 $P(\mathrm{O_2})$ 的变化也会随之进入图中的第 3 特征区。

在第 3 特征区,Ti 空位的数量已经从更低的"谷底"上升成为主要的补偿型缺陷。其含量因杂质的浓度而被"冻结"。此时的电荷中性条件可近似表示为

$$4[\mathrm{V_{Ti}^{4\prime}}] \approx [\mathrm{Nb_{Ti}^{\cdot}}] \tag{12.28}$$

在这个特征区中,如式(12.7)所示的本征还原反应减去如式(12.1)所示的阳离子型弗伦克尔缺陷生成反应式,可获得如下的所示的还原反应式:

$$2\mathrm{O_O} + \mathrm{V_{Ti}^{4\prime}} \rightleftharpoons \mathrm{O_2} + 4e' \tag{12.29}$$

这表明此时还原反应的进行需要消耗一部分数量原本很多的 Ti 空位。本区域还原反应焓比如式(12.7)所示的本征还原反应焓小。二者的差值恰好为阳离子型弗伦克尔缺陷的生成焓。最终,这将导致反应的焓值降低几个电子伏特。将如式(12.29)所示的质量作用表达式与如式(12.28)所示的本区域中电荷中性近似表达式联立,可求出:

$$n \approx \left(\frac{K_n [\mathrm{Nb_{Ti}^{\cdot}}]}{4K_{\mathrm{CF}}} \right)^{1/4} P(\mathrm{O_2})^{-1/4} \tag{12.30}$$

表明本区域中 n 型电导率随着 $P(\mathrm{O_2})$ 的升高而下降,lg-lg 图中其变化线的斜率与所观察的结果类似,为 $-1/4$。

虽然,在这个区域实际的数据点并不多,电导率似乎对 Nb 含量的变化也没有什么依赖性。这个结果与如式(12.30)所示的 n 仅与 Nb 含量的 4 次方根相关的事实相符。随着 $P(\mathrm{O_2})$ 的升高,空穴浓度随之升高;lg-lg 图中其变化线斜率为 $+1/4$。电导率的极小值出现位置也被外推至图中没有显示的 $P(\mathrm{O_2}) = 1~\mathrm{atm}$ 的区域。

施主掺杂 TiO_2 的克罗格-明克图如图 12.11 所示。显然,仅基于电子浓度相关知识就可以绘制出 Ti 空位和间隙离子的浓度变化线。

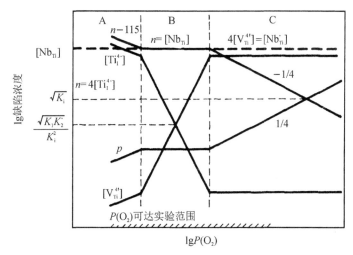

图 12.11　Nb 掺杂的 TiO_2 的克罗格-明克图
[经威利 VCH(SEM)授权,基于博马尔和塔尼 1977 年的研究结果重绘]

基于图 12.10 所示的数据,在图 12.12 中已经给出了 Ti 空位及间隙离子的浓度变化线。(从严格意义上讲,由于所涉及的离子缺陷为 4 价,因此,这些直线应始于施主杂质浓度之下 4 个数量级下的斜率转变点。然而,接下来的讨论不会涉及这些细节。)最终,只给出 Nb 含量最高的三组样品中 Ti 空位和间隙离子的浓度变化线。这里让人略感欣慰的是,与理论预期的一样,在 Nb 含量不同的三组样品中,$[V_{Ti}^{4'}] = [Ti_i^{4·}]$ 的点均位于同一水平线上。博马尔和塔尼给出了两个温度的实验结果。以此为基础,在这两个温度下完成了不同 Nb 含量样品中两种 Ti 相关缺陷浓度的变化图后,再根据 $[V_{Ti}^{4'}] = [Ti_i^{4·}]$ 处的数据点可完成相应的阿伦尼乌斯图,其斜率为 $\Delta H_{CF}/2$。由此决定的阳离子型弗伦克尔缺陷生成反应焓为 4.7 eV(450 kJ/mol)。当然,仅有两个温度下的实验结果的事实会在一定程度上影响述结果的精度(但是,这已经足够保证以此为基础画出线性阿伦尼乌斯图!)。基于他们的实验结果,博马尔和塔尼还确定了两个实验温度下的 K_n、K_p/K_I^4 等参数的值。其中,K_n 和 K_p 分别是如式(12.7)和式(12.9)所示的本征氧化和还原反应质量作用常数,K_I 是如式(12.22)所示的本征电子型缺陷反应式的质量作用常数。池田(Ikeda)和江(Chiang)(1993)则指出 $K_n \times K_p/K_I^4$ 就是阳离子型弗伦克尔缺陷的质量作用常数 K_{CF}。接下来,他们还通过求解如式(12.31)所示的关系式,得出了生成阳离子型弗伦克尔缺陷的自由能 ΔG_{CF}。

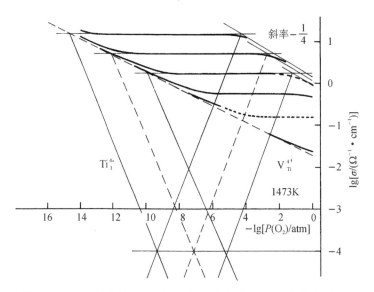

图 12.12 Nb 掺杂的 TiO_2 的平衡电导率随 $P(O_2)$ 的变化,主要用于说明推导出的阳离子型弗伦克尔缺陷的相对浓度

$$K_{CF} = \frac{K_n K_p}{K_1^4} = e^{-\Delta G_{CF}/kT} \qquad (12.31)$$

他们求解出在 1200℃ 和 1350℃ 条件下阳离子型弗伦克尔缺陷的自由能 ΔG_{CF} 分别为 4.5 eV 和 4.4 eV(430 kJ/mol 和 420 kJ/mol)。如图 12.12 所示的阳离子型弗伦克尔缺陷质量作用常数的阿伦尼乌斯图给出的反应焓值为 4.7 eV(450 kJ/mol)。这里需要再次指出,还不能说上述在两个温度实验数据基础上获得的结果十分精确。然而,以上两种截然不同的方法所得结果的相似性说明:当反应熵值相对较小的前提下,对于阳离子型弗伦克尔缺陷的生成焓来说,5 eV(480 kJ/mol)应该是一个相对合理的数值。

12.7 TiO_2 缺陷化学总论

在以下证据的基础上,可以确定:在 TiO_2 的还原反应中,Ti 间隙离子是比氧空位更有优势的晶格缺陷;同时,它也是受主杂质的补偿型缺陷。这些证据包括:

(1)在最强烈的还原反应区,lg-lg 图中的平衡电导率随氧活度的变化线斜率为 $-1/5$。这与形成 Ti 间隙离子的事实相符。如果氧空位是还原反应的主要产物,上述斜率就应该为 $-1/6$。

(2) 在被还原的过程中,金红石结构的 TiO_2 中原本空的八面体点部分被占据的事实与 Ti 间隙离子在其中的出现相符。

(3) 电导率最小值处的氧活度与所添加受主杂质浓度成反比。此事实与形成 Ti 间隙离子情况下的理论推测一致,而与氧空位模型相悖。

因此,TiO_2 中形成离子型缺陷、本征还原反应和受主掺杂反应的表达式就可以用式(12.1)、式(12.7)和式(12.3)来表示。所确定的本征还原反应焓为 10.6 eV(每失去一个氧为 5.3 eV)[1020 kJ/mol(每失去一个氧为 510 kJ/mol)]。施主掺杂条件时的平衡电导率测试结果则表明阳离子型弗伦克尔缺陷的生成反应焓约为 5 eV(480 kJ/mol)。博马尔和塔尼求出的禁带宽度为

$$E_g = 3.2 - 6.6 \times 10^{-4} T \quad eV \tag{12.32}$$

所以,本征电子离子化焓(也即 0 K 时的禁带宽度)为 3.2 eV(310 kJ/mol)。

由于已经获得了三个反应焓的相关数据,我们就可以计算出其他可能反应的反应焓。因此,在施主杂质的电子型缺陷补偿区中,需要消耗电子;将本征还原反应与非本征氧化反应相加,就可以得出如下所示的阳离子型弗伦克尔缺陷的反应表达式:

$$2O_O + Ti_{Ti} + V_I \rightleftharpoons O_2 + Ti_I^{4\cdot} + 4e' \quad \Delta H_N$$
$$O_2 + 4e' \rightleftharpoons 2O_O + V_{Ti}^{4'} \quad \Delta H_{ode} \tag{12.33}$$
$$\overline{Ti_{Ti} + V_I \rightleftharpoons Ti_I^{4\cdot} + V_{Ti}^{4'}} \quad \Delta H_{CF}$$

其中,下标"ode"表示用电子型缺陷补偿施主杂质的氧化反应。式(12.33)就表明:

$$\Delta H_{CF} - \Delta H_N = \Delta H_{ode} \tag{12.34}$$
$$5 - 10.6 = -5.6$$

基于上述计算,ΔH_{ode} 等于 −5.6 eV(增加一个氧时等于 −2.8 eV)[−540 kJ/mol(增加一个氧时等于 −270 kJ/mol)]。这个反应在体系中具有极大的优势:它消耗电子,而非生成空穴。这个特点与本征氧化反应的相同。

在施主杂质的离子型缺陷补偿区中,由于非本征还原反应焓 ΔH_{rdi} 数值必须等于电子型缺陷补偿区的非本征氧化反应焓(符号相反),因此,$\Delta H_{rdi} = 5.6$ eV (540 kJ/mol)。对此,可以用本征还原反应减去阳离子型弗伦克尔缺陷反应的结果来证实:

$$2O_O + Ti_{Ti} + V_I \rightleftharpoons O_2 + Ti_I^{4\cdot} + 4e' \quad \Delta H_N$$
$$-(Ti_{Ti} + V_I \rightleftharpoons Ti_I^{4\cdot} + V_{Ti}^{4'}) \quad -\Delta H_{CF} \tag{12.35}$$
$$\overline{2O_O + V_{Ti}^{4'} \rightleftharpoons O_2 + 4e'} \quad \Delta H_{rdi}$$

上述计算结果给出:

$$\Delta H_N - \Delta H_{CF} = \Delta H_{rdi} \qquad (12.36)$$
$$10.6 - 5 = 5.6$$

上述计算相当于失去一个氧时为 2.8 eV(270 kJ/mol)。由于上述反应需要消耗 Ti 空位,而不产生 Ti 间隙离子,因此,相应的反应焓比本征还原反应的低。

类似地,将如式(12.7)所示的本征还原反应式和如式(12.11)所示的受主掺杂的离子型缺陷补偿区的非本征氧化反应式相加,其结果可表明:

$$4E_g^0 - \Delta H_N = \Delta H_{oai} \qquad (12.37)$$
$$4 \times 3.2 - 10.6 = 2.2$$

该数值与实验确定的受主掺杂 $BaTiO_3$ 或 $SrTiO_3$ 等钛酸盐中非本征氧化反应焓相比,恰好处于中等水平。

常用的自恰性检验方法也可应用于此。例如,如式(12.16)所示的本征还原反应质量作用表达式要求 Ti 间隙离子激活能加上 4 倍的空穴激活能的和应等于 10.6 eV(1020 kJ/mol),这显然没问题。在电子型缺陷补偿区,Ti 空位高的激活能,再加上 $[V_{Ti}^{4\prime}] = [Ti_i^{4\cdot}]$ 点上的低激活能,要求 $[Ti_i^{4\cdot}]$ 随温度的升高而降低。这样,才能与它所具有的负的激活能相符。同时,这要求电导率变化曲线中的平台区随温度的升高向高氧活度方向移动,这已经得到了实验结果的验证。

目前,还没有在如前所述的实验结果基础上讨论如式(12.9)所示的本征氧化反应焓。为此,通过综合考虑电子型缺陷补偿区的非本征氧化反应焓 ΔH_{ode} 和禁带宽度,可以确定出本征氧化反应焓 $\Delta H_P = 7.2$ eV(平均每个氧 3.6 eV)[690 kJ/mol(平均每个氧 340 kJ/mol)]。因此,在电子型缺陷补偿区,非本征氧化反应焓 ΔH_{ode} 与本征氧化反应焓 ΔH_P 相比就减少了 $4E_g^0 = 12.8$ eV(平均每个氧 6.4 eV) [1230 kJ/mol(平均每个氧 620 kJ/mol)]。

这里的 TiO_2 缺陷化学实例就显示出同时拥有施主掺杂、受主掺杂和无掺杂样品数据的重要作用。

在随后的 15 章中还将讨论,对于包括 TiO_2 在内的一些金属氧化物,可以通过结构的精细调整,而不是随机分布的点缺陷,来形成大幅度的非化学计量比或溶解高浓度的变价杂质。然而,在本章讨论的实验结果中,除了小于 800℃ 的实验结果可能属于例外情况之外,其他结果在单相点缺陷区中均应该是有效的(Blanchin 等,1980)。

参考文献

Baumard, J.-F., D. Panis, and D. Ruffier. Conductivité électrique du rutile monocristallin à haute température. *Rev. Int. Hautes Temp. Refract.* 12:321–327, 1975.

Baumard, J.-F., and E. Tani. Electrical conductivity and charge compensation in Nb doped rutile. *J. Chem. Phys.* 67:857–860, 1977.

Baumard, J.-F., and E. Tani. Thermoelectric power in reduced pure and Nb-doped TiO_2 rutile at high temperatures. *Phys. Stat. Sol.* 39:373–382, 1977.

Blanchin, M. G., P. Faisant, C. Picard, M. Ezzo, and G. Fontaine. Transmission electron microscope observations of slightly reduced rutile. *Phys. Stat. Sol.* A60:357–362, 1980.

Carpentier, J.-L., A. Lebrun, and F. Perdu. Electronic conduction in pure and chromium-doped rutile at 1273 K. *J. Phys, Colloq. C1*, (suppl. to no. 2) 47: C1-819–C1-823, 1986.

Catlow, C. R. A., and R. James. Disorder in TiO_{2-x}. *Proc. Ro. Soc. London* A384:157–173, 1982.

Catlow, C. R. A., C. M. Freeman, and R. L. Royle. Recent studies using static simulation techniques. *Physica* 131B:1–12, 1985.

Haul, R., and G. Dumbgen. Sauerstoff-selbstdiffusion in Rutilkristallen. *J. Phys. Chem. Solids* 26:1–10, 1965.

Ikeda, J. A., and Y.-M Chiang. Space charge segregation at grain boundaries in titanium dioxide. I. Relationship between lattice defect chemistry and space charge potential. *J. Am. Ceram. Soc.* 76:2437–2446, 1993.

Kofstad, P. *Nonstoichiometry, Diffusion, and Electrical Conductivity in Binary Metal Oxides*. New York: Wiley-Interscience, 1972, p. 141.

Logothetis, E. M., and R. E. Hetrick. Oscillations in the electrical resistivity of TiO_2 induced by solid/gas interactions. *Solid State Commun.* 31:167–171, 1979.

Rudolph, J. Über den leitungsmechanismus oxidischer Halbleiter bei höhen Temperaturen. *Z. Naturforsch.* 14a:727–737, 1959.

Singheiser, L., and W. Auer. Untersuchung der Fehlordnung von TiO_2 (Rutil) mit Hilfe von Leitfähigkeits- und Überführungsmessungen. *Ber. Bunsen-Ges. Phys. Chem.* 81:1167–1171, 1977.

Yagi, E., A. Koyama, H. Sakairi, and R. R. Hasiguti. Investigation of Ti interstitials in slightly reduced rutile (TiO_2) by means of channeling method. *J. Phys. Soc. Jpn.* 42:939–946, 1977.

本章习题

12.1 说明 TiO_2 中电导率极小值处的氧活度与受主杂质浓度的比例和用氧空位来补偿受主杂质的模型相符。

12.2 说明在受主掺杂 TiO_2 的 Ti 间隙离子补偿区中，氧化反应焓与本征氧化反应和阳离子型弗伦克尔缺陷反应焓相关。

第 13 章

氧化钴和氧化镍

13.1 引子

随着 Sc、Ti、V、Cr、Mn、Fe、Co、Ni、Cu 和 Zn 等过渡金属元素原子序数的增加,将它们离子化到之前的氩离子电子构型的难度越来越大。其中,Sc 最容易,它的稳定价态只有+3 价。Ti 也相对容易,在空气中进行处理时,可形成+4 价,并可被还原为+3 价和+2 价。对于 V,完全离子化难度逐渐增大,在不同环境条件下,其+5 价和+4 价均可稳定存在。Cr 的最简稳定氧化物是 Cr_2O_3,+6 价的铬离子仅存在于铬酸盐中,这种特殊的盐是强氧化剂,表明+6 价铬离子的 3d 电子层非常容易接受电子,从而使其价态降低。Mn_2O_7 是一种非常活泼且不稳定的氧化性液体。它在空气中引燃后,就会形成其最稳定的氧化物 MnO。除了以上氧化物外,还有 MnO、FeO、CoO、NiO、CuO 和 ZnO 等二价氧化物,虽然它们中的一些也可以形成+3 价和+4 价的氧化物。除 Cu 以外,正二价是这些元素可能的最低氧化态,相应的阳离子不能进一步被还原到正一价。因此,上述二价氧化物中前四个的共同特点是可被进一步氧化,但不能被还原;它们的 3d 轨道中分别包含 5、6、7 和 8 个电子。相应地,它们的价带主要由充满的金属原子的 3d 轨道组成;特点是易于氧化(也即失去电子形成空穴),处于较高的能级。所以,其中的受主能级多为浅能级。这些氧化物的导带主要由全空的金属离子 3d 轨道组成,也可能由 4s 轨道来组成;其特点是难被氧化(也就是说,其中不易于被填充电子)。这些氧化物的导带均处于较高的能级水平。所以,相应的施主能级常为深能级。此类能带结构与 TiO_2 的恰好相反。在 TiO_2 中,由于导带的能级水平较低,因此,禁带宽度较绝缘体的有所减小;在 MnO、FeO、CoO 和 NiO 中,禁带宽度的减小是由于价带的能级水平比较高。因此,已获认可的 NiO 的禁带宽度为 3.5 eV(340 kJ/mol),仅比 TiO_2 的禁带宽度 3 eV(290 kJ/mol)略高。

在上述由可被氧化、但不能被还原至更低氧化态阳离子组成的氧化物中,理论上极易形成氧过剩的p型非化学计量比,这与实际研究结果相符。在空气中达到平衡时,NiO中的氧过剩约为0.01%,CoO中的为1%,MnO中的为5%,FeO中的为15%,这已经是非常高的氧过剩量了。FeO甚至可以在氧过剩小于5%时开始分解产生金属铁。因此,化学计量比的FeO不能在常压下稳定存在。由于其所具有的异常高的非化学计量比,FeO的矿物维氏体(Wustite)曾是许多研究者的研究对象。本书随后将以CoO和NiO为范例材料进行介绍。在它们的组分中,可形成的非化学计量比程度适中,非常适于讨论这两种材料在各种非化学计量比下的性质变化。在随后内容中,将首先以迪克曼(Dieckmann)在1977年完成的系统研究为基础讨论CoO,然后再对NiO进行对比和讨论。

13.2 氧化亚钴(CoO)

许多研究小组研究过CoO的缺陷化学。而且,就其基本特性方面已经形成了共识;然而,在一些具体细节上还存在分歧。迪克曼在1977年系统研究了这种材料,并将研究结果与同行的进行了对比。对他这部分工作的总结是本小节讨论的基础。读者如想获取更多相关信息,可参照本章参考文献列出的相关论文。

CoO稳定存在相区的左右两侧分别是位于低氧活度区的金属钴和以高氧活度为基本特征的Co_3O_4。在多名同行研究结果的基础上,迪克曼对图13.1进行了总结。图中的边界可被定义如下:

$$\begin{cases} \lg P(O_2) \dfrac{Co}{CoO} = 7.2 - \dfrac{24100}{T} \\ \lg P(O_2) \dfrac{CoO}{Co_3O_4} = 16.5 - \dfrac{20300}{T} \end{cases} \quad (13.1)$$

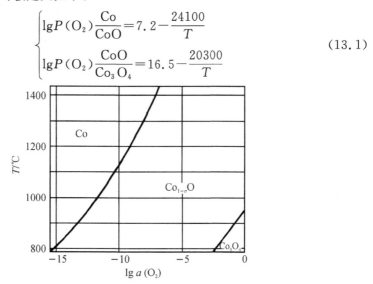

图 13.1 $Co_{1-x}O$ 的稳定范围随温度和氧活度的变化

[经 R. 奥尔登堡·费尔拉格(R. Oldenbourg Verlag)授权,基于迪克曼1977年的研究结果重绘]

其中，T 的单位为开尔文[K]。

不同温度下，$Co_{1-x}O$ 偏离化学计量比的程度 x（在迪克曼的原始论文中用 δ 表示）随 $P(O_2)$ 的变化如图 13.2 所示。图中列举的其他研究结果多通过热重分析法获得。它们与迪克曼的研究结果表现出了令人欣慰的一致性。每组数据低压侧的垂直短划线表示 Co/CoO 两相区的边界。仅在 1200℃ 时，有若干实验点出现在上述两相区的边界附近。图中实线为基于随后将要介绍的迪克曼模型的计算结果。图 13.2 可能会给读者带来一定的疑惑。左手侧的数据表明温度每上升 100℃，$\lg x$ 的值就被向上平移 0.5。如果不这样做，各温度下的各组数据将直接相互重叠，从而形成一幅各温度下数据混淆在一起、无法进行区分的乱局；最终，导致该图形将几乎无法显示实验结果依赖温度变化的特性。这里需要注意，在各温度下，组分偏离化学计量比的极大值非常接近 10^{-2}，也就是 1‰；该极大值出现在

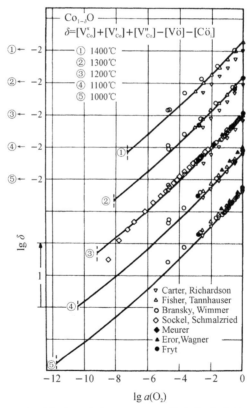

图 13.2　几个研究小组确定的 $Co_{1-x}O$ 偏离化学计量比的程度 (x) 随温度和氧活度的变化

（经 R.奥尔登堡·费尔拉格授权，基于迪克曼 1977 年的研究结果重绘）

$P(O_2)=1$ atm 处。任何研究者在这里都可以想像得出,在如此高的缺陷浓度下,样品组分将非常容易出现本征非化学计量比。图中结果所涉及的 x 的极小值约为 10^{-4}。此时,组分中的杂质可能已经开始起作用。在 1000℃ 下,Co/CoO 边界可能外推出 x 的极小值 10^{-5}。此时,研究者需要考虑杂质的影响。

相关研究小组在不同温度下测定的 CoO 的平衡电导率图随 $P(O_2)$ 的变化图如图 13.3 所示。图中列举的结果再一次表现出非常好的一致性。为避免相互重叠,同样对各温度下的实验数据进行了平移;与组分偏离化学计量比的情况一样,图中实验结果仅对温度的变化表现出非常弱的相关性。

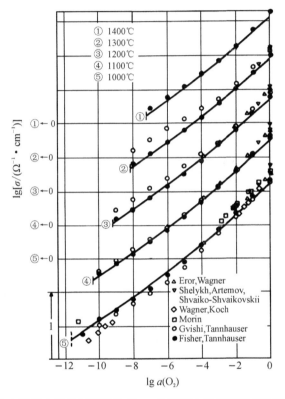

图 13.3　几个研究小组共同确定的 $Co_{1-x}O$ 平衡电导率随温度和氧活度的变化
(经 R. 奥尔登堡·费尔拉格授权,基于迪克曼 1977 年的研究结果重绘)

有研究者还采用放射性同位素 ^{60}Co 作为示踪原子测定了阳离子在高氧活度下的扩散速率。迪克曼将相关研究结果拓展至整个 CoO 相区,具体如图 13.4 所示。其结果与已有结果表现出很好的一致性。不出所料,这部分结果与温度变化表现出强相关性。其中的主要原因是阳离子空位的扩散本身就是一种热激发过程。

CoO 是一种阳离子不足型 p 型氧化物,其中的主要缺陷是阳离子空位与空

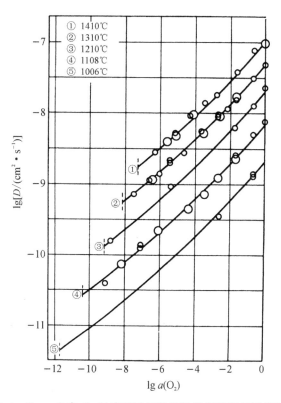

图 13.4 $Co_{1-x}O$ 中 Co 示踪原子扩散常数随温度和氧活度的变化
（经 R.奥尔登堡·费尔拉格授权，基于迪克曼 1977 年的研究结果重绘）

穴，研究者对此已经形成共识。从氧活度为 1 atm 开始到 Co/CoO 边界，CoO 中阳离子空位浓度可从 1‰下降至少 3～4 个数量级。早期研究者在阳离子空位所携带的有效电荷数方面存在分歧。部分研究者认为是+1 价，而其他研究者则认为阳离子空位应该既有+1 价，也有+2 价。迪克曼在其模型中延用了混合价态观点，并进一步提出其中还应该有处于中性状态的阳离子空位。因此，随后的讨论将从生成+2 价阳离子和自由空穴的氧化反应开始，同时忽略这两种带相反电荷缺陷间的相互作用。

$$\frac{1}{2}O_2 \rightleftharpoons O_o + V''_{Co} + 2h^\cdot \tag{13.2}$$

上述反应的质量作用表达式为

$$[V''_{Co}]p^2 = K_p P(O_2)^{1/2} \tag{13.3}$$

其相应的电荷中性近似条件为

$$p \approx 2[V''_{Co}] \tag{13.4}$$

联立上述各式,可求出 $Co_{1-x}O$ 中的 x 和阳离子空位的浓度应满足：

$$x = [V''_{Co}] \approx \left(\frac{K_p}{4}\right)^{1/3} P(O_2)^{1/6} \tag{13.5}$$

同时确定的空穴浓度(也即 p 型电导率随氧活度的变化)为

$$p \approx (2K_p)^{1/3} P(O_2)^{1/6} \tag{13.6}$$

因此,实验样品组分偏离化学计量比的程度、平衡电导率和示踪原子扩散常数的变化应均与 $P(O_2)^{1/6}$ 相关。然而,如图 13.2、图 13.3 和图 13.4 所示,在所研究范围内,随 $P(O_2)$ 的降低,各参数 lg 值的变化斜率逐步从高氧活度侧的 1/4 转变为低氧活度侧的 1/5。因此,迪克曼提出以下两个表示阳离子空位与空穴间相互作用的附加反应式：

$$V''_{Co} + h^{\cdot} \rightleftharpoons V'_{Co} \tag{13.7}$$

$$V'_{Co} + h^{\cdot} \rightleftharpoons V^{\times}_{Co} \tag{13.8}$$

上述附加反应式的质量作用表达式为

$$\frac{[V'_{Co}]}{[V''_{Co}]p} = K_1 \tag{13.9}$$

$$\frac{[V^{\times}_{Co}]}{[V'_{Co}]p} = K_2 \tag{13.10}$$

同时,还需考虑电荷中性条件的完整表达式：

$$p = 2[V''_{Co}] + [V'_{Co}] \tag{13.11}$$

和研究所涉及区域中的阳离子空位总浓度：

$$[V_{Co}]_{total} = [V''_{Co}] + [V'_{Co}] + [V^{\times}_{Co}] \tag{13.12}$$

迪克曼随后基于如下所示的质量作用常数对图 13.2、图 13.3 和图 13.4 中的实验数据进行了拟合。

$$K_p = 6.5 \times 10^{-3} e^{-1.55/kT}$$

$$K_1 = 5.9 e^{0.75/kT}$$

$$K_2 = 0.42 e^{0.53/kT}$$

[迪克曼采用了不同于已有研究切入点对上述结果进行了解释。他从形成中性阳离子空位的反应开始,随后引入了两个离子化反应,也即如式(13.7)和式(13.8)所示反应的逆反应。所涉及领域中的研究者通常以主缺陷(本例中为 V''_{Co})为切入点,然后考虑缺陷间的相互作用。在随后的叙述中,为与已有研究保持一致,对迪克曼的方法作了相应调整。事实上,此处无所谓孰是孰非,只要读者觉得合适即可。]

作为分析的一部分,空穴浓度和平衡电导率随温度变化的对比可表明空穴迁移在本质上是热激活的结果,相应的激活能为 0.09 eV(9 kJ/mol)。同理,阳离子空位浓度和示踪原子扩散常数随温度变化的对比则可揭示出阳离子空位迁移所需的激活能为 1.4 eV(130 kJ/mol)。

曾有研究者基于高温 X 射线衍射结果指出,在 NiO-CoO 晶体中,25%的阳离子处于其中的间隙位置(Stiglich 等,1973)。该结果将意味着体系中阳离子型弗伦克尔缺陷处于主导地位。此外,陈(Chen)和杰克逊(Jackson)(1969)关于氧在 Li_2O 和 Al_2O_3 掺杂的 CoO 扩散的研究结果则表明扩散的主要通道是氧空位。这就意味着本征肖特基缺陷在其中发挥了一定作用。由于间隙阳离子和氧空位均为带正电的缺陷,它们对所涉及材料性能的影响也应类似。当浓度足够高时,它们就应该在低氧活度区(也即非化学计量比最小的区域)对材料的某种可测量的性能产生可观察到的影响。然而,迪克曼的研究结果表明在对非化学计量比的程度、平衡电导率或阳离子示踪扩散的影响方面却并非如此。所以他得出的结论认为,这些缺陷只能是材料中的少数缺陷,而且对电荷中性条件或阳离子扩散的贡献都不会有显著的作用。

K_1、K_2 两个质量作用表达式的焓应该就是中性阳离子空位的第二和第一离子化过程所需克服的陷阱深度[分别为 0.53 eV 和 0.75 eV(51 kJ/mol 和 72 kJ/mol)]。这对于一个具有可进一步被氧化阳离子的氧化物来说,已经是出乎意料的深受主能级。该能级确实已经足够深,以至于室温下 p 型 CoO 在理论上应成为绝缘体;然而,事实恰好相反,p 型 CoO 却是一种非常好的导体。这个分歧至今还没有得到解决。

CoO 的非化学计量比模型可汇总如图 13.5 所示。图中所示结果与如式(13.3)、式(13.9)和式(13.10)所示的质量作用表达式,如式(13.11)所示的电荷中

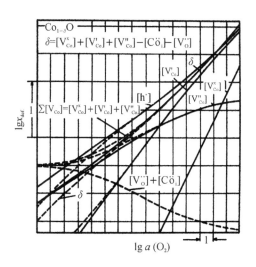

图 13.5　$Co_{1-x}O$ 中各缺陷浓度随氧活度的变化

(经 R.奥尔登堡·费尔拉格授权,基于迪克曼 1977 年的研究结果重绘)

性表达式和如式(13.12)所示的总空位浓度表达式相符。该图表明,二次离子化的阳离子在低氧活度区占主导地位。然而,随 $P(O_2)$ 的提高,快速增多的一次离子化阳离子将最终成为高氧活度区的主导缺陷。只有在最高氧活度区,中性空位才达到显著的浓度水平。虽然,在这个模型中还存在多个可变参数,可是仅用上述这一系列表达式就可以准确拟合非化学计量比程度、平衡电导率和示踪阳离子扩散随温度和氧活度的变化。这些结果还是足以让人印象深刻。图 13.2~图 13.4 所示的计算结果与实测结果的相符也可对此形成良好的辅证。

在纯 CoO 和 Ti 掺杂的 CoO 中,带电载流子的霍尔迁移率在 1140℃ 随 $q=P(CO_2)/P(CO)[P(O_2)$ 直接随 q^2 的变化而改变] 的变化如图 13.6 所示(Gvishi 和 Tannhauser,1972)。图中结果展示了空穴等带正电荷载流子在高氧活度区的变化,以及电子等带负电荷载流子在低氧活度区的变化。因此,随着 $P(O_2)$ 的降低,就会出现由 p 型电导向 n 型电导的转化的温差电势(thermoelectric power)测量结果(Fisher 和 Tannhauser,1966;Henri le Brusq 等,1968)可进一步辅证上述结论。如上所述,迪克曼模型中并未考虑电子的这部分贡献。但是,由于电子的迁移率明显高于空穴,上述电导类型的转换并不需要 CoO 中的电子浓度超过空穴的含量。这两种载流子的迁移率依次为 $0.36\sim0.6\ cm^2/(V\cdot s)$ 和 $0.06\ cm^2/(V\cdot s)$。在 Ti 掺杂的样品中,类似主要载流子类型的转换向高 $q\propto P(O_2)^{1/2}$ 侧移动。这与理

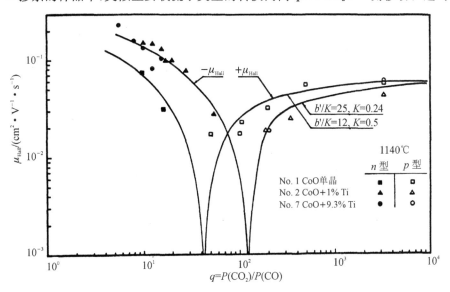

图 13.6 纯 CoO 和 Ti 掺杂的 CoO 中带电载流子的霍尔迁移率在 1140℃ 随 $q=P(CO_2)/P(CO)$ 的变化

(经 R. 奥尔登堡·费尔拉格授权,基于迪克曼 1977 年的研究结果重绘)

论预期的一致。因为，施主杂质 $Ti_{Co}^{••}$ 会在提高电子的浓度的同时降低空穴浓度。0.3%和1%Ti 分别掺杂的两个样品中性质类似，实验结果与 Ti 在 CoO 中的固溶度极限为 0.5%的理论推测一致。

如图 13.7 所示的 Li 掺杂 CoO 中介电损耗谱给出了缺陷间相互作用的证据，所采用研究方法需要在三种频率下测量交流信号能量损耗（$\tan\delta$）随温度的变化。图中损耗峰的位置不随 Li 含量的变化而改变，但其大小会随着 Li 浓度的升高而提高。上述结果表明，样品中的主要变化涉及样品整体，而且与 Li 相关。峰值频率随温度的变化则表明相应的激活能为 0.2 eV(19 kJ/mol)。出现上述结果主要与在包围置换型 Li^+ 离子（Li'_{Co}）的 Co^{2+} 离子周围的重新取向有关。这与缺陷复合体（$Co_{Co}^{•}Li'_{Co}$）偶极子模型相符。

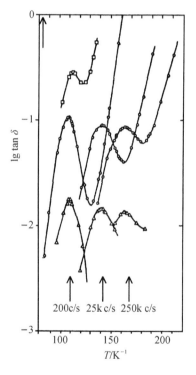

图 13.7　Li 掺杂的 CoO 中偶极子弛豫损耗在不同测试频率下随温度的变化。从上至下，Li 百分含量依次为 0.015%、0.08%和 0.45%

[经爱思唯尔授权，基于博斯曼(Bosman)和克雷弗克(Crevecoeur)1968 年的研究结果重绘]

13.3 氧化亚镍(NiO)

NiO 的大部分性质与 CoO 非常相似,但其非化学计量比程度要比 CoO 的低约 2 个数量级,这就表明 Ni^{2+} 离子更难氧化。1969 年,特列季亚科夫(Tretyakov)和拉普(Rapp)采用了一种被称为"库仑滴定"(Coulometric titration)的方法测量了 NiO 中的非化学计量比的程度(也即 $Ni_{1-x}O$ 中的 x)。他们的基本实验单元如图 13.8 所示。

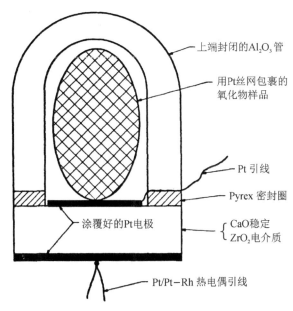

图 13.8　库仑滴定法测定 $Ni_{1-x}O$ 中的 x(封装好的测试单元)
(经材料学会授权,基于特列季亚科夫和拉普 1969 年的研究结果重绘)

测试所需样品被置于一端封口的氧化铝管中,其开口端由一块 CaO 掺杂的 ZrO_2 板封闭。在该氧化锆板的内外侧,有基于商用铂浆和烧渗工艺制成的电极。锆板与氧化铝管之间由一圈派热克斯(Pyrex)牌玻璃分隔。这种玻璃可在实验温度下软化,从而形成在多数情况下可隔绝管内外空气的密封。与内电极相连的铂导线经玻璃分隔层引出。这样,内外侧电极化的锆板就可作为氧活度测试单元;整个测试单元内外氧活度差产生的 EMF 值就可被测定出来。由于整个测试单元外的氧活度值通常已知,这样,整个测试单元内的氧活度值就可被计算出来。此外,改变锆板上所加的电势差,整个锆板就成为一个氧泵,将氧从测试单元内部泵出,或将外部的氧泵入。由于氧化锆是一种接近于理想状态的电解质,通过测量其中通过的电流,可精确确定其中氧的传质量。因此,测试者可在样品中的含氧量出现一定的改变后,进一步计算出整个体系平衡氧活度的变化量。当体系中的主要离子型缺陷为带 2 个正电荷的阳离子空位和空穴时,样品中非化学计量比的程度 x 可用下式来表示:

$$x = [V_{Ni}]_{total} = x_0 P(O_2)^{1/n} \tag{13.13}$$

其中,$[V_{Ni}]_{total}$ 代表各种价态的 Ni 空位的浓度。因此,x 的改变量所致氧活度的变化量就可用下式表示为

$$\Delta x = x_0 \Delta P(O_2)^{1/n} \tag{13.14}$$

这样,作 Δx 随 $\Delta P(O_2)^{1/n}$[①] 的变化图,就会形成一条直线,直线的斜率为 x_0。它同时也是 $P(O_2) = 1$ atm 时组分中的非化学计量比量。以此为基础,也可求出 $P(O_2)$ 等于其他值时样品组分的非化学计量比量。所谓滴定(titration)过程仅指测量进出测试单元氧的摩尔数。这些氧中的大部分会进入样品,其余的残留在气相中,与样品的氧形成新的平衡氧活度。在这里,非常有必要测试气相中氧的含量。因为,只有进出样品的氧量才是这里所涉及 x 的真正变化量。所以,这里还需确定气相的体积。整个测试单元的体积可通过测量空测试单元的氧活度随泵入氧量的变化来确定。

$$V = RT + \frac{\Delta n}{\Delta p} \tag{13.15}$$

其中,样品的体积可由其质量和密度来确定。用整个测试单元的体积减去样品的体积,即可求出其中包裹样品之外的气相的体积。对此的修正也并非难事。

根据式(13.14)作出 $n = 4$、5 和 6 时的图后,特列季亚科夫和拉普共同认定 $n = 6$ 时线性度最佳,并认为其中正二价的阳离子是其中主要的离子型缺陷。他们在 1000℃、$P(O_2) = 1$ atm 条件下测定的 $x = [V''_{Ni}] = 2.7 \times 10^{-4}$。从本书后续的内容中,读者将会发现,这个值是此后其他研究者研究结果的 4 倍。分歧产生的原因可能是这里假定 $n = 6$,并认为所有阳离子均为正二价。

随后,迈耶(Meier)和拉普于 1971 年在室温至 1200℃ 的温度范围内测定了 NiO 整个稳定区域中的平衡电导率。他们的结果表明,对于非常纯的 NiO,n 可以等于 6;但是,该值会随着纯度的降低而降低,并最终在 Cr 掺杂的 NiO 中达到 4。如果施主中心 $Cr_{Ni}^{\cdot}$ 由二价的阳离子空位来补偿,上述结论就应该与理论推测相符。

同样在 1971 年,奥斯本(Osburn)和维斯特(Vest)采用热重和平衡电导率测试法研究了 NiO。他们获得的电导率测试结果如图 13.9 所示。其中,13.9(a) 是高纯(Fe 含量为 4×10^{-5}) NiO 的结果;13.9(b) 则为中等纯度(Fe 含量为 2×10^{-4})样品的测

[①] 译者注:原书为 1/6,根据所涉及上下文内容,这里应为 $1/n$。

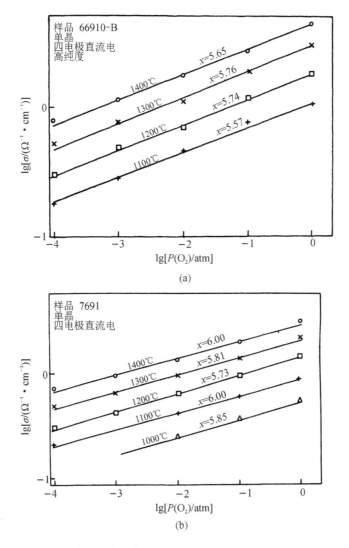

图 13.9 $Ni_{1-x}O$ 平衡电导率随氧活度的变化。(a) 以 "High purity" 命名的高纯度单晶样品。(b) 以 "Polycrystalline" 命名的多晶样品

(经爱思唯尔授权,基于奥斯本和维斯特 1971 年的研究结果重绘)

试结果。他们的结论认为:随着纯度的提高,n 逐渐趋近于 6,而且,二价阳离子空位是样品中主要离子型缺陷。

斯特劳德(Stroud)等在 1973 年非常系统地测量了高纯 NiO 在 $1 \sim 10^{-4}$ atm、$950 \sim 1350$℃范围内的平衡电导率,并得出了 $n=5.33$ 的结论。他们认为结果为非整数的原因是样品中存在着由一价和二价阳离子空位组成的混合体。当 $P(O_2)=1$ atm 时,斯特劳德等计算出的 $[V'_{Ni}]/[V''_{Ni}]$ 表达式在 1100℃和 1200℃的

值分别为 1.8 和 1.3。

这清楚地意味着在高氧活度下，一价阳离子空位是样品中的主要缺陷，其浓度也和 CoO 中的基本相同。

最后，法里(Farhi)和珀托-埃尔瓦斯(Petot-Ervas)于 1978 年基于高纯粉体制备的 NiO 单晶的平衡电导率，结果如图 13.10 所示。

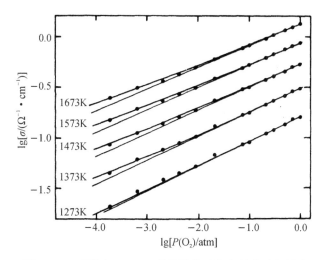

图 13.10　无掺杂 $Ni_{1-x}O$ 单晶样品平衡电导率随氧活度的变化。贯穿图中数据点的直线是基于笔者提出模型的计算结果，稍细的是 $P(O_2)=1$ 处斜率的外延线

（经爱思唯尔授权，基于法里和珀托-埃尔瓦斯 1978 年的研究结果重绘）

他们发现在氧活度等于 1 atm 的条件下，当测试温度从 1000℃ 升高到 1400℃ 时，n 值从 4.17 提高到 4.66；在相同的温度范围内，如果氧活度变为 1.89×10^{-4} atm，则 n 值初始值等于 4.78，最终会提高到 5.46。他们也认为产生这种结果的原因是样品中同时存在着一价和二价的阳离子空位，而且还给出了二价空位与一价空位的比为

$$K = \frac{[V''_{Ni}]}{[V'_{Ni}]} = \frac{1}{2}\left(\frac{n-4}{6-n}\right) \tag{13.16}$$

接下来，他们还给出了等 k 线(iso-k，k -二价阳离子空位的百分比)随氧活度及温度的变化图，具体如图 13.11 所示。结果表明，二价阳离子空位浓度仅能在实验范围的一个小角上超过一价阳离子空位的浓度。该图还预示着在 1200℃、1 atm 条件下，二价阳离子空位仅会占至总空位量的 10%。法里和斯特劳德等两组研究人员均认同二价空位的浓度会随温度的升高而升高。图 13.10 中，穿过实验测试点的直线是基于相关研究者模型的计算结果；稍细的线是以 $P(O_2)=1$ atm

附近直线斜率为基础的线性外推结果。这样做的目的是展示实验结果的线性特征。

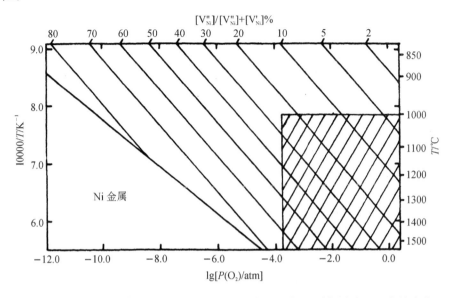

图 13.11 计算出的等 k 线（k - 二价阳离子空位的百分比）随氧活度及温度的变化
（经爱思唯尔授权，基于法里和珀托-埃尔瓦斯 1978 年的研究结果重绘）

13.4 小结

虽然有实验证据表明由于电子的高迁移率，在 CoO 中的 Co/CoO 相界处，电子对 CoO 的平衡电导率有一定的贡献，但是 CoO 和 NiO 在总体上均具有阳离子不足型非化学计量比和 p 型电导的特点。两种氧化物中的主要缺陷是阳离子空位和空穴。CoO 中的阳离子空位是正一价和正二价阳离子空位的混合体；其中的中性空位也可能有些许贡献。随着测试温度的提高和氧活度的降低，CoO 中正二价阳离子空位的占比逐渐提高。

参考文献

Bosman, A. J., and C. Crevecoeur. Dipole relaxation losses in CoO doped with Li or Na. *J. Phys. Chem. Solids* 29:109–113, 1968.

Chen, W. K., and R. A. Jackson. Oxygen self-diffusion in undoped and doped cobaltous oxide. *J. Phys. Chem. Solids* 30:1309–1314, 1969.

Dieckmann, R. Cobaltous oxide point defect structure and nonstoichiometry, electrical conductivity, cobalt tracer diffusion. *Z. Phys. Chem. N.F.* 107:189–210, 1977.

Farhi, R., and G. Petot-Ervas. Electrical conductivity and chemical diffusion coefficient measurements in single crystalline nickel oxide at high temperatures. *J. Phys. Chem. Solids* 39:1169–1173, 1978.

Farhi, R., and G. Petot-Ervas. Thermodynamic study of point defects in single crystalline nickel oxide: Analysis of experimental results. *J. Phys. Chem. Solids* 39:1175–1179, 1978.

Fisher, B. and D. S. Tannhauser. Electrical properties of cobalt monoxide. *J. Chem. Phys.* 44:1663–1672, 1966.

Gvishi, M., and D. S. Tannhauser. Hall mobility and defect structure in undoped and Cr or Ti-doped CoO at high temperature. *J. Phys. Chem. Solids* 33:893–911, 1972.

Le Brusq, H., J. J. OEhlig, and F. Marion. Sur l'évolution de la nature des défauts des oxydes MnO et CoO en fonction de la pression partielle d'oxygène à haute température. *C. R. Acad. Sci. Paris, Serie C* 266:965–968, 1968.

Meier, G. H. and R. A. Rapp. Electrical conductivities and defect structures of pure NiO and chromium-doped NiO. *Z. Physikalische Chemie, Neue Folge* 74:168–189, 1971.

Osburn, C. M., and R. W. Vest. Defect structure and electrical properties of NiO. I. High temperature. *J. Phys. Chem. Solids* 32:1331–1342, 1971.

Stiglich, J. J., Jr., J. B. Cohen, and D. H. Whitmore. Interdiffusion in CoO–NiO solid solutions. *J. Am. Ceram. Soc.* 56:119–126, 1973.

Stiglich, J. J., Jr., J. B. Cohen, and D. H. Whitmore. Defect structure of NiO–CoO solid solutions. *J. Am. Ceram. Soc.* 56:211–213, 1973.

Stroud, J. E., I. Bransky, and N. M. Tallan. On the pressure dependence of the electrical conductivity of NiO at high temperatures. *J. Chem. Phys.* 58:1263–1264, 1973.

Tretyakov, Y. D., and R. A. Rapp. Nonstoichiometries and defect structures in pure nickel oxide and lithium ferrite. *Trans. Metall. Soc. AIME* 245:1235–1241, 1969.

第 14 章

钛酸钡

14.1 引子

铁电氧化物钛酸钡($BaTiO_3$)是制备陶瓷电容器的基本原料。该器件的产量已经超过了千亿支。因此,$BaTiO_3$成为了电子应用领域最为重要的材料之一。最为常见的陶瓷电容器是多层陶瓷电容器(multilayer ceramic capacitor,MLC)。其中,叉指状的电极层与介电陶瓷交错排列,具体如图 14.1 所示。器件的总电容是各电极电容的总和,使器件具有很高的体积效率(volume efficiency)[①]。MLC中介电陶瓷层的层数少则十几层,多则可达数百层。随着具体组分的变化,该材料的介电常数可从 1000 变化至近 10000,远高于被广泛应用的 Al_2O_3 和 Ta_2O_5 等非铁电氧化物的介电常数(Al_2O_3:$k=10$;Ta_2O_5:$k=26$)。介电陶瓷层通常需要将原料粉体制成浆料,然后再采用流延工艺进行制备;金属电极的制备则需要先将分散好的电极金属颗粒制成"墨水",再通过丝网印刷工艺印在流延好的陶瓷层上来完成。随着生产工艺的改进,介电陶瓷层的厚度已经由 20 μm 减至 5 μm,从而进一步提高了此类电容器的容量。这种电容器具有高效、廉价和稳定的特点,非常适用于表面自动安装技术。同时,这种器件也可以非常好地兼容硅基电子电路,在其中作为信号过滤器,也可作为局域性电荷存储器(器件的运算就无需再等待电荷从较远的地方传输过来,因此可提高器件的运行速度)。这种集多种优良特性于一身的特点是 $BaTiO_3$ 基陶瓷电容器年产量超过千亿支重要原因。$BaTiO_3$ 缺陷化学的进展让研究者能够通过引入合适的掺杂来确保这种多层片式元件能在还原性气氛中烧结。这样,就可用镍来替代过去使用的更加昂贵的铂-银合金来作为内电极。这对于大体积电容器来说就意味着生产成本的大幅降低。已有研究已证实了

---

① 译者注:器件中可表现宏观功能特性部分的体积占总体积的百分比。

在长时间的电压-温度应力作用后,这种器件中发生的绝缘电阻特性老化现象与点缺陷(如氧空位)的移动有关。除了上述实际应用外,已有研究还证实了 $BaTiO_3$ 是一种非常适于研究非化学计量比和掺杂作用的材料。在这两种研究中,$BaTiO_3$ 所表现出的变化规律与理论预测的非常接近,因此可将缺陷化学中相关基本原则展现地淋漓尽致。基于上述原因,同时也由于笔者在自己的研究生涯中,除了研究其他几种材料外,大部分时间都在研究这种材料,因此,本节内容将系统介绍 $BaTiO_3$ 的缺陷化学。

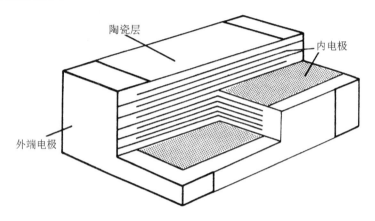

图 14.1 多层陶瓷电容器的截面示意图。其中 $BaTiO_3$ 介电陶瓷层被叉指状排列的金属电极层分隔开来。在水平和竖直两个方向上对图中所示的电容器进行了切割。器件的总电容是各电极间电容的总和

[经科威(Kluwer)学术出版社授权,基于莫尔森(Moulsen)和赫伯特(Herbert)1990年的研究结果重绘]

当温度高于居里点(130℃)时,$BaTiO_3$ 具有立方钙钛矿结构;同时,由于电荷在其单胞中的分布具有中心对称性的特征,$BaTiO_3$ 在宏观上表现为顺电性(paraelectric)(也即非铁电性-nonferroelectric)。当温度低于居里点时,$BaTiO_3$ 在其晶体结构转变为四方(tetragonal)的同时转变为铁电材料。这意味着其晶体结构不再具有电荷分布上的中心对称性特征,从而产生一个偶极矩。在上述相变温度范围内,$BaTiO_3$ 的介电常数明显上升,并达到极大值。在此后更低的温度区间内,$BaTiO_3$ 的晶体结构还会经历两次转变。与前面相比,更低温区的这两次转变就显得不那么重要。因此,研究者在平衡条件下研究 $BaTiO_3$ 缺陷化学时,往往只关注其高温度区的钙钛矿结构。

$BaTiO_3$ 是一种三元化合物,包含三种元素。决定相图的基本原则要求必须定义 4 个参数才能完整地描述其特征平衡状态,包括温度、压力和其中一种组分的活度这三种常用于描述二元氧化物的典型参数,再加上另外一种组分的活度。因此,对于 $BaTiO_3$,我们不但要了解氧的活度,而且还要了解 Ba^{2+}、Ti^{4+} 和相应的两

种氧化物的活度。已有文献(Schmalzried,1965)已经讨论了三元化合物完整的热动力学平衡条件。然而,由于精确确定阳离子活度并不容易,通常也鲜有研究者去尝试,所以,在大多数研究中,在所需的热动力学平衡条件上都会做一定的折中。在为数不多的研究实例中,如果组元中的一种二元氧化物具有挥发性(如 $PbTiO_3$ 中的 PbO 或 $LiNbO_3$ 中的 Li_2O),研究者往往会考虑所研究的化合物与具有固定活度的外部阳离子源达到平衡;然而,即便是在这些例子中,多数实验在较低的温度下进行,组分的挥发不大。在像 $BaTiO_3$ 这样的三元化合物中,其中的任意一种二元氧化物组分均不具有显著的挥发性,所以在既定样品中可认为 Ba/Ti 比不变。然而,由于样品存在缺陷,缺陷浓度一定时,Ba/Ti 比可能被精确确定,也可能确定不了。如果 Ba/Ti 比在单相 $BaTiO_3$ 材料中不等于1,为适应这种偏离理想状态,样品中就必须形成晶格缺陷。在本章对 $BaTiO_3$ 讨论的过程中,我们假定 Ba/Ti 比不变,这是可以假定的最理想的情况。但是,读者都应该注意:如果 $BaTiO_3$ 与某种固定活度的外阳离子源达到热动力学平衡,其自身的缺陷化学也会发生变化(Smyth,1976,1977)。这也适用于含有掺杂的其他三元化合物。引入一种掺杂或另外一种组元后,要想严格界定平衡条件,就必须了解这种组元的活度。在随后对 $BaTiO_3$ 讨论的过程中,继续延用含有掺杂的二元氧化物研究中的惯例:假定这种化合物在既定样品中的掺杂浓度不变。

14.2 通览

如第2章所述,具有钙钛矿结构的 $BaTiO_3$ 可被看成是尺寸近似的 Ba^{2+} 和 O^{2-} 以密排立方的形式排列;Ti^{4+} 离子占据八面体位,其最近邻离子全部为 O^{2-} 离子。另外一个八面体位的尺寸远小于 Ba^{2+} 和 O^{2-} 两种离子的大小。而且,由于其最近邻离子中有 Ba^{2+} 离子,从静电平衡角度考虑,也不适于由 Ti^{4+} 离子占据。因此,可以预见 $BaTiO_3$ 中的三种弗伦克尔缺陷生成焓均不会太小。事实上,理论计算的氧、钡和钛离子的三种本征弗伦克尔离子型缺陷生成焓分别 4.49 eV,5.94 eV 和 7.56 eV(432 kJ/mol,572 kJ/mol 和 728 kJ/mol)。而肖特基缺陷中的每种缺陷的生成焓仅为 2.29 eV(221 kJ/mol)[单位肖特基缺陷[①]生成焓为 $5 \times 2.29 =$ 11.45eV(1103 kJ/mol)](Lewis 和 Catlow,1983)。因此,肖特基缺陷应是 $BaTiO_3$ 中最具有优势的离子型缺陷,相应的反应式可表示如下:

$$\text{nil} \rightleftharpoons V''_{Ba} + V^{4\prime}_{Ti} + 3V^{\cdot\cdot}_{O} \tag{14.1}$$

其相应的质量作用表达式为

[①] $BaTiO_3$ 中,一个单位肖特基缺陷包括1个 V''_{Ba}、1个 $V^{4\prime}_{Ti}$ 和3个 $V^{\cdot\cdot}_{O}$。

$$[V''_{Ba}][V^{4'}_{Ti}][V^{\bullet\bullet}_O]^3 = K_s e^{\frac{-\Delta H_s}{kT}} \quad (14.2)$$

其中，$\Delta H_s = 11.45$ eV(1103 kJ/mol)。在 1000℃和 1400℃两个温度下，上式指数项的取值分别为 8.6×10^{-10} 和 1.2×10^{-7}。其中的前者相当于 10^{-10}，远低于任意研究中杂质的可能浓度；后者相当于 10^{-7}。该浓度相当于一定温度下以烧结法制备的多晶 $BaTiO_3$ 中杂质的浓度，这从反应平衡角度考虑也是可能的。考虑到其中的含熵项可能使上面的两个数值提高一至两个数量级，本征离子型缺陷的浓度就有可能达到相同温度下烧结的高纯材料中变价杂质的浓度水平。曾有研究者指出，$BaTiO_3$ 中的肖特基缺陷可能仅涉及其中一种氧化物组元的离子(如 Ba 和 O 的空位，或 Ti 和 O 的空位)。显然，这些建议均违背需保持不同类型晶格格点比例不变的原则，因此，可不予考虑。

在 $BaTiO_3$ 中，氧化或还原反应的平衡应主要与 Ti^{4+} 离子的可还原性有关。Ba^{2+} 和 O^{2-} 两种离子既不容易被氧化，也不容易被还原。因此，仅从非化学计量比方面考虑，$BaTiO_3$ 应与 TiO_2 非常相似。BaO 在其中基本上就是一种惰性稀释剂。这也就意味着在随后的讨论中应主要考虑由氧不足所致的非化学计量比和 n 型电导特性。$BaTiO_3$ 的价带由全满的 O 2p 电子轨道组成，导带由全空的 Ti 3d 轨道组成。所以，其禁带宽度也与 TiO_2 的相似，为 3~4 eV(300~400 kJ/mol) 左右。

$BaTiO_3$ 中的受主杂质(如尺寸较大的 K^+ 等单价阳离子取代 Ba^{2+}，或尺寸较小的三价阳离子 Al^{3+} 或 Fe^{3+} 等取代 Ti^{4+})可由间隙阳离子、氧空位或空穴来补偿。钙钛矿结构中，间隙阳离子补偿不是其中的最佳补偿方式。由于 O^{2+} 的不可进一步被氧化，$BaTiO_3$ 的价带也处于较深的能级水平。因此，在对受主杂质的补偿方面，空穴也不是特别有优势。$BaTiO_3$ 中形成氧空位的概率非常高，应该是这里最佳的受主杂质补偿型缺陷。当杂质为施主类型时，如尺寸较大的三价阳离子 La^{3+} 取代 Ba^{2+}，或较小的五价阳离子 Nb^{5+} 取代 Ti^{4+}(或大离子半径的一价阴离子 F^- 取代 O^{2-})，阳离子空位、间隙阴离子或电子均有可能成为主要的补偿型缺陷。然而，其中的氧间隙离子可被排除。与此同时，阳离子空位也不会太具有优势，虽然这种缺陷在形成肖特基缺陷时不能被完全忽略。$BaTiO_3$ 的导带由能级较浅、且可被还原的 Ti 3d 电子组成，电子就自然而然成为最有可能的补偿型缺陷。由于导带处于较低的能级水平，而价带处于深能级中，因此，$BaTiO_3$ 的施主能级应该较浅，受主能级应为深能级。如果受主杂质由氧空位来补偿，就能方便地为将来氧化反应中的过剩的氧提供"容身之处"，因而就有利于减小氧化反应焓。类似地，施主杂质可通过失去由施主氧化物带入的氧来促进还原反应进行。

接下来，就来检验上述理论分析是否正确。

14.3　无掺杂 BaTiO₃ 的平衡电导率

750℃和1000℃下，无掺杂 BaTiO₃ 陶瓷在 $10^{-21} \sim 1$ atm 氧活度范围内的平衡电导率如图14.2所示。研究所涉及样品中 Ti 稍稍过量。这对研究结果影响不大。图中所示的是曾供职于笔者实验室的博士后研究人员及其第一个合作研究者获得的结果(Chan 等，1981)。测试装置就是由陈(Chan)博士来完成，所获得的几近完美的实验数据是对其精深的技艺和不懈的坚持的最佳褒奖。在氧活度的中间范围内，由于对实验用气体中含量较小的成分(也就是 $Ar-O_2$ 混合气体中的 O_2 或 $CO-CO_2$ 混合气体中的 CO)需求量太小而导致不能精确控制其流量，因此采用了以受主掺杂 ZrO_2 作为固体氧化物电解质的氧浓度测试元件来测定这个范围内的氧活度。这样，就可能避免如图12.2所示的其他研究者结果中在这个范围内经常出现的实验数据点缺失。选择上述温度范围是受实际实验条件所限。实验中所使用的管式炉的使用温度上限是1100℃。如果想尽量延长其使用寿命，就最好不要在上述温度上限使用该管式炉。1000℃时，样品达到平衡的速度快于温度或氧活度的改变；然而，当温度降低至600℃时，在每一个测试点，样品达到平衡的时间长达几个小时，这是耐心的陈博士能够忍受的时间上限。测试采用了标准的四电极直流测试技术；两种极性均使用，以消除离子电导所致的极化现象产生的不利影响。

所得实验结果与如图12.8所示受主掺杂 TiO_2 的非常相似。实质上，图中所示实验数据相当于将无掺杂 TiO_2 的数据向低氧活度方向上移动了几个数量级。这反映出 BaO 固溶所致的结构扩张对 Ti^{4+} 离子的可还原性起到了稀释作用。与理论预期一致，氧不足的 n 型电导区范围很大；与此同时，图中也存在典型的氧过剩的 p 型电导区。在电导率最低值的两侧，lg-lg 斜率分别为 1/4 和 -1/4；在氧活度最低和温度最高的区域中，该斜率转变为 -1/6。在含有电子并以肖特基缺陷为优势本征离子缺陷的化合物中，还原反应产物之一将会是氧空位。这一理论预测与如上所述斜率的转变相符，具体如下式所示：

$$O_O \rightleftharpoons \frac{1}{2}O_2 + V_O^{\cdot\cdot} + 2e' \tag{14.3}$$

与上式匹配的质量作用表达式为

$$[V_O^{\cdot\cdot}]n^2 = K_n P(O_2)^{-1/2} \tag{14.4}$$

如果在高度还原条件下，还原反应是主要的缺陷来源，则

$$n \approx 2[V_O^{\cdot\cdot}] \tag{14.5}$$

并且有

$$n \approx (2K_n)^{1/3} P(O_2)^{-1/6} \tag{14.6}$$

上式与实验中观察到的斜率结果相符。长期以来，形成 $-1/4$ 这个属于中等范围内斜率的原因一直被认为与仅离子化到一价的氧空位有关：

$$O_O \rightleftharpoons \frac{1}{2}O_2 + V_O^{\cdot} + e' \quad (14.7)$$

这就要求空位的离子化状态随着 $P(O_2)$ 的变化而改变，从而满足在 n 型电导区取得两种不同斜率的要求。然而，如随后内容所示，上述解释不能成立。因为，还没有实验证据证明在平衡条件下可以形成一价的氧空位。

那么，高氧活度条件下，氧化反应是否将导致在 $BaTiO_3$ 中出现 p 型电导特性呢？上述条件下，每一种本征氧化反应将都需要有较高的反应焓：

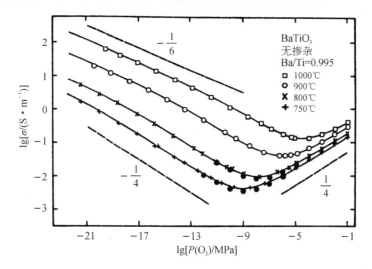

图 14.2　750℃和 1000℃下无掺杂 $BaTiO_3$ 陶瓷的平衡电导率随氧活度（10^{-21}～1 atm）的变化。基于文中所述缺陷模型计算的电导率由实线给出；实线圆圈代表从实测的总电导率中减去了离子载流子的贡献

（经美国陶瓷学会授权，基于陈等 1981 年的研究结果重绘）

$$\frac{1}{2}O_2 \rightleftharpoons O_I'' + 2h^{\cdot} \quad (14.8)$$

$$\frac{3}{2}O_2 \rightleftharpoons 3O_O + V_{Ba}'' + V_{Ti}^{4'} + 6h^{\cdot} \quad (14.9)$$

然而，读者需要注意：在 p 型导电区中，电导率对温度变化的依赖要远低于 n 型导电区。这说明氧化反应焓低于还原反应焓；相对于被还原，这种材料更容易被氧化。形成氧空位的还原过程不会在基本概念层面上带来任何问题，但是，如式(14.8)和式(14.9)所示的氧化反应就并非如此。它们意味着氧化反应需要通过非本征反应来完成；而这种非本征反应需要填充非本征氧空位。

$$\frac{1}{2}O_2 + V_O^{\cdot\cdot} \rightleftharpoons O_O + 2h^{\cdot} \tag{14.10}$$

由于上述反应是去消耗晶格缺陷,而不是产生新的晶格缺陷,因此,该反应应具有更低的反应熵。和 TiO_2 中出现间隙阳离子的情况一样,曾有研究者认为非本征氧空位是由于样品自然混入了过多的受主掺杂所致。如果在了解了所有稳定元素在地壳中的丰度后,读者就会看出所有可以在 $BaTiO_3$ 中作为受主的元素,再加上那些没有作用的,占到地壳总质量的 99.7%。因此,$BaTiO_3$ 中的杂质基本上都应该为受主掺杂。笔者所知的唯一的一次例外发生在数年之前。当时,有一个日本厂家发现他们生产的 $BaTiO_3$ 基电容器存在着漏电流过大的问题。追查结果表明是由于 TiO_2 原料中的 Nb 含量非同寻常的高。Nb^{5+} 离子取代 Ti^{4+} 时是作为施主掺杂,其含量较低时,会由电子来补偿,由此产生一定的电导。再向其原料中进一步添加受主元素来补偿施主元素后,就能让材料恢复原有的高绝缘性。显然,用于提取 TiO_2 的矿藏中 Nb 的浓度很高。还有研究指出,$BaTiO_3$ 中的非本征氧空位是在热处理(晶体生长温度或烧结温度)温度范围内产生并在随后降温过程中被"冻结"在材料中的肖特基缺陷,这种可能性不能被排除。总而言之,此类材料原料中的自有杂质通常已经足够让材料中出现一定浓度的氧空位。

在 $BaTiO_3$ 中引入常见受主氧化物,用 A^{3+} 来取代 Ti^{4+},可具体表示为

$$A_2O_3 \xrightarrow{(2TiO_2)} 2A'_{Ti} + 3O_O + V_O^{\cdot\cdot} \tag{14.11}$$

样品的电导率接近最小值时,其电荷中性条件由受主中心及其补偿型缺陷-氧空位来共同主导:

$$[A'_{Ti}] \approx 2[V_O^{\cdot\cdot}] \tag{14.12}$$

将上式与如下所示的氧化反应质量作用表达式联立,

$$\frac{p^2}{[V_O^{\cdot\cdot}]} = K_p P(O_2)^{1/2} \tag{14.13}$$

可得

$$p \approx \left(\frac{K_p[A'_{Ti}]}{2}\right)^{1/2} P(O_2)^{1/4} \tag{14.14}$$

在式(14.4)和式(14.12)的基础上,可求出

$$n \approx \left(\frac{2K_n}{[A'_{Ti}]}\right)^{1/2} P(O_2)^{-1/4} \tag{14.15}$$

以上两式与电导率在极小值两侧随氧活度的变化规律相符。

为了检验实验测试点是否可用上述表示空穴和电子浓度的方程来拟合,还需求出两种载流子的迁移率。电子迁移率通过测定单晶和多晶 $BaTiO_3$ 的霍尔(Hall)系数来确定(Seuter,1974)。如图 14.2 所示,粗大晶粒 $BaTiO_3$ 陶瓷的测试结果被发现与单晶相应结果有很高的一致性(Eror 和 Smyth,1978)。所以,本

书随后的讨论就使用了单晶中的电子迁移率。相应结果可由如下表达式进行拟合：

$$\mu_n = 8080 T^{-3/2} e^{-0.021\, eV/kT}\ cm^2/(V \cdot s) \quad (14.16)$$

其中，由于在实验温度范围内，幂指数项仅从 0.76 增加至 0.83，因此，可认为电子迁移率主要随 $T^{-3/2}$ 的变化而改变。当温度由 600℃升高至 1000℃时，电子迁移率从 0.24 cm²/(V·s)降低至 0.15 cm²/(V·s)。在已有研究结果中，没有相应的 $BaTiO_3$ 中空穴迁移率数据。和常见研究类似，这里假定了空穴的可迁移性弱于电子。然而，如果空穴迁移率弱于电子的 1/3，空穴的浓度就必须非常高。以至于在这种情况下，大部分的非本征氧空位应已经被氧化反应的产物所占据。此时，空穴的浓度、p 型电导率的变化应与所观察到的相反，从 lg-lg 斜率为 1/4 处开始、以近似水平的趋势向高氧活度区延伸。因此，这里就假设了在所有测试温度，空穴的迁移率是电子的一半。令人称奇的是，最近有研究者对类似化合物 $SrTiO_3$ 的研究结果表明事实也确是如此（Choi 和 Tuller，1988）。基于以上迁移率和电导率的实验数据，用如式(14.4)和式(14.13)所示的氧化反应和还原反应表达式进行了拟合。拟合的结果如图 14.2 中计算出的直线所示，拟合结果比较理想（同时给出了实验结果和计算结果；在最小值两侧，从测试值中扣除了离子电导率对总电导率的贡献）。相应的氧化及还原反应质量作用常数的阿伦尼乌斯图如图 14.3 和图

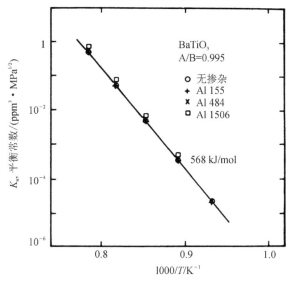

图 14.3　基于平移电导率推衍的还原反应质量作用常数的阿伦尼乌斯图。图中给出了无掺杂 $BiTiO_3$ 和三种含有不同含量（以 ppm 表示）Al^{3+}（用于置换 Ti^{4+}）样品的测试结果。相应的还原反应焓为 5.90 eV(568 kJ/mol)

（经美国陶瓷学会授权，基于陈等 1982 年的研究结果重绘）

14.4 所示。

图中给出了四种样品的结果,包括无掺杂样品和三种受主掺杂含量不同(在这里是 Al^{3+})的样品。与理论推测的一致,两幅阿伦尼乌斯图均呈线性变化且与掺杂含量的变化无关。还原反应焓为 5.90 eV(568 kJ/mol),氧化反应焓为 0.92 eV(89 kJ/mol)。氧化反应的结果表明在含有非本征氧空位的前提下,$BaTiO_3$ 中易于发生氧化反应。将如式(14.3)和(14.10)所示的氧化反应式与还原反应式相加,所得结果恰好是本征离子化反应式的 2 倍,所以,两种反应的焓值可由如下所示关系式联系起来:

$$\Delta H_N + \Delta H_P = 2E_g^0 \tag{14.17}$$

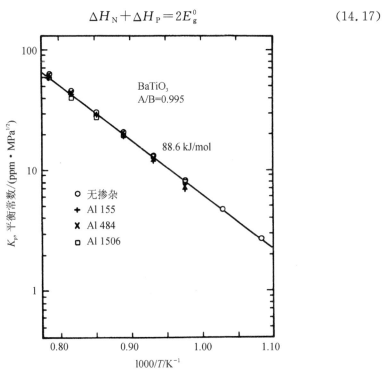

图 14.4 基于平移电导率推衍的氧化反应质量作用常数的阿伦尼乌斯图。样品组分与图 14.3 相同,相应的氧化反应焓为 0.92 eV(89 kJ/mol)
(经美国陶瓷学会授权,基于陈等 1982 年的研究结果重绘)

根据上式可求出 0 K 时 $BaTiO_3$ 的禁带宽度为 3.41 eV(328 kJ/mol)。此计算结果与极小值附近的电导率(修正了其中的一少部分离子电导对总电导率的贡献)阿伦尼乌斯图给出的结果非常相符。相符的结果再次证实了:在两幅图中的电导率极小值附近,电子与空穴质量作用常数不随主控电荷迁移条件的缺陷浓度变化而改变。这与相应材料在受主掺杂时应有的情况一致。因此,在这里就不再继续讨论某种处于热平衡状态的本征离子型缺陷对 $BaTiO_3$ 离子化学的影响(这并不意味着热处理过程中产生的一定浓度的肖特基缺陷会在随后的冷却过程中被"冻结"在样品中)。

至此,如上讨论所涉及的模型可用如图 14.5 所示的示意性克罗格-明克图来总结。图中示意性给出了电子、空穴、氧空位和受主缺陷的浓度。这里需要注意,只有在高度还原条件下,样品组分中才形成本征非化学计量比。在大部分的实验范围内,受主中心及其相应的补偿型氧空位是控制所研究 $BaTiO_3$ 缺陷化学的主要因素。其中的空穴浓度随着氧活度的提高而升高。然而,在样品电荷中性条件形成过程中,空穴的浓度从来没能提高到可以取代氧空位的程度。这就表明仅有极小一部分非本征条件形成的氧空位会被填充。

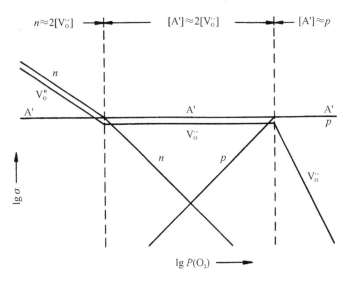

图 14.5 平衡条件下无掺杂和受主掺杂 $BaTiO_3$ 样品中各缺陷浓度随氧活度变化的克罗格-明克图
[经马塞尔·德克尔(Marcel Dekker)授权,基于史密斯(Smyth)1993 年的研究结果重绘]

14.4 $BaTiO_3$ 的绝缘特性

为了作电容器介电材料,$BaTiO_3$ 必须成为绝缘体。事实上,无掺杂或受主掺杂的 $BaTiO_3$ 在氧化性气氛中(如空气中)热处理或达到平衡状态时都会成为颜色很淡的绝缘体。然而,如果在高度还原性条件下达到平衡,$BaTiO_3$ 就会转变成一种黑色的半导体,其电阻率在 $0.1\ \Omega \cdot cm$ 左右。因此,n 型 $BaTiO_3$ 和 p 型 $BaTiO_3$ 的电导特性具有明显的对称特征。电子是高温条件下 n 型电导的基础,而高度还原的 $BaTiO_3$ 会表现出相对较高的电导率。这就表明,在高度还原的 $BaTiO_3$ 冷却至室温及更低温度的过程中,其中的电子并没有被"束缚"住。因此,与氧空位相关的施主能级必然非常靠近导带。这是具有可还原阳离子化合物的一个典型特点。$BaTiO_3$ 平衡电导率在 n 型和 p 型两个不同区域中非常相似,也确实应该如此。其中的主要原因是 $BaTiO_3$ 在上述两个区域中的电导行为均始于极小值点,而且两个区域中的电导率变化线斜率互补。当这种材料被冷却到室温附近时,其 p 型电导率将会被降低至一个极低的水平。因此,其中的空穴在冷却过程必然陷入某种陷阱状态。使这种现象成为必然的主要原因是 $BaTiO_3$ 中的受主能级应该处于价带之上的一个较深水平。这与常见的不含可氧化阳离子的氧化物中的情况一致。

受主中心和空穴的相互作用可由处于陷阱态空穴的离子化反应来表示:

$$A^{\times} \rightleftharpoons A' + h^{\cdot} \tag{14.18}$$

该反应的质量作用表达式应如下所示:

$$\frac{[A']p}{[A^{\times}]} = K_A(T) = K'_A e^{-E_A/kT} \tag{14.19}$$

其中,E_A 是空穴的离子化能,也是受主能级在价带之上的高度。如图 14.2 所示 p 型电导的线性变化表明氧化反应没有显著影响带电受主中心的浓度。在低温区的绝缘状态下,几乎所有的空穴均处于被束缚状态,这些被束缚空穴的浓度基本上不受温度变化的影响。因此,空穴的浓度就可简单地表示为与式(14.19)中的指数项成正比。所以,任意研究者都可以非常容易地计算出受主能级的深度。通过与此相应的受主杂质,可使 $BaTiO_3$ 的电导率从所观察到的在高温平衡状态下的水平降低到室温绝缘状态的水平。在绝缘状态下,$BaTiO_3$ 的电导率不会高于 $10^{-8}(\Omega \cdot cm)^{-1}$,甚至可以更低。表 14.1 给出了将平衡电导率从所观察到的 750℃ 时的 $10^{-3}(\Omega \cdot cm)^{-1}$ 降低至室温 25℃ 时不同水平所需的受主能级水平。

表 14.1 $BaTiO_3$ 中的受主能级

25℃时的电导率 /$(\Omega \cdot cm)^{-1}$	所需受主能级 /[eV(kJ·mol^{-1})]	1000℃时的 $e^{-E_A/kT}$
10^{-8}	0.65(63)	2.7×10^{-3}
10^{-9}	0.78(75)	8.3×10^{-4}
10^{-10}	0.91(88)	2.5×10^{-4}

从表中可以看出,要想使 $BaTiO_3$ 具有所观察到的绝缘特性,确实需要具有足够浓度的受主能级。表中所列出的是采用不同实验测试方法和理论计算法所获得的 $BaTiO_3$ 样品的典型值。表 14.1 中的第三列给出的是 1000℃ 时计算出的三种受主能级浓度所涉及的幂指数项的值。它实质上是该温度下离子化率的一种度量。所以,此列数据就表明了即使在高温环境中,离子化率也非常低,在 0.27% ~ 0.025% 范围内。因此,如图 14.5 所示的缺陷模型,就进行了一定程度的舍弃。在

平衡温度下,由氧化反应产生的大部分空穴均处于束缚状态;$BaTiO_3$ 所表现出的 p 型电导是由于非常少的一部分离子化后可迁移的空穴所致。各缺陷浓度的顺序为 $[A'] \gg [A^\times] \gg p$。

由于氧化反应的主要电子型产物是被束缚的空穴,所以其反应可改写为如下所示:

$$\frac{1}{2}O_2 + V_O^{\cdot\cdot} + 2A' \rightleftharpoons O_O + 2A^\times \tag{14.20}$$

其相应的质量作用表达式为

$$\frac{[A^\times]^2}{[A']^2[V_O^{\cdot\cdot}]} = K_{ox}(T) = K'_{ox} e^{-\Delta H_{ox}/kT} \tag{14.21}$$

其中,ΔH_{ox} 为生成被束缚空穴的氧化反应焓。由于基于电导率测试法,因此先前定义的 $\Delta H_P = 0.92$ eV(89 kJ/mol) 是生成自由空穴的氧化反应焓。通过将式 (14.21) 与如式 (14.12) 所示的电荷中性近似条件表达式联立,可求出处于束缚状态空穴的浓度为

$$[A^\times] \approx \left(\frac{K'_{ox}}{2}\right)^{1/2} [A']^{3/2} e^{-\Delta H_{ox}/2kT} P(O_2)^{1/4} \tag{14.22}$$

因此,处于束缚状态空穴的浓度随氧活度的变化与如式(14.14)所示的自由空穴浓度随氧活度的变化规律类似,只是其系数是 $[A']^{3/2}$,而自由空穴的为 $[A']^{1/2}$。至此,就可在图 14.5 添加表示束缚空穴的浓度变化线,从而形成一幅更加完整的克罗格-明克图,具体如图 14.6 所示。

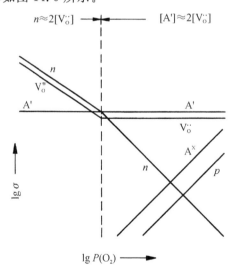

图 14.6　无掺杂和受主掺杂 $BaTiO_3$ 中缺陷浓度随氧活度变化的克罗格-明克图。其中包括表示束缚了一个空穴的受主中心 $A^\times$ 浓度的变化线

由如式(14.18)所示的受主掺杂的离子化反应式可将如式(14.8)所示的自由空穴的形成氧化反应与如式(14.20)所示的被束缚空穴的形成氧化反应联系起来。如果已知了其中任意两个反应焓,就可求出第三个反应焓。现已知了 $\Delta H_P = 0.92$ eV(89 kJ/mol),如果再考虑到如表 14.1 所示的离子化能的中间值 0.78 eV(75 kJ/mol),即可得出 $\Delta H_{ox} = -0.64$ eV(-62 kJ/mol)。作为过剩氧的主要产物,形成束缚空穴的氧化反应焓的值为负! 这表明被束缚空穴的浓度以及过剩氧的浓度随着平衡温度的升高而降低。电导率随温度的升高而增大是由于伴随着被束缚空穴的减少,有越来越多的空穴通过离子化过程而被激活。

由于被束缚空穴的浓度应近似等于过剩氧化学计量比浓度的 2 倍,所以通过热重测量应能够测出 ΔH_{ox} 的实验值。据笔者了解,目前还鲜有研究者在此方面做过尝试。事实上,这样的测试确实存在难度。因为这里所涉及的偏离化学计量比的程度较小。所以,笔者所在的研究组在实验室中采用了另外一种方法。将式(14.22)变形为

$$P(O_2) \approx \left(\frac{2}{K'_{ox}}\right)^2 \frac{[A^\times]^4}{[A']^6} e^{-2\Delta H_{ox}/kT} \tag{14.23}$$

在保持带电和中性状态受主中心浓度恒定条件下,如果能测量出平衡氧活度随温度的变化,那样相应的阿伦尼乌斯图就可以给出一条斜率为 $-2\Delta H_{ox}$ 的直线。换言之,在实验温度范围内,进入样品或从样品遗失氧的总量必定非常小,以至于不会影响样品中的缺陷的浓度。所以,笔者所在的研究小组将此实验命名为"定组分氧活度"实验。该实验在如图 14.7 所示的密闭测试单元中完成。

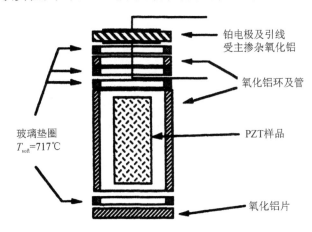

图 14.7 测定缺陷浓度一定的受主掺杂 $BaTiO_3$ 中平衡氧活度随温度变化的密封测试单元结构示意图
[经戈登和布里奇公司(Cordon & Breach)授权,基于雷蒙德(Raymond)和史密斯 1994 年的研究结果重绘]

将一大块样品置于上下用盖密封的刚玉管中。为了密封,在盖与管间使用了在实验温度软化的玻璃垫圈。这样在较小的机械压力作用下,软化的玻璃垫圈就可将盖与管间的空隙完全封装(如果操作者幸运的话)。氧化铝管的底盖就是一片经老化处理的氧化铝片;上盖是由受主掺杂氧化锆制成,而且在其内外两侧已制备出了多孔铂电极;与内电极相连的铂引线通过可软化的玻璃垫圈引出。测试单元内部的氧活度可通过测量由测试单元内外氧活度差所致的 EMF 值来确定。如果测试结果可以重复,就证明整个测试单元的气密性没有问题。在使用大块样品以尽量减小测试单元内气体体积的条件下,据估计,当温度改变后,为重新建立样品内外氧平衡,由进出样品氧所致的缺陷浓度变化将不足原值的 1%。所测样品中特意掺入了高浓度的受主元素以使样品中缺陷含量最大化,具体实验结果如图14.8 所示(Ma,1995)。

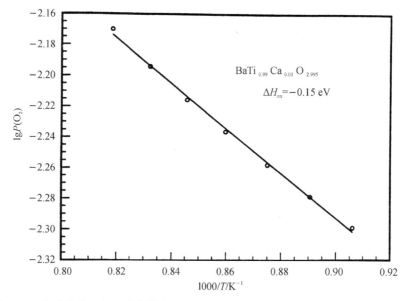

图 14.8 缺陷浓度一定的受主掺杂 $BaTiO_3$ 中平衡氧活度随温度变化的阿伦尼乌斯图

[基于马(Ma)1995 年的研究结果重绘]

该阿伦尼乌斯图中实验点呈线性变化,表明该 $BaTiO_3$ 样品 ΔH_{ox} 的值为 -0.15 eV(-14 kJ/mol)。结合 ΔH_P,可求出受主能级深度为 0.54 eV(52 kJ/mol)。其值略小于表 14.1 中给出的计算值。样品来源和其中受主元素的种类不同时,受主能级的水平也会随之改变。相同实验条件下测定的 $SrTiO_3$ 和 $CaTiO_3$ 中的受主能级深度分别为 0.69 eV 和 1.22 eV(66 kJ/mol 和 117 kJ/mol)。

将束缚空穴浓度引入缺陷模型对其应用有重要作用。如果样品中没有束缚空穴,则该模型就可由图 14.5 表示;而且淬火样品的电导率水平就会在平衡氧活度经过最小电导率对应值后发生变化。处于 n 型电导区的样品在淬火后应可以导电,而那些在 p 型电导区的样品在淬火后应为绝缘状态。如果大部分空穴处于束缚状态,如图 14.6 所示,上述平衡态下的转变将在电子型缺陷(大部分处于自由状态)浓度与空穴(大部分处于被束缚状态)浓度相等时发生。转变发生时的平衡氧活度的值应远小于电导率取得极小值处的氧活度。在上述转变过程中,缺陷浓度的变化具体如图 14.9 所示。

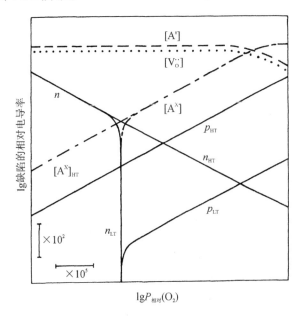

图 14.9 无掺杂和受主掺杂 $BaTiO_3$ 在高温平衡态和低温淬火态下缺陷(包括束缚空穴)浓度变化的克罗格-明克图
[经美国陶瓷学会授权,基于瓦泽(Waser)1991 年的研究结果重绘]

图中包括了高温(HT)平衡态和低温(LT)淬火态下样品中电子和空穴浓度的变化(Waser,1991)。上述结果可由不同平衡氧活度下淬火样品的平衡电导率测试结果进一步证实(Dong 等,1994)。其中,低温电导率采用交流阻抗分析法测定。这种方法可将样品的体电导率与电极接触面和晶界的影响区分开来,结果如图 14.10 所示。

被测样品在高 $P(O_2)$ 下达到平衡状态时,其低温电导率与 $P(O_2)^{1/4}$ 成正比,相应的激活能在 0.6 eV(58 kJ/mol)左右。由于该激活能与先前确定的受主杂质的离子化能 0.54 eV(52 kJ/mol)非常接近,上述两个结果可被看作是空穴型电导时的典型结果。在氧活度的中间范围内,电导率不再因 $P(O_2)$ 的变化而改变,相应的激活能为 1 eV(约 100 kJ/mol)。这是样品中氧空位为主要载流子的离子型

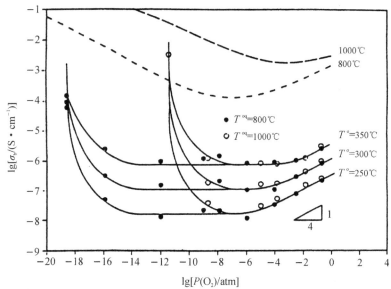

图 14.10　无掺杂 $BaTiO_3$ 在 800℃ 和 1000℃ 平衡态和在上述温度淬火后在 250℃、300℃ 和 350℃ 条件下测定的电导率随氧活度的变化

［经编辑授权，基于东（Dong）等 1994 年的研究结果重绘］

电导的典型特征（后续内容将对此作进一步讨论）。最后，在低 $P(O_2)$ 区，电导率又突然上升，该区域相当于向高度还原区转变的过渡区。为了进行对比，图中还给出了各平衡温度下的平衡电导率。从中可以看出，在一定平衡 $P(O_2)$ 条件下，低温电导率的转变值要远低于平衡电导率的极小值。

在低 $P(O_2)$ 区，样品电导率发生转变的具体位置为在 $BaTiO_3$ 基多层电容器生产过程中用更便宜的 Ni 电极取代常用的 Pd-Ag 电极提供了可能。当通过受主掺杂使电导率转变点尽可能向低 $P(O_2)$ 方向移动后，就可在足以维持 Ni 电极不被氧化的还原性气氛中通过烧结制备出仍保持足够绝缘特性的 $BaTiO_3$ 基多层电容器。在实际生产过程中，不可能让电导率的转变点与电导率的最小值重合。主要原因是用以制备 Ni 电极的条件必然导致导电 $BaTiO_3$ 薄层的形成。对于大体积电容器生产，Ni 作为内电极材料就意味着生产成本的大幅降低；而且，降低的幅度高于在烧结中控制氧活度所需增加的成本。下一小节中，将讨论能够让电导率转变点向低 $P(O_2)$ 区移动的受主掺杂。

14.5　受主掺杂的 $BaTiO_3$

由于无掺杂 $BaTiO_3$ 的性质已经表明其中已经存在着过剩的受主掺杂，这里讨论的受主掺杂实质上就是对无掺杂 $BaTiO_3$ 性质讨论的一个延伸。在近化学计量比区，$BaTiO_3$ 中电子和空穴浓度表达式分别如式(14.14)和式(14.15)所示。对两式的进一步分析表明，受主掺杂浓度的升高将提升空穴的浓度，同时减少电子的浓度，相应改变量与受主杂质的净过剩量的平方根成正比。这将导致电导率的极小值向低氧活度一侧移动。移动量的大小可由电子浓度和空穴浓度的表达式相等时的氧活度 $P(O_2)^0$ 来定量表示，具体如下所示：

$$P(O_2)^0 \approx \frac{4K_n}{K_p[A']^2} \tag{14.24}$$

电导率极小值与上述 $n=p$ 表达式的差异仅为迁移率比。它仅能对最终结果在一个相对范围内作出修正。所以，上面的表达式就表明电导率最小值将随着受主杂质的净过剩量平方的增加而向低 $P(O_2)$ 区移动，其具体变化情况如图 14.11 所示。

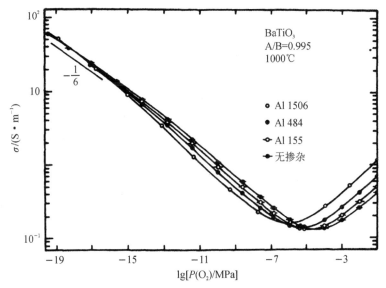

图 14.11 1000℃条件下，无掺杂和 Al^{3+} 掺杂的 $BaTiO_3$ 平衡电导率随氧活度的变化，取代 Ti^{4+} 离子的 Al^{3+} 离子浓度以 ppm 表示
（经美国陶瓷学会授权，基于陈等 1982 年的研究结果重绘）

图中给出了摩尔分数为 0～0.15% 的 Al^{3+} 取代 Ti^{4+} 的 $BaTiO_3$ 样品平衡电导率随氧活度的变化(Chan 等，1982)。图中所示规律与预期相符。所有样品的平衡电导率在 $P(O_2)$ 很低时交汇在一起。氧不足的量在这里超过了受主杂质的含量，电荷中性条件表达式也变回到如式(14.5)所示的形式。这里需要注意，如图 14.3 及图 14.4 所示，还原反应和氧化反应质量作用常数的阿伦尼乌斯图表明质量作用常数与杂质含量变化无关，表现出理想的热动力学特征。

如前节内容所示,当以受主掺杂的 $BaTiO_3$ 为原料时,可以用 Ni 取代更加昂贵的 Pd-Ag 作内电极来生产多层电容器。这需要将材料的绝缘-导电转变点向低 $P(O_2)$ 侧移动,从而使器件能够在一定的还原性气氛中烧结,使 Ni 电极不被氧化,同时也能保证其中的介电材料具有足够的绝缘特性。也如前所述,电导率的转变点由大部分为自由的电子型缺陷浓度与大部分处于束缚状态的空穴浓度相等处的 $P(O_2)$ 值来决定。令式(14.15)与式(14.22)相等,可求出这个特定的氧活度值 $P(O_2)^t$ 为

$$P(O_2)^t \approx \frac{4K_n}{K_{ox}[A']^4} \tag{14.25}$$

上式与式(14.24)的对比表明,受主浓度对电导率转变点的位置影响明显强于对电导率极小值的影响。如图14.10所示,电导率的转变点处的平衡 $P(O_2)$ 值要远低于电导率极小值的对应值。

日本京都的村田(Murata)生产公司最早实现了以碱金属(如Ni)为内电极的多层电容器的生产(Sakabe 等,1987)。村田公司是世界最大的金属电容器生产商。在碱金属内电极金属电容器的生产过程中,该公司使用了含有 Ca^{2+} 的介电组分。该组分可简单表示为 $[(Ba_{1-x}Ca_x)O]_m TiO_2$。当组分中含有足够的 Ca 离子且 $m > 1$ 时,就可保证该材料在还原性气氛中烧结时具有所需的绝缘特性。在当时众所周知,在 $BaTiO_3$-$CaTiO_3$ 固溶体体系中,Ca^{2+} 在钙钛矿结构 A 位对 Ba^{2+} 离子的取代基本上不影响材料的居里温度(铁电相-顺电相的转变温度)。当时,笔者实验室的研究结果表明当 Ba+Ca 的含量超过 Ti 时,部分 Ca^{2+} 离子可被引入 B 位取代 Ti^{4+} 离子,从而起到受主掺杂(Ca''_{Ti})作用(Han 等,1987)。具体反应如下式所示:

$$CaO \xrightarrow{(TiO_2)} Ca''_{Ti} + O_O + V_O^{\cdot\cdot} \tag{14.26}$$

该反应还能引起居里温度的降低。这个结果反过来也证明了并不是所有的 Ca^{2+} 离子均处于 A 位。如果该组分的材料中有足够的空间,Ca^{2+} 当然趋向于占据钙钛矿晶胞中的 A 位;但是,如果 A 位已经处于过饱和状态,Ca^{2+} 将被迫占据最高达 2% 的 B 位格点。所以,Ca^{2+} 可成为一种非常有效的受主掺杂,将材料的电导率转变点推移到非常低的 $P(O_2)$ 范围内。图14.12展示了对电导率极小值的影响:1000 ℃时,Ca^{2+} 取代 Ba^{2+} 的两个样品和 Ca^{2+} 以均等概率进入 $BaTiO_3$ A 位和 B 位的两个样品平衡电导率的变化结果。在后一组样品中,进入 A 位 Ca^{2+} 数目等于进入 B 位 Ca^{2+} 的数目,从而保证 $BaTiO_3$ 钙钛矿晶胞的完整性。占据 B 位的 Ca^{2+} 离子起受主掺杂作用。随后,对电导率极小值及其形状的讨论与下一小节中的不同。图14.13给出了在空气中及一种氧分压为 2×10^{-12} MPa(2×10^{-11} atm)的还原性气氛中烧结的不同样品室温电阻率随大半径阳离子与小半径阳离子之比 m 的变

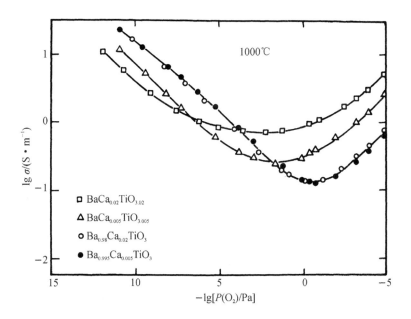

图 14.12 1000℃条件下 Ca 掺杂的 $BaTiO_3$ 平衡电导率随氧活度的变化。图中对比了 Ca^{2+} 摩尔分数分别为 0.5% 和 2% 时的不同影响。其一,取代 Ba^{2+}(用空心及实心的圆表示);其二,进入 $BaTiO_3$ 的化学计量比组分(用三角和方块表示)。在第二种情形的样品中,Ca^{2+} 显然非常平均地对 Ba^{2+} 和 Ti^{4+} 进行了取代

[经美国陶瓷学会授权,基于汉(Han)等 1987 年的研究结果重绘]

化(Sakabe 等,1987)。无论 m 为何值,在空气中烧结样品总表现出高电阻率;然而,当在还原性气氛中烧结时,只有含有 Ca^{2+} 离子且 $m>1$ 的样品才具有高电阻率。满足此要求的样品可在远低于 Ni-NiO 平衡蒸汽压的还原气氛中烧结后,仍能保证所获得的介电材料电导率位于电导率转变点的绝缘侧。此特点最终确保 Ni 电极可用于多层陶瓷电容器的生产。缺陷化学在此的灵活应用大幅降低了大电容器的材料成本。固溶于 B 位的 Ca^{2+} 也达到了令人意想不到的高浓度:将近 2%。它的有效电荷数仅为 2,小于 Ti^{4+} 离子;但其尺寸更大。另一方面,Al^{3+} 离子的有效电荷数仅比 Ti^{4+} 离子少 1,而且尺寸相近,但其在 $BaTiO_3$ 中的固溶度比 Ca 离子的低十多倍。目前,对此还没有明确的解释。我们也没有发现尺寸更大的 Sr^{2+} 离子可以固溶入 $BaTiO_3$ 晶胞的 B 位。Ca^{2+} 离子就成为碱土元素钛酸盐中的过渡型阳离子。其中,$SrTiO_3$ 和 $BaTiO_3$ 具有理想的钙钛矿结构;尺寸更小的 Ca^{2+} 已经不适合总处于 12 配位的 A 位,$CaTiO_3$(名义上的钙钛矿)的晶体结构实际上稍稍偏离了理想的立方结构。如果是尺寸更小的 Mg^{2+} 离子,相应的钛酸盐 $MgTiO_3$ 具有钛铁矿(ilmenite);其中的两种阳离子均具有 6 配位。

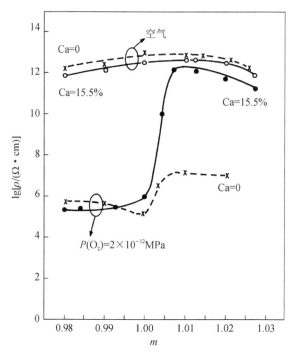

图 14.13　$[(Ba_{1-x}Ca_x)O]_m TiO_2$ 陶瓷室温电阻率随 m 的变化。$x=0$ 样品：分别在空气和 2×10^{-12} MPa(2×10^{-11} atm)氧活度中烧结(用叉号表示)。$x=0.155$ 样品：分别在以上两种氧活度条件下烧结(用空心及实心圆表示)；当在还原性气氛烧结时，仅 Ca 掺杂且 $m>1$ 的样品表现出了高电阻率

[经美国陶瓷学会授权，基于坂部(Sakabe)等 1987 年的研究结果重绘]

14.6　$BaTiO_3$ 中的离子电导

过去，曾有研究指出 $BaTiO_3$ 中存在一定程度的离子电导。然而，对这一现象的深入研究是在过去 10 年中完成的。最近，又有研究者尝试着通过拟合为如图 14.2 所示的 $BaTiO_3$ 平衡电导率变化曲线寻找合适的质量作用方程。除了在电导率的极小值附近，上述工作可被认为是非常成功的。与理想电子型电导材料相比，实验中观察到的电导率极小值更高，曲线的形状也不像理想的那样"尖"。之间的差别表明样品的电导率已经超过了纯粹电子电导可达到的水平；其电导率的阿伦尼乌斯图成线性规律变化，以此为基础的计算的激活能为 1.1 eV(106 kJ/mol)；随着 $BaTiO_3$ 中受主掺杂浓度的增加，上述差异也随之增大(Chan 等，1982)。例如，图 14.11 表明随着受主杂质含量的提高，电导率的极小值也随之增加。曾有研究者指出，产生这种现象的原因与样品中非本征氧空位所致离子电导有关。上述实验中确定的激活能也恰好与钙钛矿结构中氧空位的迁移率相符。随后，又有研

究者对上面的方法进行了讨论与补充(Chang 等,1988)。相关研究者认为,总电导率应是电子、空穴和可迁移离子电导率的和:

$$\sigma_T = \sigma_n + \sigma_p + \sigma_i \tag{14.27}$$

在电导率极小值的高 $P(O_2)$ 侧,电子电导可被忽略,总电导率可由下式近似表示:

$$\sigma_T \approx \sigma_i + \sigma_p^0 P(O_2)^{1/4} \tag{14.28}$$

其中,σ_p^0 是氧活度为 1 atm 时空穴的电导率。类似地,在电导率极小值的低 $P(O_2)$ 侧,空穴电导可被忽略,总电导率可由下式近似表示为

$$\sigma_T \approx \sigma_i + \sigma_n^0 P(O_2)^{-1/4} \tag{14.29}$$

因此,在电导率极小值的高 $P(O_2)$ 侧,总电导率随 $P(O_2)^{1/4}$ 的变化就给出一条直线,其相应的斜率为 σ_p^0,截距为 σ_i。同理,在电导率极小值的低 $P(O_2)$ 侧,总电导率随 $P(O_2)^{-1/4}$ 的变化可以给出一条斜率为 σ_n^0、截距同样为 σ_i 的直线。换言之,基于电导率极小值两侧数据作出的两幅示图具有相同的截距。这也就意味着 $BaTiO_3$ 中的离子电导不随 $P(O_2)$ 的变化而变化。上述讨论所涉及的示图如图14.14所示。

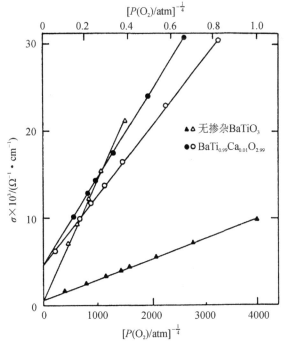

图 14.14 电导率极小值的高氧活度区(实心符号、上横坐标)和低氧活度区(空心符号、下横坐标)中,无掺杂 $BaTiO_3$(三角符号)和 $BaTi_{0.99}Ca_{0.01}O_{2.99}$(圆圈符号)样品总电导率随 $P(O_2)^{-1/4}$ 的变化

[经美国陶瓷学会授权,基于章(Chang)等1988年的研究结果重绘]

图中给出了无掺杂和受主掺杂样品的变化曲线，结果与理论预期的一致。以 $SrTiO_3$ 和 $CaTiO_3$ 为对象的研究也给出了类似的结果。在近化学计量比区中的任意 $P(O_2)$ 条件下，基于上述方法获得的离子电导率除以总电导率就可以给出该条件下的输运数(transport number)。无掺杂 $BaTiO_3$ 样品输运数随 $P(O_2)$ 的变化如图 14.15 所示。

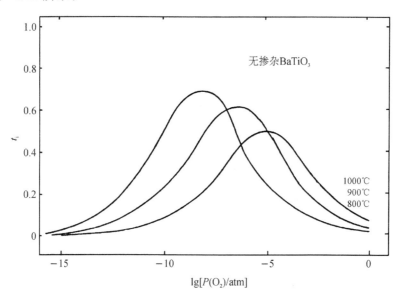

图 14.15　800℃、900℃ 和 1000℃ 下 $BaTi_{0.99}Ca_{0.01}O_{2.99}$ 样品中离子输运数随氧活度的变化
（经电化学学会授权，基于章等 1988 年的研究结果重绘）

图 14.15 结果显示，对于无掺杂的样品，输运数可大于 0.6；对于受主掺杂的样品，输运数最高可达 0.9。为验证上述解释的有效性，测量了以所涉及样品为主要组成的氧浓度电池的 EMF 电势值。测量过程中，需在保持样品的一侧的氧活度为 1 atm 的同时让另一侧的 $P(O_2)$ 变化，结果如图 14.16 所示。图 14.16 表明相关实验的实测值与通过电导率最小值附近曲率的去卷积处理所得计算值吻合得很好。读者在这里需要注意，后一种方法可同时给出输运数和离子电导的绝对值；而相对更复杂的氧浓度电池测试技术只能测出输运数。在某些研究中（如在陶瓷电容器中对漏电流电阻老化现象的分析），须确定离子电导率的绝对值。这就要求无论采用什么方法，都必须测出样品的总平衡电导率。以上两种方法在 $LiNbO_3$ 的研究中显示出了很好的一致性。

如前节所述，取代 Ti^{4+} 的 Ca^{2+} 离子是一种非常有效的受主掺杂。图 14.17 给出了采用两种不同方法制备的 Ca 掺杂 $BaTiO_3$ 样品的平衡电导率随氧活度的变

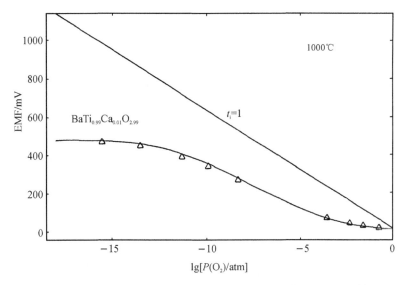

图 14.16　以 $BaTi_{0.99}Ca_{0.01}O_{2.99}$ 陶瓷为核心的氧浓度电池（三角符号）EMF 值与基于理论电导率推导离子输运数的预测值（直线）的比较。该氧浓度电池中，样品一侧的氧活度值保持在 1 atm 不变。与此同时，另一侧氧活度的变化如图中横坐标所示

（经电化学学会授权，基于章等 1988 年研究结果重绘）

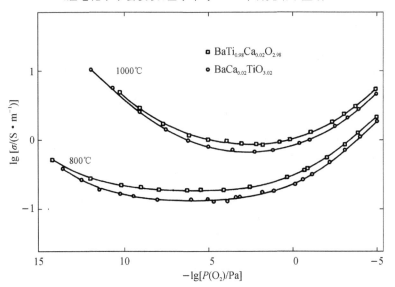

图 14.17　高浓度 Ca 掺杂 $BaTiO_3$ 样品的平衡电导率随氧活度的变化。图中高而平的极小值区是由于高比例的离子电导贡献所致

（经美国陶瓷学会授权，基于汉等 1987 年的研究结果重绘）

化：一种样品是用 2% 的 CaO 取代 TiO_2；另一种是将 2% 的 CaO 掺入 $BaTiO_3$。电导率的极小值区域高而平，表明其中有很高比例的离子电导贡献，特别是在低测试温度条件下。离子输运数随温度的降低逐渐升高。其中的主要原因是由于离子电导率的降低，其相应的激活能为 1 eV(约 100 kJ/mol)左右。这同时也是氧空穴的迁移激活能。而在极小值附近区域的电子型电导已经减少至 $E_g^0/2=1.7$ eV(164 kJ/mol)。需要注意，在如图 14.15 所示的电导率极小值两侧区域中，输运数随温度的变化趋势恰好相反。这主要是因为离子电导随温度的下降比 p 型电导快，但比 n 型电导慢；n 型电导的激活能也更高。

14.7 施主掺杂的 $BaTiO_3$

在 $BaTiO_3$ 缺陷化学研究中，施主掺杂的作用直到最近才被揭示。例如 La^{3+} 等大半径的三价离子取代 Ba^{2+}，或尺寸稍小的 Nb^{5+}、W^{6+} 等五价、六价离子取代 Ti^{4+} 后均会非常明确地起施主掺杂作用。然而，各种离子的电荷补偿方式却各不相同。当施主掺杂量达到一种原子摩尔数的百分之零点几时，施主氧化物中的过剩氧就会被失去，即便是这种材料在氧化性气氛中达到平衡，相应的补偿方式也为电子。

$$La_2O_3 \xrightarrow{(2BaO)} 2La_{Ba}^{\cdot} + 2O_O + \frac{1}{2}O_2 + 2e' \qquad (14.30)$$

与理论推测一致，其中的施主能级为浅能级，结果导致形成一种深色导电材料。然而，在更高的掺杂量下，过剩的氧可被保留下来，相应的补偿方式将转变为 Ti 离子空位补偿，具体如下式所示：

$$2Nb_2O_3 + BaO \xrightarrow{(4TiO_2)} 4Nb_{Ti}^{\cdot} + Ba_{Ba} + V_{Ti}^{4'} + 11O_O \qquad (14.31)$$

这将导致形成一种浅色的绝缘材料。因此，随着施主掺杂含量的提高，其电学特性会非常突然地由导电转变为绝缘，具体如图 14.18 所示。伴随着这种转变，$BaTiO_3$ 的显微结构也会出现显著变化：当施主掺杂含量小时，该材料由尺寸可达几十微米的大晶粒组成，与无掺杂的 $BaTiO_3$ 非常相似；当掺杂量大时，晶粒的平均尺寸会减小到 1 μm 左右。上述电导率和晶粒尺寸变化间的关系至今还没有完全被揭示。由于施主掺杂量较小时的导电特性并不适用于电容器介电应用的要求，因此，高浓度的 Nb^{5+} 等施主掺杂就经常被用作介电用 $BaTiO_3$ 陶瓷的主要组分。这些施主掺杂的作用可分为两个方面：一方面可将居里点向室温方向降低；另一方面延长器件负载寿命的稳定性。提高稳定性的原因是带正电的施主杂质中心有助于降低同样带正电的氧空位的浓度。这种具有高迁移率的缺陷是器件绝缘特性出现老化的主要原因。

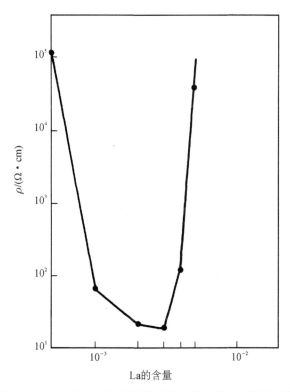

图 14.18　$BaTiO_3$ 室温电阻率随施主掺杂(La)含量的变化
[经爱思唯尔授权,基于琼克(Jonker)1964 年的研究结果重绘]

当含有高浓度施主掺杂的 $BaTiO_3$ 在高还原性气氛中达到平衡时,其中过剩的氧将被失去,电子是其中的主要电荷补偿缺陷。因此,当 Nb^{5+} 等施主杂质的含量很小时,无论是在氧化性气氛还是还原性气氛中处理,均会得到组分为 $BaTi_{1-x}Nb_xe_xO_3$ 的单相材料。当施主掺杂量高时,如果是在还原气氛中处理,就会得到组分为 $BaTi_{1-x}Nb_xe_xO_3$ 的单相材料;如果是氧化性气氛,得到的单相材料的组分就变成 $BaTi_{1-5x/4}Nb_xe_xO_3$(Chan 等,1986)。在氧化性气氛烧结的施主浓度高的样品中,钛空位为主要的补偿型缺陷。对于这一事实,可通过检验何种组分能获得单相材料来证实。如果样品的组分不能保证其中形成相当数量的 Ti 空位,该样品就会通过自主调整析出一定数量的第二相。在最后的两种平衡条件间转换过程中,热重分析结果已经证实 $BaTiO_3$ 样品中的氧含量变化的结果与理论预测一致(Eror 和 Smyth,1970)。

少量 Nb^{5+} 掺杂 $BaTiO_3$ 的平衡电导率随氧活度的变化如图 14.19 所示(Chan 和 Smyth,1984)。在高 $P(O_2)$ 一侧,平台区是所谓电子型缺陷补偿区。在这个区

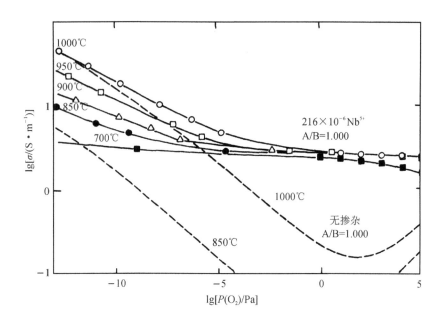

图 14.19 用 $216×10^{-6} Nb^{5+}$ 取代 Ti^{4+} 离子的 $BaTiO_3$ 样品平衡电导率随氧活度的变化

(经美国陶瓷学会授权,基于陈和史密斯等 1984 年的研究结果重绘)

域,温度变化对电导率的影响不大。这表明电子的浓度已经被施主浓度固定,而且温度的变化对电子迁移率的影响也不大。在 $P(O_2)=1$ atm 区域附近,低温测试样品的电导率出现了下降。这表明样品中离子型缺陷补偿已经变得越来越明显,与此同时,电子的浓度出现了相应的下降。在低 $P(O_2)$ 区,失氧成为样品性能的主控因素,施主掺杂样品的性能与无掺杂 $BaTiO_3$ 样品的趋于一致。对于施主(Nb^{5+} 离子)掺杂 $BaTiO_3$ 样品,其缺陷模型可由如图 14.20 所示的克罗格-明克图表示,在 1000℃下的平衡电导率测试结果如图 14.21 所示。在所涉及样品中,Nb^{5+} 的最小掺杂量为 $61×10^{-6}$。此浓度的 Nb^{5+} 离子仅可部分补偿样品中自然存在的受主杂质,所以还不足以让样品最终表现出施主掺杂样品的典型特征。

在电子缺陷补偿区,上述施主掺杂样品达到平衡所需时间远高于无掺杂及受主掺杂样品,实验条件也更加苛刻。样品中平衡时间的延长与施主杂质对氧空位浓度的抑制作用相符。氧空位属于可迁移性缺陷,其迁移过程有助于氧进出晶格的扩散。

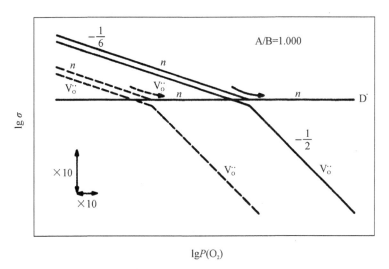

图 14.20　含少量施主掺杂 $BaTiO_3$ 样品的简化克罗格-明克图
(经美国陶瓷学会授权,基于陈和史密斯 1984 年的研究结果重绘)

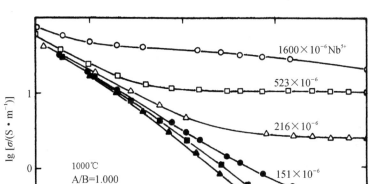

图 14.21　不同含量施主掺杂 $BaTiO_3$ 样品平衡电导率随氧活度的变化。以 $ppm(10^{-6})$ 表示 Nb^{5+} 对 Ti^{4+} 的取代量
(经美国陶瓷学会授权,基于陈和史密斯 1984 年的研究结果重绘)

14.8 BaTiO₃ 中的三价掺杂

已有内容中已经讨论了 Al^{3+} 作为受主掺杂取代 Ti^{4+} 离子,也讨论了 La^{3+} 作为施主杂质对 Ba^{2+} 离子的置换。掺杂后,A 位或 B 位杂质中心 Al'_{Ti} 或 $La^·_{Ba}$ 的有效电荷均为 1。由于杂质离子与被取代离子的半径很相似,因此,上述置换取得了与理论推测一样的效果。然而,三价离子的尺寸分布范围很广。上面提到的这两种离子只不过是其中的两个典型范例。在元素周期表的第三主族中由上至下,三价离子的半径一直可以从 Al^{3+} 的 0.0535 nm 和 Sc^{3+} 的 0.0745 nm,增长至 Y^{3+} 的 0.0900 nm 和 La^{3+} 的 0.1032 nm。稀土元素更是给出了半径可在 La^{3+} 的 0.1032 nm 和 Lu^{3+} 的 0.0861 nm 之间作精细调整的一系列阳离子。(三价稀土的半径随着原子序数增加,4f 电子层逐渐被充满而减小。4f 层电子不能有效屏蔽随原子序数不断增强的原子核对外层电子的影响,因此,电子云会被进一步地向内牵引。这种现象有时会被称为镧系收缩。)平衡电导率测试结果可被用于评估某种掺杂的作用。如前所述,在受主掺杂的 BaTiO₃ 样品电导率随氧活度的变化图中,存在着典型的 p 型电导区,同时还存在着电导率的极小值;而施主掺杂时,当施主杂质由电子进行补偿时,图中会出现一个接近平台的区域。

图 14.22 给出了 1000℃ 条件下测定的摩尔分数为 0.12% 的不同三价离子掺杂 BaTiO₃ 样品的平衡电导率随氧活度的变化图;所涉及掺杂浓度在样品的电子补偿区范围内(Takada 等,1987)。如图 14.22(a)所示的样品中含有过量 1% 的 TiO_2,而在图 14.22(b)所涉及样品中,BaO 过量 1%。显然,随着三价掺杂离子的半径由最小的 Yb^{3+}(0.0868 nm)升高到最大的 Nd^{3+}(0.0983 nm),样品电导率随氧活度的变化由典型受主掺杂样品型逐渐转变为典型施主掺杂样品型。同时,在三种样品中,中间尺寸离子占据 A 位和 B 位的比例也随之发生变化。Er^{3+} 离子的半径为 0.0900 nm,是一个非常有趣的过渡型离子。在 TiO_2 过量的样品中,Er^{3+} 离子表现为弱施主作用;而在 BaO 过量的样品,Er^{3+} 离子的作用又转变为弱受主作用。这种过渡型离子在 A、B 两位置上的占位情况会随着样品中原有的 A、B 位离子比(A/B)的变化而改变。由于尺寸相近,Y^{3+} 离子(0.0890 nm)的情况也非常类似。上述两种离子的尺寸大约是 Ba^{2+}(0.135 nm)和 Ti^{4+}(0.0605 nm)离子尺寸的中值。在图 14.22(a)中,短划线是在假定电子迁移率基础上计算的不同 Ba/Ti 比样品电导率的理论预测值。显然,通过对比来确定掺杂离子在样品中的实际占位比确实可行。在上述 TiO_2 过量的样品中,两种尺寸最大的三价阳离子应可能作为纯粹的施主掺杂。在上述结果中,平台区位于理论计算的三价离子 100% 占据 A 位样品电导率变化线之下。造成这种现象的原因很可能是所假设电子迁移率的自有误差。

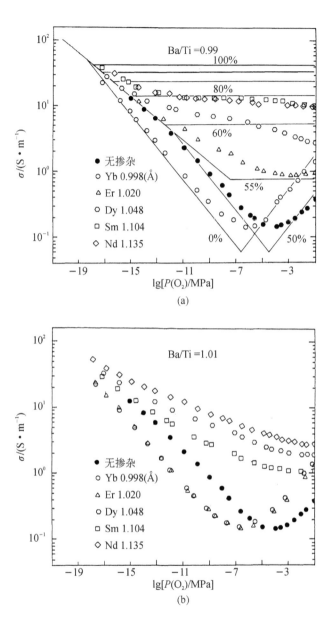

图 14.22 摩尔分数为 0.12% 的不同三价离子掺杂 $BaTiO_3$ 平衡电导率随氧活度的变化。(a) 样品中的 TiO_2 过量 1%。(b) 样品中含有过量 1% 的 BaO

[经美国陶瓷学会授权,基于高田(Takada)等 1987 年的研究结果重绘]

即使在杂质中心所携带有效电荷为+2时，离子半径也可能成为决定杂质影响的主要因素。当 $BaTiO_3$ 中含有其他碱土金属掺杂时：Sr^{2+}（0.118 nm）离子总是倾向于取代 Ba^{2+}；而 Ca^{2+} 离子，如前所述，总是倾向于占据 A 位，但在某些特殊条件下也可以置换 B 位 Ti^{4+} 离子，最高置换量可达 2%；尺寸稍小的 Mg^{2+}（0.0720 nm）主要置换 Ti^{4+} 离子，取代量甚至可达 100%。对此，读者甚至可从如前所述的 $MgTiO_3$ 的晶体结构最终为钛铁矿的事实中估计出来。这种矿物中的两种阳离子均为六配位，而不像钙钛矿结构的 A 位离子的十二配位。

14.9 小结

在 $BaTiO_3$ 中引入施主掺杂时，随着掺杂浓度的升高，其电学特性会突然由半导型转变为绝缘型；而且，掺杂不同时，发生转变具体情况各不相同。除此以外，$BaTiO_3$ 的缺陷化学堪称完美。由于这个体系材料的性质具有显著的多样性（例如，在杂质控制区既可展示出 n 型电导特征，也可成为 p 型半导体；在一定条件下可表现出电导率的极小值；在高度还原性气氛烧结时，这种材料甚至能展现出它的本征属性），$BaTiO_3$ 基陶瓷非常适合用于展现缺陷化学中的各种原则。这种材料除了具有非常广泛的实用性和理论研究价值外，相关研究对其他具有类似组分和结构的化合物也具有参考价值。

参考文献

Chan, H. M., M. P. Harmer, and D. M. Smyth. Compensating defects in highly donor-doped $BaTiO_3$. *J. Am. Ceram. Soc.* 69(6):507–510, 1986.

Chan, N.-H., and D. M. Smyth. Defect chemistry of donor-doped $BaTiO_3$. *J. Am. Ceram. Soc.* 67(4):285–288, 1984.

Chan, N.-H., R. K. Sharma, and D. M. Smyth. Nonstoichiometry in undoped $BaTiO_3$. *J. Am. Ceram. Soc.* 64(9):556–562, 1981.

Chan, N.-H., R. K. Sharma, and D. M. Smyth. Nonstoichiometry in acceptor-doped $BaTiO_3$. *J. Am. Ceram. Soc.* 65(3):167–170, 1982.

Chang, E. K., A. Mehta, and D. M. Smyth. Ionic transport numbers from equilibrium conductivities. In *Proceedings of a Symposium on Electro-Ceramics and Solid-State Devices*, H. L. Tuller and D. M. Smyth, Eds. Pennington, NJ: The Electrochemical Society, 1988, pp. 35–45.

Choi, G. M., and H. L. Tuller. Defect structure and electrical properties of single-crystal $Ba_{0.03}Sr_{0.97}TiO_3$. *J. Am. Ceram. Soc.* 71(4):201–205, 1988.

Dong, C. C., M. V. Raymond, and D. M. Smyth. The insulator-semiconductor transition in perovskite oxides. In *Electroceramics IV*, Vol. I, R. Waser, S. Hoffmann, D. Bonnenberg, and C. Hoffmann, Eds. Aachen: Augustinus Buchhandlung, 1994, pp. 47–52.

Eror, N. G., and D. M. Smyth. Oxygen nonstoichiometry of donor-doped $BaTiO_3$ and TiO_2. In *The Chemistry of Extended Defects in Non-Metallic Solids*, L. Eyring and M. O'Keeffe, Eds. Amsterdam: North-Holland, 1970, pp. 62–74.

Eror, N. G., and D. M. Smyth. Nonstoichiometric disorder in single-crystalline $BaTiO_3$ at elevated temperatures. *J. Solid State Chem.* 24:235–244, 1978.

Han, Y. H., J. B. Appleby, and D. M. Smyth. Calcium as an acceptor impurity in $BaTiO_3$. *J. Am. Ceram. Soc.* 70(2):96–100, 1987.

Ihrig, H. On the polaron nature of the charge transport in $BaTiO_3$. *J. Phys. C.* 9(18):3469–3474, 1976.

Jonker, G. H. Some aspects of semiconducting barium titanate. *Solid-State Electron.* 7:895–903, 1964.

Lewis, G. V., and C. R. A. Catlow. Computer modeling of barium titanate. *Radiat. Eff.* 73:307–314, 1983.

Ma, F. Oxidation enthalpy measurements for acceptor-doped perovskite materials. M.S. thesis, Lehigh University, Bethlehem, PA, 1995.

Moulson, A. J., and J. M. Herbert. *Electroceramics, Materials, Properties, and Applications.* London: Chapman & Hall, 1990.

Raymond, M. V., and D. M. Smyth. Defect chemistry and transport properties of $Pb(Zr_{1/2}Ti_{1/2})O_3$. *Integrated Ferroelectr.* 4:145–154, 1994.

Sakabe, Y, T. Takagi, K. Wakino, and D. M. Smyth. Dielectric materials for base-metal multilayer ceramic capacitors. *Ad. Ceram.* 19:103–115, 1987.

Schmalzried, H. Point defects in ternary ionic compounds. *Prog. Solid State Chem.* 2:265–303, 1965.

Seuter, A. M. J. H. Defect chemistry and electrical transport properties of barium titanate. *Philips Res. Rep. Suppl..* 3:1–84, 1974.

Smyth, D. M. Thermodynamic characterization of ternary compounds. I. The case of negligible defect association. *J. Solid State Chem.* 16:73–81, 1976.

Smyth, D. M. Thermodynamic characterization of ternary compounds. II. The case of extensive defect association. *J. Solid State Chem.* 20:359–364, 1977.

Smyth, D. M. Oxidative nonstoichiometry in perovskite oxides. In *Properties and Applications of Perovskite-Type Oxides*, L. G. Tejuca and J. L. G. Fierro, Eds. New York: Marcel Dekker, 1993.

Takada, K., E. Chang, and D. M. Smyth. Rare earth additions to $BaTiO_3$. *Adv. Ceram.* 19:147–152, 1987.

Waser, R. Bulk conductivity and defect chemistry of acceptor-doped strontium titanate in the quenched state. *J. Am. Ceram. Soc.* 74:1934–1940, 1991.

第 15 章

有序和无序

到目前为止,本书讨论了单独的晶格缺陷,以及通常由两个带相反电荷缺陷组成的缺陷复合体。目前,已经有非常令人信服的实验证据证明,在一些材料体系中存在着结构更为复杂的缺陷团簇,而且它们的浓度还可以达到很高。非化学计量比的 FeO 和 UO_2 就是这方面的典范。此外,随着材料结构分析设备变得更加复杂、敏感,不断有前所未见的现象被研究者揭示。在 20 世纪 50 年代,瑞士的马格涅利(Magnéli)和澳大利亚的沃兹利(Wadsley)开始采用进一步改进的 X 射线衍射技术研究非化学计量比的 TiO_2(Andersson 等,1957)和 Cr_2O_3-TiO_2、Nb_2O_5-TiO_2(Wadsley,1955;Andersson 等,1959)等固溶体材料体系的系列结构变化。此类结构变化如图 15.1 所示。

该图以二维投影方式给出了失去了少量氧原子的、由共角方式连接八面体组成的 ReO_3 型晶体的网络结构。图的左侧示出了有序排列的氧空位。当空位线左右两侧的块状结构通过所谓的"晶体学切变"(crystallographic shear)方式相对移动后,氧空位消失。取而代之的是如图右侧所示的阳离子富集面,也即所谓的剪切面。这样,点缺陷就由结构的周期性调整所取代。这里需要注意,剪切面两侧的阳离子相对于彼此均可作为间隙阳离子。在 TiO_2 中,一个剪切面相当于横贯金红石晶格的一个 NiAs 结构层(详见第 2 章)。在理想条件下,剪切面间的距离相等,会导致 X 射线衍射结果出现附加低角度线条。随着变价杂质含量或材料自身非化学计量比的提高,剪切面间的距离减小。这将导致形成一系列组分和结构类似的异构体,例如 $Ti_{n-2}Cr_2O_{2n-1}$ 和 Ti_nO_{2n-1}(Anderson 等,1959)。随着 n 值提高,所得晶体结构就越倾向于基础结构。这里的基础结构就是 TiO_2 所具有的金红石结构。在早期研究中,研究者仅在一些 n 值较小(也就是说 $n<10$ 或 $TiO_{1.9}$)的材料中观察到了此类有序结构。这种情况相当于材料中存在着高浓度的变价杂质或其组分中存在着严重的非化学计量比。因此,上述研究结果对经典缺陷化学家并不构成严重威胁。这主要是由于当杂质浓度在很小到中等的范围内时,晶体结构

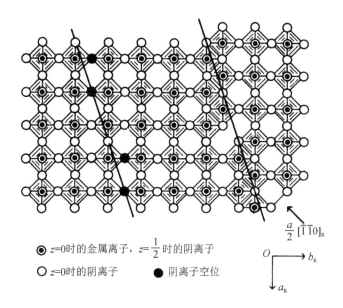

⊙ $z=0$ 时的金属离子，$z=\frac{1}{2}$ 时的阴离子
○ $z=0$ 时的阴离子   ● 阴离子空位

图 15.1　以共角方式形成的 ReO_3 八面体三维网络中的一个晶面。图中左侧以实心圆表示的是氧空位；在图的右侧，部分晶体沿箭头方向的剪切运动不但消除了氧空位，同时还形成了富集金属阳离子的剪切面

[经海德(Hyde)和布尔西尔(Bursill)授权，基于授权人研究的结果重绘]

中总存在足够的空间来容纳随机分布的点缺陷。研究者曾认为，在达到某饱和值前，单独分布的缺陷是材料中的主要缺陷；此后，就会形成将材料基础结构分割成若干块状或板状微区的剪切面；在每个微区中，单独分布的缺陷达到饱和。

随着透射电子显微镜中的晶格成像技术的进步，缺陷化学家越来越解释不清楚上述缺陷饱和现象。现在，研究者已经可以直接对剪切面成像，就像图 15.2 所示的 $(Ti,Fe)O_{1.80}$ 中的那样（Bursill，1974）。更为重要的是，研究者也可以像图 15.3 中所示的对轻度还原的金红石样品的观察结果那样，对任意样品中存在少量掺杂、轻度非化学计量比的微区，或有序面簇，甚至是单独的剪切平面进行直接成像（Hyde 和 Bursill，1970）。由于该研究中所涉及的样品是直接从平衡温度进行冷却，因此，在冷却过程中，样品可能形成一些有序结构，从而不能代表样品在高温下所具有的平衡态结构。然而，上述冷却后结构的有序程度却随着在高温平衡温度下退火时间的延长而增加，这就说明这种有序结构在高温下也能稳定存在。而且，样品内部似乎存在着容纳更多变价杂质和组分上的非化学计量比间的竞争。这种竞争可通过调整单独缺陷和简单缺陷复合体的分布来实现，也可被认为是通过缺陷在某个晶面上有序排列的结构调整来完成。上述结构层面上的竞争逐渐演化成使用不同结构分析手段的研究者间的竞争。一位在此方面具有极高声望的学者甚至宣称"所有基于点缺陷理论和简单 $P^{-1/n}$ 规律对研究结果的分析均是无意义的"。显然,笔者在这里不同意这种极端观点。

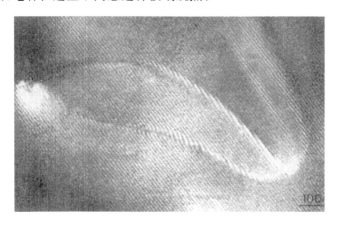

图 15.2 (Ti,Fe)$O_{1.80}$ 的 TEM 照片,重点显示间距为 0.98 nm 的剪切晶面形成的微区
(基于布尔西尔 1974 年的研究结果重绘)

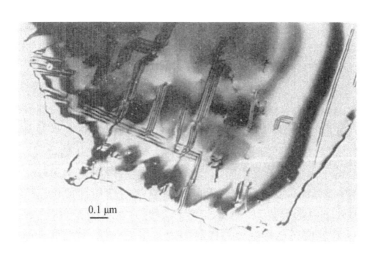

图 15.3 轻度还原 TiO_2 中的低密度剪切面。样品从 1343℃ 在 H_2-H_2O 混合气体中冷却
(经海德和布尔西尔授权,基于授权人的研究结果重绘)

卡特洛(Catlow)的理论计算结果可以诠释上述竞争(Catlow,1979)。他计算了点缺陷随机分布能量,也计算了在刚性晶格中形成剪切晶面超晶格有序结构所需的能量。二者的对比结果显示点缺陷随机分布总是占有优势。然而,如果允许剪切晶面周围的晶格出现弛豫且弛豫量较大时,对比结果就会倾向于形成上述有序结构。晶格出现弛豫能力的大小与其自身的极化能力有关,材料的介电常数是衡量材料自身极化特性的量度。因此,如果基体材料具有高介电常数(低频条件

下),则这种材料中超晶格有序结构就比点缺陷的随机均匀分布更容易形成。这与所观察到的有序结构主要分布在钛酸盐、铌酸盐和钨酸盐中的实际研究结果相符。当然,也有一些有着深厚缺陷化学研究基础的材料体系与经典点缺陷随机分布缺陷化学理论形式相符;而且,如前面章节所述,这一结论有着非常好的热动力学理论基础。因此,这就在根本上形成了两个领域的竞争:显微分析人员认为他们可以理解所观察到图像的含义;缺陷化学家们则认为他们知道自己的测量结果意味着什么。这里需要注意,无论以何种方式引入,每个氧原子离子晶体后均会留下两个电子;而每个进入晶体的氧原子必须得到两个电子后才能成为氧离子,因此就形成两个空穴。所以,电导率测试在预测点缺陷在晶体中的存在方式方面就不是十分敏感。此外,还存在一种似是而非的情况:高介电常数在一方面会促使缺陷形成具有周期性的结构;在另一方面,它又会因为减小带异种电荷缺陷间的静电引力而减少形成缺陷复合体和缺陷联合体的概率。

在采用透射电子显微镜认真研究 $x<0.003$、轻度还原 TiO_{2-x} 的过程中,布朗尚(Blanchin)等(1980)在 1100℃ 淬火样品中没有观察到剪切面的存在,而在从相同温度缓冷和淬火后低温回火的样品中观察到了剪切面。在研究被还原 TiO_2 过程中,一些同行还揭示了无剪切面相区和含剪切面相区随温度及 O/Ti 比的变化规律。布朗尚等对这些数据也进行了收集整理,具体如图 15.4 所示。所有如图 12.1 所示的成分数据和所有如图 12.2 所示的电导率数据均在 1000℃ 及以上温度下测得。从图 15.4 中可以看出,在该测试温度,组分为 $TiO_{1.99}$ 的样品恰好位于分隔剪切平面区和点缺陷随机分布区的相界上。$TiO_{1.99}$ 是如图 12.1 所示组分中氧

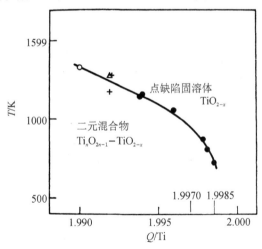

图 15.4 基于若干研究者数据确定的 TiO_{2-x} 相图,主要用于显示由点缺陷固溶体区与剪切平面区形成的边界
[经威利 VCH(SEM)授权,基于布朗尚等 1980 年的研究结果重绘]

不足程度最大的样品。而如图12.2所示电导率的测试条件也没有达到在样品中形成剪切晶面的条件。仅在如图12.5所示的低温区数据条件下,样品中才可能出现一定数量的剪切面。在解释晶格缺陷的随机分布方面,缺陷化学也似乎并非没有用武之地。

15.1 块状结构

"块状结构"是从结构层面消除点缺陷的另外一种方式。这种结构涉及由数个以共角方式连接金属-氧离子八面体形成的八面体列。从截面图上看,每个块区包含一定数目的八面体(例如3×4个八面体或3×3个八面体)。上述八面体在第三维度上可连续拓展,并通常是通过共边方式相互连接。$Ti_2Nb_{10}O_{29}$样品的理想结构如图15.5所示(Iijima,1971)。这相当于Nb_2O_5中有16.7%的Nb^{5+}被Ti^{4+}取代。图中每个块状结构的维度为3×4×无限,在垂直纸面方向扩展过程中通过共边方式与相邻的其他块状结构相连。这种材料的晶格像如图15.6所示。其中的白色区域是如图15.5所示的八面体列间无离子占据的空间。该晶格像上,格间距并不总是严格统一。相同材料从另一方向获得的晶格像(如图15.7所示)表明其中原有的一些3×4八面体列被3×3的八面体列所取代。此外,阳离子在一些块状结构间的间隙位置上也会形成有序排列,这会使块状结构变得更加复杂。

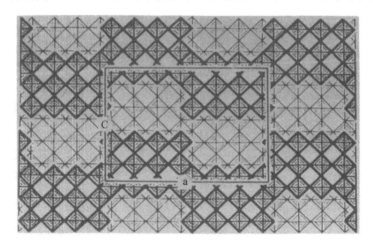

图15.5 $Ti_2Nb_{10}O_{29}$中的理想块状结构:由以共角方式连接的3×4八面体列组成。以共角方式形成的平面间仍以共角方式连接,但块状结构间通过共面方式连接。以浅色表示的八面体比用深色表示的低1/2八面体高度

[经美国陶瓷学会授权,基于饭岛(Iijima)1971年的研究结果重绘]

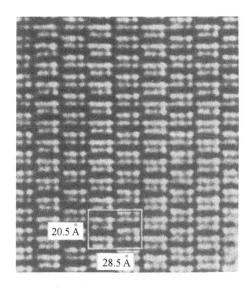

图 15.6 $Ti_2Nb_{10}O_{29}$ 样品的二维晶格像。标出了其中的单胞。图中白色的点相当于如图 15.5 所示的以共角方式连接八面体列间的无离子占据区

(经美国物理联合会授权,基于饭岛 1971 年的研究结果重绘)

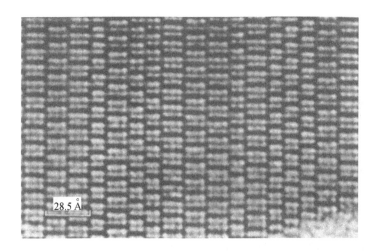

图 15.7 $Ti_2Nb_{10}O_{29}$ 样品的另外一张二维晶格像。显示出其中的一个无序微区:在原有的 3×4 块状微区中,随机插入了一些 3×3 块状微区

(经美国物理联合会授权,基于饭岛 1971 年的研究结果重绘)

通过切变或块状结构的重排来消除结构缺陷的方式多种多样。这直接导致了最终样品组分的多样性。与每种组分的样品对应,就可能存在一种有序结构的排列方式。因此,就出现了用 $MgNb_{14}O_{35}F_2$、$W_8Nb_{18}O_{69}$,甚至是 $Ti_6Mo_{19}Nb_{144}O_{429}$

等特殊组分来定义某种特定结构名称的现象。达隆(Dalon)[①]啊！不必这样吧！

15.2 小结

显然，一些化合物，特别是那些具有高介电常数的化合物，可以通过周期性结构调整，而不是通过点缺陷的随机分布来接纳变价杂质或形成一定程度的非化学计量比。这里的问题是：对于某种特定的结构，点缺陷在其中达到饱和的浓度是多少？图15.4给出了一个材料体系中的一些证据，并表明点缺陷具有一定程度的形成空间，特别是在高温条件下。对此，其他材料体系中的系统研究成果也可给出一些证据：一些缺陷模型与不同研究方法确定的精确组分、平衡电导率、塞贝克系数和扩散常数等都非常相符(详细内容主参阅第13章)。在这里特别需要注意，当某晶体中的点缺陷浓度已经达到饱和极限，而且已经通过切变或形成块状结构协调了，并且组分中出现了非化学计量比，其中的阳离子扩散就不大可能与电导率相关。此外，对于无序系统的有序化过程研究，构型熵是一个非常有力的工具。缺陷形成的有序结构也是固态化学研究的重要组成，对此的认识同样重要。它并不会推翻一些非常重要的组分范围内的平衡点缺陷化学研究结果。

参考文献

Andersson, S., B. Collen, U. Kuylenstierna, and A. Magnéli. Phase analysis studies on the titanium–oxygen system. *Acta Chem. Scand.* 11:1641–1652, 1957.

Andersson, S., A. Sundholm, and A. Magnéli. A homologous series of mixed titanium chromium oxides $Ti_{n-2}Cr_2O_{2n-1}$ isomorphous with the series Ti_nO_{2n-1} and V_nO_{2n-1}. *Acta Chem. Scand.* 13:989–997, 1959.

Blanchin, M. G., P. Faisant, C. Picard, M. Ezzo, and G. Fontaine. Transmission electron microscope observations of slightly reduced rutile. *Phys. Stat. Sol.* A60:357–362, 1980.

Bursill, L. A. An electron microscope study of the $FeO-Fe_2O_3-TiO_2$ system and the nature of iron-doped rutile. *J. Solid State Chem.* 10:72–94, 1974.

Catlow, C. R. A. In *Modulated Structures, AIP Conference Proceedings*, No. 53, J. M. Cowley, J. B. Cohen, M. B. Salamon, and B. J. Wuench, Eds. New York: American Institute of Physics, 1979, pp. 149–161.

Hyde, B. G., and L. A. Bursill. Point, line and planar defects in some non-stoichiometric compounds. In *The Chemistry of Extended Defects in Non-Metallic Solids*, L. Eyring and M. O'Keeffe, Eds. Amsterdam, North-Holland, 1970.

Iijima, S. High-resolution electron microscopy of crystal lattice of titanium–niobium oxide. *J. Appl. Phys.* 42 (13):5891–5893, 1971.

Wadsley, A. D. The crystal chemistry of nonstoichiometric compounds. *Rev. Pure Appl. Chem.* 5(3):165–193, 1955.

[①] 英国的一位化学家。

Index*

索 引*

Acceptor states in compounds, 156-160	化合物中的受主态
chemistry and, 156-160	化学
Acceptor states in elemental semiconductors, 149-151	元素半导体的受主态
ionization energies, 151	电离能
$AgBr$, $CdBr_2$	$AgBr$, $CdBr_2$
diagram, conductivity vs. dopant, 109	掺杂与电导关系图
diagram, defects vs. dopant, 108	掺杂与缺陷关系图
experimental data, 110	实验数据
ionic conductivity, 107-112	离子电导
$AgCl$, $CdCl_2$ in, 59-61	$AgCl$, $CdCl_2$
incorporation reactions, 60-61	掺入反应
$AgCl$-$CdCl_2$ system 58-62	$AgCl$-$CdCl_2$ 体系
Aliovalent impurities, 57-58	异价杂质
Alkali halides, radius ratios, 15	碱卤化物，半径比
Ambient, interactions with, 138-140	气氛，相互作用
Antifluorite structure, 12	反萤石结构
Arrhenius plots,	阿伦尼乌斯图
conductivity, 112	电导
defects, 111	缺陷
Associates, 75	缔合物
experimental evidence, 85	实验证据
Frenkel pairs, 88-89	弗伦克尔对
impurities, effect of, 85-89	杂质作用
vacancy pairs, 89-90	空穴对
Band gaps, compounds,	化合物带隙
chemistry, relationship with, 134-137	化学关系
compensating defects, effect on, 141-145	补偿缺陷作用
heat of vaporization, relationship with, 136	与气化热的关系
Band gaps, elemental semiconductors, 131	元素半导体的带隙
$BaTiO_3$ (Barium titanate)	$BaTiO_3$（钛酸钡）
acceptor-doped, 268-271	受主掺杂
Ca-doped, 270-271	Ca 掺杂

* 注：术语后页码为原著页码，与本书边码基本对应。

Ca on B-sites, 270-271	B 位 Ca
conductivity minimum, 268	电导最小值
equilibrium conductivity, 269	平衡电导
acceptor impurities, 256, 259	受主杂质
acceptor levels, 262-268	受主浓度
values, 263-264, 266-267	值
band gap, 261	带隙
Ba/Ti ratio, 255	Ba/Ti 比
Ca-doped, 270-275	Ca 掺杂
for base-metal electrodes, 270	贱金属电极
equilibrium conductivity, 273-275	平衡电导
ionic conductivity, 273, 275	离子电导
conductivity, low temperatures, 266-268	低温电导
constant composition equilibria, 265-266	组分平衡常数
enthalpy, 266	焓
defect concentrations, equilibrium and quenched, 266-267	平衡和淬火后的缺陷浓度
donor-doped, 275-278	施主掺杂的
charge compensation, 275-277	电荷补偿
conductivity, effect on, 276	电导作用
equilibrium conductivity, 277, 279	平衡电导
grain size, effect on, 276	晶粒尺寸作用
Kröger-Vink diagram, 278	克罗格-明克图
donor impurities, 256	施主杂质
donor levels, 262	施主浓度
enthalpy relationships, 261	焓关系
equilibrium conductivity,	平衡电导
acceptor-doped, 268-269	受主掺杂的
donor-doped, 277, 279	施主掺杂的
undoped, 256-262	非掺杂的
hole-trapping, 263-267	空穴捕获
insulating properties, 262-263, 266-268	绝缘性能
ionic conduction, 267-268, 271-275	离子电导
from equilibrium conductivity, 272-274	平衡电导
oxygen concentration cells, 273-274	氧浓度单元
transport numbers, 273-274	输运数目
ionic disorder, intrinsic, 255-256	本征的离子无序
enthalpies, 255	焓
Kröger-Vink diagrams	克罗格-明克图
acceptor-doped, 262	受主掺杂的
donor-doped, 278	施主掺杂的
with trapped holes, 264	捕获空穴
undoped, 262	非掺杂的
mass-action constants, temperature dependence, 260-261	与温度相关的质量作用常数
mobility, electrons, 259-260	电子迁移率
mobility, holes, 260	空穴迁移率
oxidation reaction, 258	氧化反应
enthalpy, 258, 260-261	焓
with trapped holes, 263-268	捕获空穴
predicted defect chemistry, 255-256	预期的缺陷化学
reduction reaction, 257	还原反应
enthalpy, 258, 260	焓
Schottky disorder, 255-256	肖特基无序

quenched-in 256, 259, 261	淬火
sealed-cell techniques, 265-266	密封单元技术
semiconducting, 262, 266	半导体的
trivalent dopants, 278-281	三价掺杂物
Ba/Ti ratio, effect of, 279-281	Ba/Ti 比作用
donor vs. acceptor behavior, 279-280	施主与受主行为关系
equilibrium conductivity, 279-280	平衡电导
ionic radii, effect of, 278-281	离子半径作用
site selection, 279-281	位置选择
Block structures 287-288	结构
Boltzmann distributions, 124-125	玻尔兹曼分布
Bragg condition, 126-128	布喇格条件
CaF_2, CaO in, 63	CaF_2, CaO
CaF_2-CaO system, 62 63	CaF_2-CaO 体系
CaO, CaF_2 in, 62-63	CaO, CaF_2
Carrier concentrations,	载流子浓度
in elemental semiconductors, 150-153	元素半导体
temperature dependence, 152-153	温度相关
$CdCl_2$, AgCl in, 61-62	$CdCl_2$, AgCl
incorporation reactions, 61-62	掺入反应
$CdCl_2$ structure, 12	$CdCl_2$ 结构
Ceramic Capacitors	陶瓷电容器
base-metal electrodes, 254, 267-270	贱金属电极
multiplayer, 253-254	多层
Chemistry and choice of compensating defects 141-145	补偿缺陷化学和选择
Close-packed structures, 6-7	密堆积结构
Cobalt oxide. *See* CoO	氧化钴(见 CoO)
CO-CO_2 mixtures, 220-221	CO-CO_2 混合物
Compensating defects	补偿缺陷
for acceptor impurities, 141	受主杂质
band gap and, 141-145	带隙
chemistry and, 141-145	化学
choice of, 141-145	选择
for donor impurities, 140	施主杂质
enthalpy and, 142-143	焓
summary of, 145	总结
Compensation, of acceptors and donors, 155-156	受主和施主补偿
Complexes, 75	络合物
binding energy, 77	键能
dielectric losses, 79-81	介电损耗
experimental evidence for, 78-82	实验证据
formation of, 76-77	形成
mechanical losses, 81-82	机械损耗
relaxation processes, 78-82	弛豫过程
spectroscopy of, 82	谱分析
thermally stimulated depolarization, 78-79	热刺激退极化
Conduction band, 121-122	导带
Conservation rules, 36-37, 119	守恒定律
CoO	CoO(氧化钴)
acceptor levels, 245	受主浓度
cation vacancies, 242-246	阳离子空位
charge state, 242-245	荷电态
defect interactions, 246-247	缺陷相互作用

deviation from stoichiometry, 241	化学计量比偏离
diffusion, cation, 242-243	阳离子扩散
dipole interactions, 247	偶极子相互作用
enthalpies, 244	焓
equilibrium conductivity, 241-242	平衡电导
Kröger-Vink diagram, 245	克罗格-明克图
mobility, holes, 244	空穴迁移率
Hall, 246	霍尔
n-type, 246	n 型
oxidizability, 239	氧化性
phase field, 240	相场
thermogravimetric analysis, 241	热重分析
Coulometric titration, 247-249	库仑滴定
Crystal-field splitting, 18-19	晶体场分裂
Crystallographic shear, 283-285	晶体学切变
dielectric constant, role of, 285-286	介电常数作用
relaxation, role of, 285-286	弛豫作用
CsCl structure, 14-15	CsCl 结构
Cubic-close-packed, 7-8	立方密堆积
Defect chemistry, definition of, 1	缺陷化学定义
Defect notation, 37-38	缺陷符号
Defects, 2	缺陷
Density of states, 124	态密度
Diffusion,	扩散
Fick's first law, 91-92	菲克第一定律
interstitialcy, 93-94	填隙子
interstitials, 93	填隙
mechanisms, 93-94	机理
vacancies, 93	空位
Diffusion constant, 94-95	扩散常数
Donor states in compounds, 156-160	化合物中的施主态
chemistry and, 156-160	化学
Donor states in elemental semiconductors, 146-152	元素半导体的受主态
ionization energies, 149	电离能
orbital radii, 149	轨道半径
Effective mass, 126-128	有效质量
Eight-coordinate sites, 13-15	八配位位置
Electronic compensation, chemical consequences, 145-146	电子补偿，化学结果
Electronic conductivity, 129-132	电子电导
Electronic disorder, extrinsic, 138-139	非本征电子无序
Electronic disorder, intrinsic, 118	本征电子无序
Energy bands, development of, 118-121	能带演变
in compounds, 133-134	化合物
mass-action, 121-123	质量作用
Enthalpy of formation, correlation with melting temperatures, 30-31	与熔化温度相关的生成焓
Enthalpy units, 30-31	热焓单位
Entropy, configurational, 23-25	形成熵
Equilibration rates, 53	平衡速率
Extrinsic ionic disorder	非本征离子无序
schematic representation, 65-72	示意图表示
summary, 64-65, 72-73	总结

Fast ion conductors, 112-117	快速离子电导
β-alumina, 115-117	β-氧化铝
fluorides, 114-115	氟化物
silver iodide, 114	碘化银
Fermi-Dirac statistics, 123-124	费米-狄拉克统计
Fermi energy, 123	费米能
Fermi function, 123-126	费米函数
Fick's first law, 91-92	菲克第一定律
Fluorite structure, 13-14	萤石结构
Free energy	自由能
minimization, 24-26	最小值
schematic, 27	示意图
Frenkel disorder	弗伦克尔无序
anion, 47-48	阴离子
CaF_2, 48	CaF_2
cation, 39-44	阳离子
schematic, 41	示意图
in silver halides, 39-44	在卤化银中
Hexagonal-close-packed, 7-8	六角密堆积
Hopping mechanisms, 132-133	跃迁机理
Impurity centers, in compounds, 156-160	化合物杂质中心
Interstitial site, 39	填隙位置
Ionic conduction, 95-100	离子电导
Ionic disorder	离子无序
enthalpy vs. melting temperature, 55	熔化温度与熵的关系
extrinsic, 57	非本征的
several types in one compound, 50-52	在一种化合物中的几种类型
Ionic model, 4	离子模型
Ionic radii, relative, 5	相对离子半径
Kröger-Vink diagrams, 167	克罗格-明克图
for M_2O_3 with Schottky disorder, 184-195	M_2O_3 的肖特基无序
for MX with Schottky disorder, 167-184	MX 的肖特基无序
Kröger-Vink notation, 37-38	克罗格-明克符号
Lattice defects	晶格缺陷
expansion from, 31-32	膨胀
specific heat, 31-33	比热
various types, 35-36	不同类型
Macroscopic properties	宏观性能
density, 53-54	密度
effect on, 53-54	作用
refractive index, 54	折射率
Magnéli phases, 283-284	马格涅利相
Mass Action, law of, 21-33	质量作用定律
conditions for use, 21	使用条件
derivation	偏离
dynamic, 28-30	动力学的
statistical thermodynamic, 22-26	统计热力学的
thermodynamic, 26-28	热力学的
Mobilities, elemental semiconductors, 131	元素半导体的迁移率

temperature dependence, 154 温度相关
Mobility, electronic, 129 电子迁移率
Mobility, ionic, 97, 99 离子迁移率

$NaCl$, $CaCl_2$ in, $NaCl$, $CaCl_2$
  Arrhenius plot, conductivity, 106 电导阿伦尼乌斯图
  Arrhenius plot, defects, 105 缺陷阿伦尼乌斯图
  diagram, conductivity vs. dopant, 104 掺杂与电导关系图
  diagram, defects vs. dopant, 103 掺杂与缺陷关系图
  experimental data, 101 实验数据
  ionic conduction, 100-107 离子电导
  minor defects in, 67 次要的缺陷
  schematic representation, 65-70 示意图表示
    diagram, 66 图
  temperature, effect of, 69-70 温度作用
NaCl structure, 8-10 NaCl 结构
Nb_2O_5, TiO_2 in, 64, 70-72 Nb_2O_5, TiO_2
  schematic representation, 71 示意图表示
  temperature, effect of, 72 温度作用
Nernst-Einstein relation, 99-100 能斯特-爱因斯坦关系
NiAs structure, 10-12 NiAs 结构
Nickel oxide. see NiO 氧化镍（见 NiO）
Nil, 40-41, 47 Nil（缺陷方程中表示零）
NiO NiO（氧化镍）
  band gap, 239 带隙
  cation vacancies, charge state, 249-252 阳离子空位的荷电态
  coulometric titration, 247-49 库仑滴定
  deviation from stoichiometry, 247-249 化学计量比偏离
  equilibrium conductivity, 249-252 平衡电导
  oxidizability, 239 氧化性
  thermogravimetric analysis, 249-250 热重分析
Nonstoichiometry, 162 非化学计量比
  extrinsic, 197 非本征的
  intrinsic, 163-164 本征的
    nonmetal deficient, 165, 166 非金属缺乏的
    nonmetal excess, 164-165 非金属过量的
  M_2O_3 with Schottky disorder, 185-193 M_2O_3 的肖特基无序
    acceptor-doped, 207-214 受主掺杂的
    composition at near-stoichiometric extremes, 192-193 在化学计量比极限附近的组分
    electronic compensation, 208-210 电子补偿
    enthalpies, 190-191, 193-194, 210-214 焓
    ionic compensation, 离子补偿
    Kröger-Vink diagram, acceptor-doped, 209 受主掺杂的克罗格-明克图
    Kröger-Vink diagram, intrinsic, 185-189 本征的克罗格-明克图
    near-stoichiometric region, width, 191-192 近化学计量比区域宽度
  MX with Schottky disorder, 167-184 MX 的肖特基无序
    composition at near-stoichiometric extremes, 181 在化学计量比极限附近组分
    critical points, 178 临界点
    donor-doped, 198-206 施主掺杂的
    enthalpies, 175-178, 205-206 焓
    Kröger-Vink diagram, donor-doped, 200 受主掺杂克罗格-明克图
    Kröger-Vink diagram, intrinsic, 167-176 本征克罗格-明克图
    near-stoichiometric region, width, 179 近化学计量比区域宽度
    temperature, effect of, 182-184 温度作用

transition regions, 179-180	过渡区
Octahedral sites, 8-9	八面体位置
Oxygen excess, MnO, FeO, CoO, NiO, 240-241	MnO, FeO, CoO, NiO 中氧过量
Perovskite structure, 16-17	钙钛矿结构
Polarizability, 39	极化率
Radius ratios, 8, 15	半径比
Reference states	参考态
reference structure, 34	参考结构
stoichiometric composition, 34	化学计量比组分
Resistivity ratio, 130	电阻率比
Rutile structure, 11-12	金红石结构
Schottky disorder, 44-47	肖特基无序
complex compounds, 48-49	复杂化合物
Cr_2O_3, 48-49	Cr_2O_3
NaCl, 44-47	NaCl
schematic, 46	示意图
Shear structures, 283-285	剪切结构
relaxation, role of, 285-286	弛豫作用
shear vs. point defects in TiO_2, 286-287	TiO_2 中点缺陷与剪切的关系
Silver bromide, 39-44	溴化银
thermodynamic parameters, 44	热力学参数
Silver chloride, 39	氯化银
Silver halides, 39-44	卤化银
cation Frenkel disorder, 39-44	阳离子弗伦克尔无序
Sodium chloride, Schottky disorder in, 44-48	氯化钠中的肖特基无序
enthalpy of formation, 48	形成焓
Solid solution, stoichiometric, 58, 61	化学计量比的固溶体
Spinel structure, 17-20	尖晶石结构
inverse, 18-20	反转的
normal, 18	正常的
Structural accommodation of disorder, 283-284	无序的结构适应性
block structures, 287-288	块状结构
relaxation, role of, 285-286	弛豫作用
shear structure, 283-285	剪切结构
Ternary compounds, 16	三元化合物
structures, 16-20	结构
thermodynamic characterization, 254-255	热力学特性
Tetrahedral sites, 12-13	四面体位置
ideal size, 8	理想尺寸
Thermogravimetric analysis, 220-222	热重分析
Ti interstitials, 217-219, 223-224, 234	钛填隙
TiO_2	TiO_2
acceptor impurities in, 218, 224-228, 230	受主杂质
acceptor levels, 219	受主浓度
band gap, 218, 235	带隙
cation Frenkel disorder, 217-219, 224	阳离子弗伦克尔无序
enthalpy of, 234-235	焓
evidence for, 235	证据
donor impurities in, 218-219, 231-235	施主杂质
electronic compensation, 231-232	电子补偿

equilibrium conductivity, 231	平衡电导
ionic compensation, 232-233	离子补偿
Kröger-Vink diagram, 233	克罗格-明克图
donor levels, 219	施主浓度
enthalpies, 235-237	焓
cation Frenkel disorder, 234-235	阳离子弗伦克尔缺陷无序
extrinsic reduction, 236	非本征还原
oxidation, 220	氧化
reduction, 226, 235	还原
theoretical, 218	理论的
equilibrium conductivity	平衡电导
acceptor-doped, 230	受主杂质
conductivity minimum, 230	电导最小值
donor-doped, 231	施主掺杂的
undoped, 222-229	非掺杂的
ionic conduction, 228-229	离子电导
Kröger-Vink diagrams	克罗格-明克图
acceptor-doped, 226	受主掺杂的
donor-doped, 233	施主掺杂的
undoped, 226	非掺杂的
mobility, electrons, 224, 232	电子迁移率
Nb_2O_5 in, 64	氧化铌
nonstoichiometry, amount of, 220-222	非化学计量比总量
oxidation reaction, 219	氧化反应
enthalpy of, 235-236	焓
oxygen self diffusion, 226, 228	氧自扩散
predicted behavior, 217-220	预期行为
reducibility, 218	还原性
reduction reaction, 219, 232-233	还原反应
Seebeck coefficient, 228	塞贝克系数
TiO_2-Nb_2O_5 system, 63-64	TiO_2-Nb_2O_5 体系
Titanium dioxide. See TiO_2	二氧化钛(见 TiO_2)
Ti vacancies, 217-219, 232, 234	钛空位
Transport numbers, 97	输运数目
Twelve-coordinate sites, 16	十二配位位置
Vacancy formation, schematic, 21-22	空位形成,示意的
Valence band, 121-122	价带
Wurtzite structure, 12-13	纤锌矿结构
Zincblende structure, 12-13	闪锌矿结构